Operation and Maintenance of Online Environment Monitoring System

环境在线监测系统运维

主　编：黄华斌　李大治

副主编：林承奇　张　孝　唐维萍　庄峙厦

编　委：王燕云　廖　丹　周黄杰　任万鹏

蔡志荣　陈金垒　王　蕾　高建坤

厦门大学出版社　XIAMEN UNIVERSITY PRESS

国家一级出版社

全国百佳图书出版单位

图书在版编目（CIP）数据

环境在线监测系统运维 / 黄华斌，李大治主编. --
厦门 ：厦门大学出版社，2022.12
ISBN 978-7-5615-8838-3

Ⅰ. ①环… Ⅱ. ①黄… ②李… Ⅲ. ①环境监测系统
一运营管理 Ⅳ. ①X84

中国版本图书馆CIP数据核字(2022)第216360号

出 版 人 郑文礼
责任编辑 郑 丹
美术编辑 李嘉彬

出版发行 厦门大学出版社
社 址 厦门市软件园二期望海路 39 号
邮政编码 361008
总 编 办 0592-2182177 0592-2181253(传真)
营销中心 0592-2184458 0592-2181365
网 址 http://www.xmupress.com
邮 箱 xmupress@126.com
印 刷 厦门金凯龙包装科技有限公司

开本 787 mm×1 092 mm 1/16
印张 13.25
字数 306 千字
版次 2022 年 12 月第 1 版
印次 2022 年 12 月第 1 次印刷
定价 39.00 元

厦门大学出版社
微信二维码

厦门大学出版社
微博二维码

前　言

随着信息技术在各领域应用的发展，环境监测逐步进入自动在线监测时代，环境在线监测系统应运而生，诸多环境监测公司基于传统的监测技术与仪器，开发了适合各领域的环境在线监测设备，在环保部门与行业的共同努力下，促进了环境在线监测系统的快速发展与成熟。环境在线监测系统是一套以在线自动监测仪器为核心，运用自动传感技术、自动测量技术、自动控制技术、计算机技术，基于相关的专用分析软件和通信网络的综合性监测系统，目前已在空气质量自动监测、地表水水质自动监测、固定污染源烟气排放连续监测和水污染源在线监测等领域广泛应用，大大提高了环境监测效率。

党的二十大报告在“推动绿色发展，促进人与自然和谐共生”中指出，要“深入推进环境污染防治。坚持精准治污、科学治污、依法治污，持续深入打好蓝天、碧水、净土保卫战。加强污染物协同控制，基本消除重污染天气。统筹水资源、水环境、水生态治理，推动重要江河湖库生态保护治理，基本消除城市黑臭水体。加强土壤污染源头防控，开展新污染物治理。提升环境基础设施建设水平，推进城乡人居环境整治。全面实行排污许可制，健全现代环境治理体系。严密防控环境风险。深入推进中央生态环境保护督察。”在污染物控制、治理与环保督察等环节中都需要自动在线监测技术。

新时代这十年，在习近平生态文明思想的科学指引下，我国生态文明建设以前所未有的力度推进，大气、水、土壤污染防治行动成效明显，生态环境质量明显改善，生态文明建设取得了历史性成就，美丽中国建设迈出重大步伐。在这过程中，大气在线监测与水质在线监测技术扮演着良好的实时监控角色，在深入打好蓝天、碧水、净土保卫战中，先进的环境在线监测技术也必将发挥越来越重要的作用。

环境在线监测技术的应用标志着传统环境监测工作的巨大改变，逐步现代化的工作模式在提高监测效率的同时也大大减少了监测服务人员的工作量。但在线监测技术属于多学科交叉的综合性技术应用领域，因而对环境监测人员提出了更高的要求，而目前全面系统地介绍在线监测系统的书籍极少，在高校中适用于大学生尤其是应用型人才培养的关于环境在线监测的教材更是极少。基于此，厦门华厦学院环境科学与工程专业依托环境监测福建省高校重点实验室、厦门市环境监测工程技术研究中心等教科研平台，联合厦门隆力德环境技术开发有限公司组建编写小组，共同编写了《环境在线监测系统运维》一书。本书为校企合作开发的应用型教材，基于环境科学中对环境在线监测专业人才培养的规格要求，以实际在线监测岗位需求为导向，结合已有的教科研成果与实际岗位经验，参考现行的国家、行业标准，以及在线监测领域的学者专家们的已有成果，历时两年终于成书。

本书共11章，第一章主要概述了环境在线监测技术的发展与现状；第二至十一章涵盖了在线监测系统在空气质量、地表水水质、烟气排放、水污染源等领域的应用，每个模块均包含在线监测系统的整体介绍、方法原理、运营维护三大模块的内容。其中第二、三、四章介绍了空气质量自动监测系统的组成、安装、验收及监测方法原理与运营维护要点；第五、六、七章介绍了地表水质量自动监测系统的组成、站房、验收及监测方法原理与运营维护要点；第八、九、十章介绍了烟气排放在线监测系统的组成、安装、验收及监测方法原理与运营维护要点；第十一章介绍了水污染源在线监测系统的建设、验收及监测方法原理与运营维护要点。

本书的编写得到福建省重大教改项目(引企驻校模式下"教岗合一"的应用型人才实践技能培养体系构建与实践)的支持，也获得了厦门隆力德环境技术开发有限公司尹纪利等多位领导与技术工程师的大力支持。在编写的过程中，得到了王小如教授、胡恭任教授、吴宇光高级工程师、张晓萍高级工程师、洪有为副研究员等环境监测领域的诸多学者专家的指导，在此一并表示诚挚感谢。

编者

2022年8月于厦门

目　　录

第一章 绪 论

第一节 环境在线监测系统概述

一、环境在线监测系统的定义

环境在线监测系统是一套以在线自动监测仪器为核心，运用自动传感技术、自动测量技术、自动控制技术、计算机技术，基于相关的专用分析软件和通信网络的综合性监测系统。环境在线监测系统可以应用在环境监测的很多方面，例如：环境空气质量自动监测、地表水水质自动监测、固定污染源烟气排放连续监测和水污染源在线监测等。

环境在线监测系统的主要组成部分为在线自动监测仪器、数据信息采集传输设备和数据信息管理平台。按环保部门规定设置环境质量监控或企业排污监控点，在线自动监测仪器按照一定的监测频次对污染物进行连续、自动的采样和分析，监测数据通过数据信息采集传输设备传送到数据信息管理平台，经管理人员审核确认后，完成信息的发布与应用。

二、环境在线监测系统的功能

环境在线监测这一技术的应用标志着传统环境监测工作发生了改变，朝着逐步现代化方向发展。这一改变大大提升了环境监测的及时性和准确性。

环境在线监测系统的功能主要有在线自动监测功能、预警预报功能、信息发布和在线查询功能。

（一）在线自动监测功能

环境在线监测系统采用在线自动监测技术，可以对环境监测指标进行实时监测，例如水质自动监测中的五参数（pH、水温、浊度、溶解氧、电导率）、总磷、总氮、氨氮、高锰酸盐指数等，以及环境空气质量自动监测中的气象参数（风速、风向、气温、相对湿度、气压）和 PM_{10}、$PM_{2.5}$、NO_2、SO_2、O_3、CO 等。环境在线监测系统能直接读取实时数据，还可以通过无线传输手段将各项数据和指标上传到控制中心，通过在线自动监测可以实现对环境监测指标进行连续、实时的远程监控。

（二）预警预报功能

环境在线监测系统的预警功能可以对现场设备的报警信息给予实时、动态接收。环境在线监测系统的预警功能通常是结合图像、声音、颜色等，对存在异常的现象做出相应的提示，从而为环境监控、环境治理提供有效的参考。一方面，在监测仪器设备自动监测的过程中，可以对监测指标设置临界值，从而在对应指标或者该指标对应的某种污染物含量超过临界值的时候，通过上传数据颜色的变化进行报警信息传递，从而实现报警功能。同时，可借助环境在线监测系统基于环境监测的数据情况做出分析和预测，一旦发现某项指标有持续恶化的趋势，及时进行预判，并进行干预，从而达到对环境保护的预警目的。另一方面，在监测仪器设备故障或因现场供电异常导致设备不能正常运行时，系统能自动报警，提示相关人员进行管理与维护，保障监测数据的准确性。

（三）信息发布和在线查询功能

环境在线监测系统所具有的各种软件系统，使系统不仅能够得到环境监测的相关指标，更能够支持信息发布、在线查询、信息分析、图表打印等功能。这样系统就不仅是监测的工具，还是一个环境管理的重要工具，使环境监测所得的数据价值得到更大限度的发挥。相关管理者能够通过软件查询过往的数据，执行相应的数据分析，了解环境发展趋势，从而更好地做好环境保护。

三、环境在线监测系统的特点

环境在线监测与传统手工形式的环境监测相比，有着更多应用优势，环境在线监测系统的主要特点有信息化、实时性和连续性。

（一）信息化

环境在线监测系统广泛应用了网络信息技术和电子信息技术，兼具实时监控、实时在线传输和分享信息的功能，并且能够在获取信息的同时，对信息进行及时有效的统计和分析。环境在线监测技术与传统环境信息收集渠道不同的是，它进一步提供了选择和筛选的空间，相关部门能够根据需要选择相关的数据信息，再利用信息计算功能，对已有的数据进行整合，是完全的数字化的过程。环境保护相关部门的工作人员根据在线监测技术收集大量有用数据，然后利用该技术进行分析和整合，将筛选之后的信息进行贮存和分享，最后通过信息终端进行面向社会的反馈和分享。这是一个完整的信息化、数据化的过程。

（二）实时性

环境在线监测系统最大的优势是能够将第一时间内所掌握的相关监测指标的有关信息进行实时的监控和反馈，让工作人员在第一时间最直观地掌握相关环境问题及其变化趋势，然后依据数据所反馈的信息确定环境治理方向和目标，使得解决环境问题更具有针对性和时效性。环境在线监测技术的应用，能够保证环境监测的真实性、代表性、实时性，避免了传统数据统计和分析的滞后性和低效率问题，使管理者能够在最短的时间内发现问题并且解决问题。

（三）连续性

环境在线监测系统可以根据现场实际情况与设备设定的取样间隔要求，通过数据信息采集传输设备将现场数据不间断地传输到数据信息管理平台，以达到对污染源和环境质量情况全时段、全天候的监测。环境保护相关部门的工作人员能够通过数据信息管理平台查询过往的连续数据，执行相应的数据分析，了解环境发展趋势，从而做好环境保护。

四、环境在线监测系统的意义

党的二十大报告指出，我们坚持绿水青山就是金山银山的理念，坚持山水林田湖草沙一体化保护和系统治理，全方位、全地域、全过程加强生态环境保护，生态文明制度体系更加健全，污染防治攻坚向纵深推进，绿色、循环、低碳发展迈出坚实步伐，生态环境保护发生历史性、转折性、全局性变化，我们的祖国天更蓝、山更绿、水更清。

新时代这十年，在习近平生态文明思想的科学指引下，我国的环境监测工作取得了一系列发展，为生态文明建设工作中的数据来源、污染度量、环境决策与管理等提供重要依据，是环境执法体系的重要组成部分，在我国生态文明建设工作中具有重要地位和作用。

环境在线监测系统能使环境管理部门准确地掌握各个污染企业、环境空气监测点位、地表水监测点位，以及其他特殊因子监测点位的实时数据；掌握重点污染企业主要污染因子的排放总量，并对企业的污染治理设施的运行状况实施监督，为排污总量核查和排污许可提供技术上的支持。因此，建立高效、快捷、安全的环境在线监测系统对可持续发展战略具有重要意义。

环境在线监测系统的重要意义具体表现为：

（一）支持政府重大环境决策

环境在线监测系统是环境管理的重要组成部分，是贯彻环境保护法规、执行环境标准、计算工业污染物排放量、评价环境质量的重要手段。环境在线监测系统可以及时提供政府所需数据资料，以便政府实时、动态、科学地掌握环境质量和污染源排放的时空分布实际情况；提供更加完备的技术支持和服务，并对企业实施更加有效的技术监督。环境在线监测系统可以支持政府全面掌握环境质量现状及变化趋势，并做出科学预测，同时从经济发展角度跟踪企业减污治污进程，做出科学的环境决策。

（二）促进环境监管工作的建设

环境在线监测系统不仅可以方便、快捷地获得相关数据，而且能对排污企业实施有效的监管，有利于对重大环境污染事故及时采取预防和应急措施；同时，也可以大大减少现场检查次数，提高执法监察效能，降低环境执法成本。

（三）满足社会公众的需要

环境保护工作的最终目标是改善环境、造福人民，将环境监测结果公布于众是服务社会的重要方面。《中华人民共和国环境保护法》规定："省级以上人民政府环境保护主管部门，定期发布环境状况公报。"这表明公众对环境现状及政府的环境保护工作享有知情的权利。利用环境质量在线监测系统中的数据发布功能，可以实现高频次的环境信息发布，满足公众的环境知情要求，有利于公众参与，有利于进一步提高公众的环保意识和普及环保知识。

第二节　环境空气质量自动监测发展及现状

一、国家环境空气质量自动监测发展

我国环境空气监测起步于20世纪70年代中期，由北京、沈阳等城市率先开展，以满足城市环境空气管理需求为目标，监测设备由各城市自行配备，对监测项目和监测方法没有进行统一规定，大多参考美国环境保护署(EPA)等的国外相关标准，以手工采样实验室分析方法为主；1980年，开始以城市监测站为基础建设环境空气监测网络，规定监测项目为SO_2、NO_x和TSP(总悬浮颗粒物)，仍以手工监测方法为主，仅少部分城市开始自动监测系统的建设。

20世纪90年代初，国家环境保护总局组织对环境空气监测网络的监测点位进行了优化、调整和新增，增强了监测点位的代表性，构建了由103个城市环境监测站组成的城市环境空气质量监测网，对全国城市空气质量的状况和变化趋势进行系统监测和评价，监测方法为手工监测与自动监测并用。

2000年以后，自动监测方法开始逐步取代手工监测方法。2001年，47个环境保护重点城市首先采用自动监测方法开展例行监测工作，并向社会发布环境保护重点城市空气质量日报，监测项目为SO_2、NO_2和PM_{10}，同时部分城市开始CO和O_3的例行监测。

2007年，国家环境保护总局发布了《环境空气质量监测规范(试行)》，规定了环境空气质量监测网的设计和监测点位设置要求、环境空气质量手工监测和自动监测的方法和技术要求以及环境空气质量监测数据的管理和处理要求；同时，要求环境空气质量监测方法按《环境空气质量自动监测技术规范》(HJ/T 193—2005)所规定的方法和技术要求进行。此外，为保证国家环境空气质量监测网监测站纳入统一的规范框架进行组织和主导、运行和维护、质控和管理，进一步规范国家环境空气质量监测网监测站的运行管理，中国环境监测总站制定了一系列运行管理规定。

2008年，开始环境空气背景站和农村站建设。“十一五”期间，共计建成31个农村区域环境空气质量监测站，针对区域污染物输送监测新增65个站点，基本形成了覆盖主要典型区域的国家区域空气质量监测网。截至2010年，113个环境保护重点城市的661个监测点位全部实现了空气质量自动监测。

2011年，为了探索新的环境空气质量评价办法，建立健全我国环境空气质量监测、采样、分析、数据处理和发布框架，及时掌握大气污染物特征及趋势，环境保护部在全国26个城市开展环境空气质量评价试点工作，并发布了《城市环境空气质量评价办法(试行)》，规定自动监测项目拓展为SO_2、NO_2、NO_x、CO_2、CO、O_3、PM_{10}和$PM_{2.5}$，共8项。2011年7月，为保障国家背景站和农村站在统一的管理制度和技术规定框架中运行，中国环境监测总站发布了《国家环境空气背景监测站及农村站运行管理办法》(总站气字〔2011〕162号文)，规定了背景站和农村站监测系统构成，并要求监测系统实行电子化运行管理，应用于点位与站房

管理、仪器设备信息、巡检维护和质控记录等；此外，还对人员管理、站房管理、监测系统组成、仪器设备运行维护、质量管理和数据管理等方面提出具体要求。

2012 年，环境保护部发布了《环境空气质量标准》(GB 3095—2012)，正式将 $PM_{2.5}$ 纳入空气质量必测项目，并规定了手工和自动监测的参考方法。同年 4 月，环境保护部调整了国家环境空气质量监测网组成名单，调整后的监测网络由 338 个地级以上城市的 1 436 个监测点位组成，覆盖了我国全部地级以上城市，形成了城市空气质量监测网。

2013 年 1 月 1 日，“全国城市空气质量实时发布平台”建成并正式启用，实现了京津冀、长三角、珠三角等重点区域及直辖市、省会城市等共 74 个城市 496 个监测点位的 SO_2、NO_2、O_3、CO、PM_{10} 和 $PM_{2.5}$ 等 6 项基本项目的实时在线监测、数据传输和发布。

2013 年 3 月，《国家环境空气质量监测城市自动监测站运行管理暂行规定》(总站气字〔2013〕41 号)发布，国家环境空气质量监测城市站逐步实行电子化运行管理，综合应用于点位与站房管理、仪器设备信息、巡检维护和质控记录等，并根据《环境空气监测技术规范》和《环境空气质量自动监测技术规范》(HJ/T 193—2005)的要求，对实施的具体化细节内容和系统化流程要求进行了充实和完善，进一步规范了国家环境空气质量监测城市站的运行管理。

2014 年，为全面贯彻《大气污染防治行动计划》，推进《环境空气质量标准》(GB 3095—2012)的实施，进一步规范国家环境监测质量管理体系的建设、运行与持续改进，确保环境空气自动监测数据准确可靠，中国环境监测总站组织编制了《国家环境监测网环境空气自动监测质量管理办法(试行)》、《国家环境监测网环境空气颗粒物(PM_{10}、$PM_{2.5}$)自动监测手工比对核查技术规定(试行)》和《国家环境监测网环境空气臭氧自动监测现场核查技术规定(试行)》，规定了核查仪器、现场操作、数据处理以及质量保证与质量控制等方面的技术要求。

2015 年 1 月 1 日起，全国城市空气质量实时发布平台完整覆盖城市空气质量监测网，即实现了 338 个地级以上城市的 1 436 个监测点位 6 项基本项目的实时在线监测、数据传输和发布。

二、国家环境空气质量监测网现状

当前，国家环境空气质量监测网的主要任务是监测并评价全国环境区域的环境质量现状和变化趋势，研究并监视空气污染物的跨区域传输特点及规律，监测并判断空气质量是否满足相关标准要求，为环境决策和环境管理提供科学依据。

我国环境空气质量监测网涵盖国家、省、市、县四个层级，组成结构如图 1.1 所示。从监测功能上讲，国家环境空气质量监测网涵盖城市环境空气质量监测、背景环境空气质量监测、区域环境空气质量监测、试点城市温室气体监测、酸雨监测、沙尘影响空气质量监测、大气颗粒物组分/光化学监测等。根据生态环境部印发的《“十四五”国家城市环境空气质量监测网点位设置方案》，“十四五”国家城市环境空气质量监测网点位优化调整工作已完成，点位数量将从当前的 1 436 个增加至 1 734 个，解决了城市新增建成区缺少点位、现有建成区点位密度不均衡等问题，实现地级及以上城市和国家级新区全覆盖。

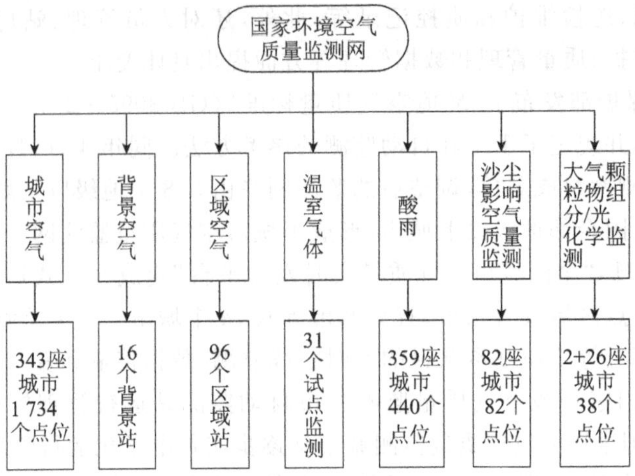

图1.1　国家环境空气质量监测网组成示意图(截至2017年11月)

第三节　地表水环境质量自动监测发展及现状

一、国家地表水环境质量自动监测发展

水质自动监测在国外起步较早,日本从1967年开始考虑在公共水域设置水质自动监测器,英国在1975年建成泰晤士河流域水环境自动监测系统,美国在20世纪70年代中期已在全国范围内建立了覆盖各大水系的上千个自动连续监测网点,可随时对水温、pH、浊度、COD(化学需氧量)、BOD(生化需氧量)及总有机碳等指标进行在线监测。

我国水质自动监测技术于20世纪末起步。1988年,作为试点,在天津设立了第一个水质在线自动监测预警系统,该水质在线自动监测预警系统包括一个中心站和4个子站。1995年以后,作为试点,上海、北京等地也先后建立了水质在线自动监测站。初始阶段只是在环保部门所重点关注的重点水域进行水质监测,常见监测项目有常规五参数、COD、BOD、高锰酸盐指数、总有机碳、总磷、氨氮等。

进入21世纪,中国地表水环境质量监测引入了自动监测技术,各部门和地方政府根据自己的需求建设水质自动监测站,开展水质的自动监测。自动监测作为手工监测的补充,在实时监测水质变化趋势、掌握水质状况以及水质自动监测技术的应用与发展等方面起到了重要作用。依据《地表水环境质量标准》(GB 3838—2002)和水利部颁布的《水文基础设施建设及技术装备标准》(SL 276—2002)、《水资源监控设备基本技术条件》(SL 426—2008)、《水资源监控管理系统数据传输规约》(SL 427—2008)和《水环境监测规范》(SL 219—1998)等标准,河道型水站常规配置五参数、高锰酸盐指数和氨氮自动测定仪。湖库型水站常规配置五参数、高锰酸盐指数、氨氮、总磷和总氮自动测定仪。

自动监测发展阶段,一般认为水质自动监测站监测数据主要起到预警和实时了解水质变化情况的作用，我国地表水环境质量监测评价、考核等都是采用手工监测数据，水质自动监测站自动监测数据缺乏法律依据性，在《地表水自动监测技术规范(试行)》(HJ 915—2017)中也只是规定了地表水自动监测系统建设、验收、运行和管理等方面的技术要求，规范了地表水水质自动监测工作，但对自动监测数据的作用无明确规定。

2017 年国家地表水环境质量监测事权上收时，原环境保护部提出要加快推进水质自动监测站建设，逐步建立以自动监测为主、手工监测为辅的监测模式，提升环境监测能力和自动预警水平。2018 年 9 月 21 日，生态环境部印发的《关于进一步做好国家地表水水质自动监测站运维交接和比对测试工作的通知》中要求全面开展比对测试工作，提出了加快建立以自动监测为主、手工监测为辅的地表水环境质量监测体系；要求开展第二轮水质自动监测与手工监测比对测试工作，分两个阶段进行，第一阶段为 2018 年 10—12 月，第二阶段为 2019 年 1—12 月。经过一年多的比对测试，得出了水质自动监测与手工监测相比，具有较好的可比性、一致性。

2019 年 12 月 28 日，中国环境监测总站下发《关于 2020 年 1 月国家地表水环境质量监测网数据报送的通知》，在监测频次中首次提出“十三五”国家考核断面已建设水质自动监测站且稳定运行的断面，按季监测，2 月、5 月、8 月、11 月开展采测分离手工监测；对于水质不稳定的，动态开展加密手工监测。

2020 年 2 月 27 日，生态环境部办公厅印发《地表水环境质量监测数据统计技术规定(试行)》(以下简称《技术规定》)，为进一步加强水环境质量监测管理、规范地表水环境质量评价工作，对地表水环境质量自动和手工监测数据应用于水环境质量评价时的数据统计方式进行规定，以保证评价结果的科学性、统一性和可比性，为水环境管理提供技术支撑。该《技术规定》主要提出了地表水(海水除外)监测数据用于环境质量评价时，在数据统计、整合、补遗和修约等方面的技术规则；主要适用于国家地表水环境质量监测网监测数据的统计与应用，地方可参照执行。该《技术规定》从法定及实际应用中，明确了水质自动监测数据的作用，确定了 pH、溶解氧、高锰酸盐指数、氨氮和总磷等 5 项指标优先采用自动月代表值，也就是以后国控地表水断面这 5 个指标采用的是自动监测数据，而不是手工监测数据，这 5 个指标的自动监测数据将用于国家及地方的地表水水质评价与考核。随着《技术规定》的实施，以自动监测为主、手工监测为辅的地表水环境质量监测体系将会加速建立。

二、国家地表水环境质量自动监测网现状

(一) 国家地表水环境质量监测网断面设置

根据生态环境部印发的《“十四五”国家地表水环境质量监测网断面设置方案》，经优化调整，“十四五”期间国家地表水环境质量监测网断面(以下简称国控断面)由 2 050 个增加至 3 646 个，基本实现了对全国重要流域干流及主要支流、重要水体省市界、地级及以上城市和全国重要江河湖泊水功能区的全覆盖。其中，河流监测断面 3 292 个，湖库监测点位 354 个。共设置跨界断面 1 267 个，包括国界断面 84 个，省界断面 509 个，市界断面 674 个。各主要流域地表水监测断面数见表 1.1。

表 1.1 “十四五”主要流域地表水监测断面数

流域	长江流域	黄河流域	珠江流域	松花江流域	淮河流域	海河流域	辽河流域	浙闽片河流	西北诸河	西南诸河	合计
断面数	1 330	282	394	283	380	276	209	211	137	144	3 646

(二) 国家地表水监测及评价

根据《“十四五”国家地表水监测及评价方案(试行)》,国家地表水环境质量监测网监测指标为“9+X”,其中:“9”为基本指标:水温、pH、溶解氧、电导率、浊度、高锰酸盐指数、氨氮、总磷、总氮(湖库增测叶绿素 a、透明度等指标)。“X”为特征指标:《地表水环境质量标准》(GB 3838—2002)中表 1 基本项目中,除 9 项基本指标外,上一年及当年出现过的超过Ⅲ类标准限值的指标;若断面考核目标为Ⅰ或Ⅱ类,则为超过Ⅰ或Ⅱ类标准限值的指标。特征指标结合水污染防治工作需求动态调整。

对于 9 项基本指标,建有水质自动监测站的断面,开展实时、自动监测;未建水质自动监测站的断面,按照采测分离方式开展人工监测(湖库增测叶绿素 a、透明度等指标),监测频次根据实际情况确定。对于“X”特征指标,按照采测分离方式开展人工监测,监测频次根据实际情况确定。

每年组织对所有国控断面开展《地表水环境质量标准》(GB 3838—2002)中表 1 全指标监测,监测频次根据实际情况确定,用于掌握和筛选国控断面特征指标,对全国地表水监测结果进行校验和总体评价。

按照《地表水环境质量评价办法(试行)》(环办〔2011〕22 号)、《地表水环境质量监测数据统计技术规定(试行)》(环办监测函〔2020〕82 号)开展水质评价,评价指标为“5+X”,即:pH、溶解氧、高锰酸盐指数、氨氮、总磷等 5 项基本指标及该断面的“X”特征指标。

水温、电导率、浊度因无相应标准限值,不参与水质评价,但作为参考指标用于判断水质是否受泥沙、盐度及对溶解氧影响情况等开展监测;总氮参与湖库营养状态评价。

国家地表水采测分离监测按照《地表水和污水监测技术规范》(HJ/T 91—2002)、《环境水质监测质量保证手册》(第二版)、《国家地表水环境质量监测网采测分离管理办法》(环办监测〔2019〕2 号)和《国家地表水环境质量监测网监测任务作业指导书(试行)》(环办监测函〔2017〕249 号)要求,开展质量保证和质量控制工作。

水质自动监测按《地表水自动监测技术规范(试行)》(HJ 915—2017)、《国家地表水水质自动监测站运行管理办法》(环办监测〔2019〕2 号)等要求,开展质量保证和质量控制工作。

第四节　固定污染源烟气排放连续监测发展及现状

一、固定污染源烟气排放连续监测发展

固定污染源烟气排放连续监测系统(continuous emission monitoring system,CEMS)是为适应固定污染源烟气排放监测、污染物排放监管以及总量减排核算等国家环境管理需求

而安装使用的一种污染物排放连续自动监测计量分析仪器。

早期的烟气监测多采用手工或半自动的仪器，基本程序首先是采样，然后送回实验室分析，最后计算结果。随着技术的进步，烟气监测开始出现在线采样和在线分析的连续自动仪器，并逐渐集成为多参数的测量系统——CEMS。参数测量原理也在不断发展，早期气态污染物手工测量方法以化学分析法为主，初期的在线仪器多是基于电化学原理的仪器，现在主流仪器的测量方法是采用光学法。颗粒物测量原理手工经典方法是重量法，近年仪器发展迅速。CEMS 在可靠性、准确性和实时性上不断完善。

美国、欧盟各国和日本等早在 20 世纪 60 年代就开始尝试开发使用连续自动监测技术和仪器，20 世纪 80 年代以后已经将 CEMS 作为固定污染源烟气排放连续自动监测的一种成熟、可靠的重要技术手段进行推广，对污染源的排放状况进行连续、实时的监控和管理。

我国于 1996 年发布了《火电厂大气污染物排放标准》(GB 13223—1996)，首次要求对锅炉排放烟气安装连续排放监测系统进行监测管理，随后开展了一系列针对 CEMS 的技术研究和仪器设备开发工作。2000 年以后，CEMS 技术研究和仪器设备开发逐步趋于成熟，并应用在污染源烟气监测和监管工作中；同时与之配套的法律法规和技术规定也相应地逐步颁布实施。

2001 年，随着《火电厂烟气排放连续监测技术规范》(HJ/T 75—2001)和《固定污染源烟气排放连续监测系统技术要求及检测方法》(HJ/T 76－2001)的正式发布，我国的 CEMS 应用逐步走上正轨。

2003 年 7 月实施的《排污费征收使用管理条例》(国务院令第 369 号)和 2012 年 1 月实施的《火电厂大气污染物排放标准》(CB 13223—2011)中均提出必须安装 CEMS，并规定了 CEMS 数据作为执法的依据。2005 年 11 月 1 日，原国家环境保护总局发布了《污染源自动监控管理办法》(国家环境保护总局令第 28 号)，规定污染源自动监控设备是污染防治设施的组成部分，经验收合格并正常运行的 CEMS 数据可作为环保部门进行排污申报核定、排污许可证发放、总量控制、环境统计、排污费征收和现场环境执法等环境监督管理的依据。“十一五”期间，随着排污监督执法和主要污染物排放总量减排工作的深入开展，包括除尘脱硫脱硝等污染物治理设施大量投运，导致 CEMS 在我国国控、省控等废气污染源的安装和使用量逐步增加，尤其是在火电行业其安装使用率超过 90%，为污染源排放监督执法排污费征收和减排总量核查核算提供了大量基础数据和参考依据。

二、固定污染源烟气排放连续监测现状

当前我国 CEMS 主要监测的污染物和烟气参数为：污染物主要有二氧化硫(SO_2)、氮氧化物(NO_x)、颗粒物；烟气参数主要有氧含量(O_2)、烟气流速(流量)、烟气温度、压力和湿度等；根据燃料的不同及燃烧工艺的不同可能还要监测一氧化碳(CO)、氯化氢(HCl)等。

人们需要用 CEMS 来监测的参数也不断增加，除二氧化硫、氮氧化物、颗粒物这几个已纳入减排计划的污染物之外，如氨(NH_3)、硫化氢(H_2S)、氟化氢(HF)、重金属类污染物(汞、铅等)、挥发性有机物污染物(苯、二甲苯、卤代烃等)和半挥发性有机污染物(多环芳烃等)、温室气体(CO_2、CH_4、SF_6、N_2O 等)的连续自动监测也是今后污染源排放连续监测的发展方向。

第五节 环境在线监测技术相关标准

我国环境在线监测技术相关的标准见表 1.2。根据标准的性质，环境在线监测技术可分为三类：

(1) 监测分析方法类：例如《环境空气 臭氧的自动测定 化学发光法》(HJ 1225—2021)。

(2) 监测仪器技术要求标准类：例如《环境空气颗粒物(PM_{10}和$PM_{2.5}$)连续自动监测系统技术要求及检测方法》(HJ 653—2021)。

(3) 监测技术操作规范类：例如《环境空气颗粒物(PM_{10}和$PM_{2.5}$)连续自动监测系统运行和质控技术规范》(HJ 817—2018)。

表 1.2 我国主要执行的环境在线监测技术标准

序号	标准号	类别	标准名称
1	HJ 1225—2021	环境空气	环境空气 臭氧的自动测定 化学发光法
2	HJ 653—2021		环境空气颗粒物(PM_{10}和$PM_{2.5}$)连续自动监测系统技术要求及检测方法
3	HJ 1100—2020		环境空气中颗粒物(PM_{10}和$PM_{2.5}$)β射线法自动监测技术指南
4	HJ 1043—2019		环境空气 氮氧化物的自动测定 化学发光法
5	HJ 1044—2019		环境空气 二氧化硫的自动测定 紫外荧光法
6	HJ 1010—2018		环境空气挥发性有机物气相色谱连续监测系统技术要求及检测方法
7	HJ 817—2018		环境空气颗粒物(PM_{10}和$PM_{2.5}$)连续自动监测系统运行和质控技术规范
8	HJ 818—2018		环境空气气态污染物(SO_2、NO_2、O_3、CO)连续自动监测系统运行和质控技术规范
9	HJ 965—2018		环境空气 一氧化碳的自动测定 非分散红外法
10	HJ 193—2013		环境空气气态污染物(SO_2、NO_2、O_3、CO)连续自动监测系统安装和验收技术规范
11	HJ 654—2013		环境空气气态污染物(SO_2、NO_2、O_3、CO)连续自动监测系统技术要求及检测方法
12	HJ 655—2013		环境空气颗粒物(PM_{10}和$PM_{2.5}$)连续自动监测系统安装和验收技术规范
13	HJ/T 376—2007		24 小时恒温自动连续环境空气采样器技术要求及检测方法
14	HJ/T 193—2005		环境空气质量自动监测技术规范
15	HJ 101—2019	水质	氨氮水质在线自动监测仪技术要求及检测方法
16	HJ 377—2019		化学需氧量(COD_{Cr})水质在线自动监测仪技术要求及检测方法
17	HJ 609—2019		六价铬水质自动在线监测仪技术要求及检测方法
18	HJ 915—2017		地表水自动监测技术规范(试行)

续表

序号	标准号	类别	标准名称
19	HJ 926—2017	水质	汞水质自动在线监测仪技术要求及检测方法
20	HJ 798—2016		总铬水质自动在线监测仪技术要求及检测方法
21	HJ 762—2015		铅水质自动在线监测仪技术要求及检测方法
22	HJ 763—2015		镉水质自动在线监测仪技术要求及检测方法
23	HJ 764—2015		砷水质自动在线监测仪技术要求及检测方法
24	HJ 731—2014		近岸海域水质自动监测技术规范
25	HJ/T 372—2007		水质自动采样器技术要求及检测方法
26	HJ/T 377—2007		环境保护产品技术要求 化学需氧量(COD_{Cr})水质在线自动监测仪
27	HJ/T 174—2005		降雨自动采样器技术要求及检测方法
28	HJ/T 175—2005		降雨自动监测仪技术要求及检测方法
29	HJ/T 191—2005		紫外(UV)吸收水质自动在线监测仪技术要求
30	HJ/T 100—2003		高锰酸盐指数水质自动分析仪技术要求
31	HJ/T 101—2003		氨氮水质自动分析仪技术要求
32	HJ/T 102—2003		总氮水质自动分析仪技术要求
33	HJ/T 103—2003		总磷水质自动分析仪技术要求
34	HJ/T 104—2003		总有机碳(TOC)水质自动分析仪技术要求
35	HJ/T 96—2003		pH 水质自动分析仪技术要求
36	HJ/T 97—2003		电导率水质自动分析仪技术要求
37	HJ/T 98—2003		浊度水质自动分析仪技术要求
38	HJ/T 99—2003		溶解氧(DO)水质自动分析仪技术要求
39	HJ 353—2019	水污染源	水污染源在线监测系统(COD_{Cr}、NH_3-N 等)安装技术规范
40	HJ 354—2019		水污染源在线监测系统(COD_{Cr}、NH_3-N 等)验收技术规范
41	HJ 355—2019		水污染源在线监测系统(COD_{Cr}、NH_3-N 等)运行技术规范
42	HJ 356—2019		水污染源在线监测系统(COD_{Cr}、NH_3-N 等)数据有效性判别技术规范
43	HJ 1013—2018	污染源烟气	固定污染源废气非甲烷总烃连续监测系统技术要求及检测方法
44	HJ 75—2017		固定污染源烟气(SO_2、NO_x、颗粒物)排放连续监测技术规范
45	HJ 76—2017		固定污染源烟气(SO_2、NO_x、颗粒物)排放连续监测系统技术要求及检测方法
46	HJ 906—2017	声环境	功能区声环境质量自动监测技术规范
47	HJ 907—2017		环境噪声自动监测系统技术要求
48	HJ 212—2017	/	污染物在线监控(监测)系统数据传输标准
49	HJ 477—2009		污染源在线自动监控(监测)数据采集传输仪技术要求
50	HJ/T 352—2007		环境污染源自动监控信息传输、交换技术规范(试行)

第二章　环境空气质量自动监测系统

第一节　环境空气质量自动监测系统组成

环境空气质量自动监测系统组成如图 2.1 所示。根据监测指标，可以分为颗粒物（PM_{10}和 $PM_{2.5}$）监测子系统、气态污染物（SO_2、NO_2、O_3、CO）监测子系统和气象参数监测子系统。

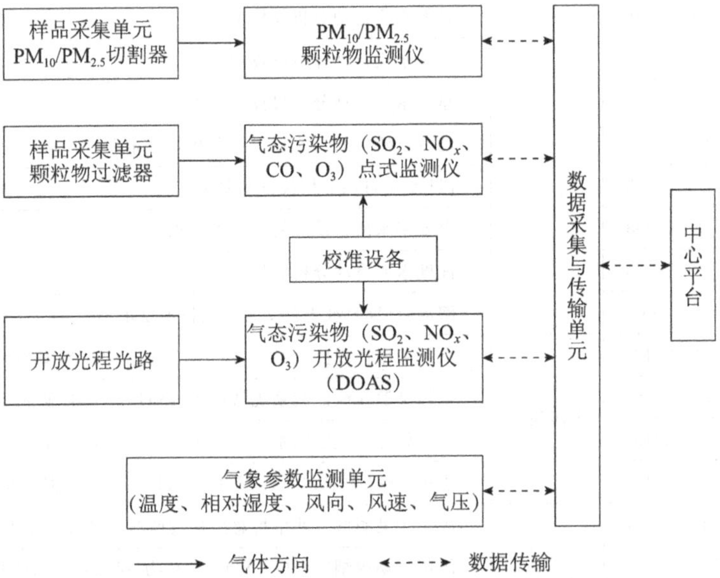

图 2.1　环境空气质量自动监测系统组成示意图

一、颗粒物（PM_{10}和 $PM_{2.5}$）自动监测系统

环境空气颗粒物（PM_{10}和 $PM_{2.5}$）自动监测系统包括样品采集单元、样品测量单元、数据采集和传输单元以及其他辅助设备。

（一）样品采集单元

样品采集单元由采样入口、切割器和采样管等组成，将环境空气颗粒物进行切割分离，并将目标颗粒物输送到样品测量单元。

（二）样品测量单元

样品测量单元对采集的环境空气 PM_{10} 或 $PM_{2.5}$ 样品进行测量。

（三）数据采集和传输单元

数据采集和传输单元采集、处理和存储监测数据，并能按中心计算机指令传输监测数据和设备工作状态信息。

（四）其他辅助设备

其他辅助设备包括安装仪器设备所需要的机柜或平台、安装固定装置、采样泵等。

二、气态污染物（SO_2、NO_2、O_3、CO）自动监测系统

环境空气气态污染物（SO_2、NO_2、O_3、CO）自动监测系统可分为点式自动监测系统和开放光程自动监测系统。

（一）点式自动监测系统

点式自动监测系统由采样装置、校准设备、监测仪器、数据采集和传输设备组成。

1. 采样装置

多台点式监测仪器可共用一套多支路采样装置进行样品采集。采样装置的材料和安装应不影响仪器测量。

2. 校准设备

校准设备主要由零气发生器和多气体动态校准仪组成。校准设备用于对监测仪器进行校准。

3. 监测仪器

监测仪器用于对采集的环境空气气态污染物样品进行测量。

4. 数据采集和传输设备

数据采集和传输设备用于采集、处理和存储监测数据，并能按中心计算机指令传输监测数据和设备工作状态信息。

（二）开放光程自动监测系统

开放光程自动监测系统由开放测量光路、校准设备、监测仪器、数据采集和传输设备等组成。

1. 开放测量光路

光源发射端到接收端之间的路径。

2. 校准设备

运用等效浓度原理，通过在测量光路上架设不同长度的校准池，来等效不同浓度的标准

气体，以完成校准工作。校准设备结构如图 2.2 所示。

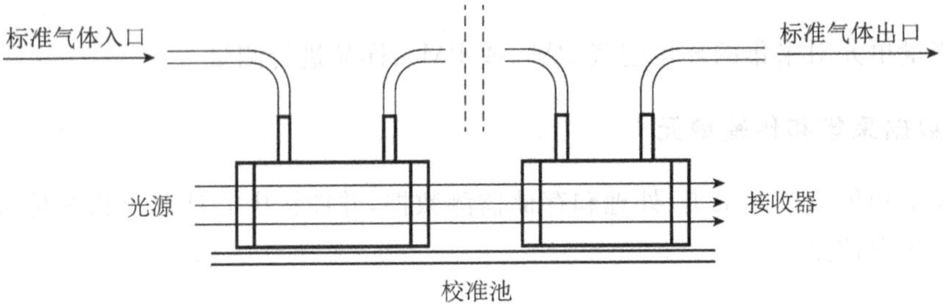

图 2.2 校准设备结构示意图

3. 监测仪器

监测仪器用于对开放光路上的环境空气气态污染物进行测量。

4. 数据采集和传输设备

数据采集和传输设备用于采集、处理和存储监测数据，并能按中心计算机指令传输监测数据和设备工作状态信息。

第二节 环境空气质量自动监测系统安装

一、监测点位

(一) 点位布设的原则

环境空气质量自动监测点位的布设要保证点位具有代表性、可比性、整体性、前瞻性和稳定性，其中代表性、可比性是质量控制的重点。

1. 代表性

点位布设具有较好的代表性，能客观反映一定空间范围内的环境空气质量水平和变化规律，客观评价城市、区域环境空气状况和污染源对环境空气质量的影响，满足为公众提供环境空气状况健康指引的需求。

2. 可比性

同类型监测点设置条件尽可能一致，使各个监测点获取的数据具有可比性。

3. 整体性

环境空气质量评价城市点应考虑城市自然地理、气象等综合环境因素，以及工业布局、人口分布等社会经济特点，在布局上应反映城市主要功能区和主要大气污染源的空气质量现状及变化趋势，从整体出发合理布局，监测点之间相互协调。

4. 前瞻性

应结合城乡建设规划考虑监测点的布设，使确定的监测点能兼顾未来城乡空间格局变化趋势。

5. 稳定性

监测点位置一经确定，原则上不应变更，以保证监测资料的连续性和可比性。

（二）监测点位置要求

（1）监测点位置的确定应首先进行周密的调查研究，采用间断性的监测，对本地区空气污染状况有粗略的概念后再选择监测点的位置，点位应符合相关技术规范要求。监测点的位置一经确定后应能长期使用，不宜轻易变动，以保证监测资料的连续性和可比性。

（2）在监测点周围，不能有高大建筑物、树木或其他障碍物阻碍环境空气流通。从监测点采样口到附近最高障碍物之间的水平距离，至少是该障碍物高出采样口垂直距离的两倍以上。

（3）监测点周围建设情况相对稳定，在相当长的时间内不能有新的建筑工地出现。

（4）监测点应地处相对安全和防火措施有保障的地方。

（5）监测点附近应无强电磁干扰，周围有稳定可靠的电力供应，通信线路应方便安装和检修。

（6）监测点周围应有合适的车辆通道以满足设备运输和安装维护需要。

（7）不同功能监测点的具体位置要求应根据监测目的按照相关技术规范确定。

二、监测站房

环境空气质量自动监测系统监测站房的建设应满足《环境空气颗粒物（PM_{10}、$PM_{2.5}$）连续自动监测系统安装和验收技术规范》（HJ 655—2013）和《环境空气气态污染物（SO_2、NO_2、O_3、CO）连续自动监测系统安装验收技术规范》（HJ 193—2013）的相关要求。

（一）外部环境

（1）温度：－40～＋80 ℃。

（2）相对湿度：5％～99％。

（3）太阳辐射强度：总辐射强度 1.12×（1±10％） kW/m^2。

（4）大气压力：70～106 kPa（海拔不超过 5 000 m）。

（5）振动：正弦稳态振动；频率：2～200 Hz；加速度：10 m/s^2；位移：3 mm。

（6）抗震水平：烈度 8 级。

（二）内部环境

（1）温度：15～35 ℃。

（2）相对湿度：≤85％。

（3）大气压力：80～106 kPa。

站房视环境条件安装温湿度控制设备（空调、暖气、除湿器），保证监测仪器运行时站房内温度控制在要求范围内，空调应具备来电自启动功能，应安装有温湿度和大气压传感显示装置，并可将相关数据传输至服务器。

(三) 站房面积

站房面积应能够容纳所规划设计的监测仪器,预留工作人员操作和仪器维修的空间,并要考虑缓冲间、空调、消防、通信设施等空间需求,站房面积在 15 m^2 以上为宜。

(四) 站房房顶

新建监测站房房顶应为平面结构,坡度不大于 10°,房顶安装防护栏,防护栏高度不低于 1.2 m,并预留采样总管安装孔,且需预先设置有用于固定采样装置的辅助物件。

在北方地区应考虑在站房上架设钢丝板防滑通道,以保障操作人员的安全和设备维护的便利。

(五) 站房高度

站房室内地面到天花板高度应不小于 2.5 m,且距房顶平台高度不大于 5 m。

(六) 站房结构

站房为无窗或双层密封窗结构,有条件时,门与仪器房之间可设有缓冲间,以保持站房内温湿度恒定,防止将灰尘和泥土带入站房内。

采样装置抽气风机排气口和监测仪器排气口的位置,应设置在靠近站房下部的墙壁上,排气口离站房内地面的距离应在 20 cm 以上。

(七) 防护说明

站房应有防水、防潮、隔热、保温措施,一般站房内地面应离地表(或建筑房顶)25 cm 以上。

站房应有防雷和防电磁干扰的设施,防雷接地装置的选材和安装应参照《通信局(站)防雷与接地工程设计规范》(GB 50689—2011)标准的相关要求。

站房应满足防盗及抗破坏要求,站房墙体上的开孔应具有防人钻措施。站房和房门应具有抵御使用小工具如螺丝刀、钳子或锤子等进入内部的能力,抵御时间不小于 30 min。

(八) 负荷说明

1. 站房顶板载荷

监测站房应配备通往房顶的"Z"字形梯或旋梯,房顶平台应有足够的放置参比方法比对监测的空间,满足比对监测的需求,房顶承重要求大于等于 250 kg/m^2。

2. 雪载荷

站房顶板应能承受不小于 1 kN/m^2 的均布载荷,可用于北方积雪环境的站房。

3. 站房抗风载荷

站房应能承受风速 45 m/s 的风荷载。

4. 门载荷

门开启时,应有限位固定装置,门、门铰链应能承受 0.6 kN 的载荷,作用时间 30 min。

（九）噪声及密闭性

在完成站房及内部设备安装调试后，站房正常工作时对外界影响噪声（距离站房 1.5 m 处）小于等于 60 dB。

站房除通风口外应密闭，防护等级应达到《外壳防护等级（IP 代码）》（GB 4208—2008）中 IP55 级的要求。在房门关闭、孔口遮蔽的情况下，不应有外部光线漏入房内。

（十）配电要求

站房供电系统应配有电源过压、过载保护装置，电源电压波动不超过 22 V，频率波动不超过 1Hz。配电柜应有断电后延缓一定时间重新供电的延时智能装置，避免短时反复停电或突然供电电压过高对仪器的影响。

站房应采用三相五线供电，入室处装有配电箱，配电箱内连接入室引线应分别装有三个单相 15 A 空气开关作为三相电源的总开关，分相使用。

站房灯具安装以保证操作人员工作时有足够的亮度为原则，开关位置应方便使用。

站房应依照电工规范中的要求制作保护地线，用于机柜、仪器外壳等的接地保护，接地电阻应小于 4 Ω。

站房的线路要求走线美观，布线应加装线槽。

有条件的地区可配置 UPS（不间断电源）电源，保证电源电压、频率波动不超过范围，同时在停电时间不长的情况下，维持监测设备和数据采集与传输系统正常运行，并减少突然停电对仪器的伤害。

（十一）其他配套设施

1. 消防设施

建议站房配置的自动灭火装置填充药剂是二氧化碳气体。

2. 排气

站房应安装有排气风扇，排风扇要求带防尘百叶窗。

3. 安保监控系统

建议站房安装门禁和视频监控系统，确保站房和设备安全，也便于远程监控工作的开展。

4. 通信

站房应有良好的有线和无线电接入设施，保障通信稳定畅通。有条件时，尽可能使用光纤通信，以支持门禁、监控、环境能见度监测、数据实时传输、网络在线质控的需要。

5. 站房

需配置必要的仪器桌、资料柜、办公桌椅等设施。

（十二）站房示意图

环境空气颗粒物自动监测系统和点式自动监测系统站房如图 2.3 所示；开放光程自动监测系统站房如图 2.4 所示。

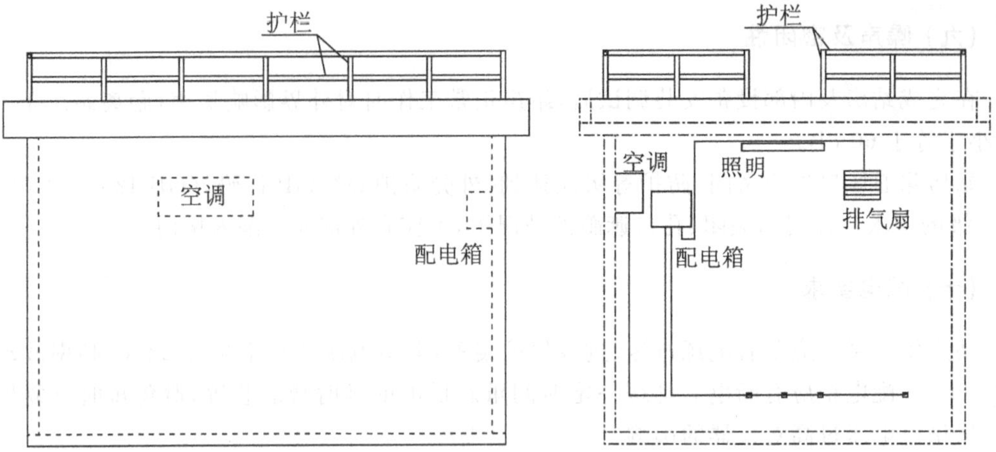

图 2.3　环境空气颗粒物自动监测系统(左)和点式自动监测系统(右)站房示意图

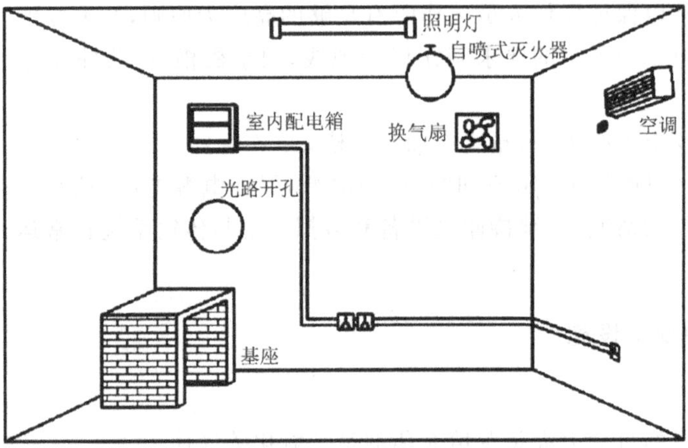

图 2.4　开放光程自动监测系统站房示意图

三、颗粒物监测仪表

(一) 采样口位置要求

(1) 采样口距地面的高度应在 3～15 m 范围内。

(2) 在采样口周围 270°捕集空间范围内环境空气流动应不受任何影响。

(3) 针对道路交通的污染监控点,其采样口离地面的高度应在 2～5 m 范围内。

(4) 在保证监测点具有空间代表性的前提下,若所选点位周围半径 300～500 m 范围内建筑物平均高度在 20 m 以上,无法按 3～15 m 的高度要求设置时,其采样口高度可以在 15～25 m 范围内选取。

(5)采样口离建筑物墙壁、屋顶等支撑物表面的距离应大于 1 m,若支撑物表面有实体围栏,采样口应高于实体围栏至少 0.5 m。

(6)当设置多个采样口时，为防止其他采样口干扰颗粒物样品的采集，颗粒物采样口与其他采样口之间的水平距离应大于 1 m。

(7)进行比对监测时，若参比采样器的流量≤200 L/min，采样器和监测仪的各个采样口之间的直线距离应在 1 m 左右；若参比采样器的流量＞200 L/min，其直线距离应在 2～4 m；使用高真空大流量采样装置进行比对监测，其直线距离应在 3～4 m。

(二) 监测仪表安装

(1) 仪器铭牌上应标有仪器名称、型号、生产单位、出厂编号和生产日期等信息。

(2) 仪器各零部件应连接可靠，表面无明显缺陷，各操作按键使用灵活，定位准确。

(3) 仪器各显示部分的刻度、数字清晰，涂色牢固，不应有影响读数的缺陷。

(4) 仪器具备数字信号输出功能。

(5) 仪器电源引入线与机壳之间的绝缘电阻应不小于 20 MΩ。

(6) 电缆和管路以及电缆和管路的两端做上明显标识。电缆线路的施工还应满足《电气装置安装工程电缆线路施工及验收标准》(GB 50168—2018)的相关要求。

(7) 依照设备清单进行检查，要求所有零配件配备齐全。

(8) 仪器应安装在机柜内或平台上，确保安装水平，并符合以下要求：

①后方空间：仪器设备安装完毕后，确保仪器后方有 0.8 m 以上的操作维护空间。

②顶端空间：仪器设备安装完毕后，确保仪器采样入口和站房天花板的间距不小于 0.4 m。

(9) 采样管安装：

①采样管应竖直安装。

②保证采样管与各气路连接部分密闭不漏气。

③保证采样管与屋顶法兰连接部分密封防水。

④采样管长度不超过 5 m。

⑤采样管应接地良好，接地电阻应小于 4 Ω。

(10) 切割器安装：

①切割器入口位置应符合仪器采样口位置的要求。

②切割器出口与采样管或等流速流量分配器连接应密封良好。

③切割器应方便拆装、清洗。

(11) 辅助设备安装：

①采样管支撑部件与房顶和采样管的连接应牢固、可靠，防止采样管摇摆。

②采样辅助设备与采样管应连接可靠。

③环境温度或大气压传感器应安装在采样入口附近，不干扰切割器正常工作。

④环境温度或大气压传感器信号传输线与站房连接处应符合防水要求。

(三) 数据采集和传输设备安装

(1) 设备应采用有线或无线通信方式。

(2) 设备应安装在机柜内或平台上，确保设备与机柜或平台的安装牢固、可靠。

(3) 设备应能正确记录、存储、显示采集到的数据和状态。

四、气态污染物监测仪表

(一) 点式自动监测系统采样装置安装要求

(1) 采样总管应竖直安装。

(2) 采样总管与屋顶法兰连接部分密封防水。

(3) 采样总管各支路连接部分密闭不漏气。

(4) 采样总管支撑部件与房顶和采样总管的连接应牢固、可靠。

(5) 在采样口周围 270°捕集空间范围内环境空气流动应不受任何影响。

(6) 加热器与采样总管的连接应牢固,加热温度一般控制在 30～50 ℃。

(7) 采样总管接地良好,接地电阻应小于 4 Ω。

(8) 采样口离地面的高度应在 3～15 m 范围内。

(9) 在保证监测点具有空间代表性的前提下,若所选点位周围半径 300～500 m 范围内建筑物平均高度在 20 m 以上,无法按满足 3～15 m 的高度要求设置时,其采样口高度可以在 15～25 m 范围内选取。

(10) 采样口离建筑物墙壁、屋顶等支撑物表面的距离应大于 1 m,若支撑物表面有实体围栏,采样口应高于实体围栏至少 0.5 m。

(二) 开放光程自动监测系统光路

(1) 监测光束离地面的高度应在 3～15 m 范围内。

(2) 在保证监测点具有空间代表性的前提下,若所选点位周围半径 300～500 m 范围内建筑物平均高度在 20 m 以上,其监测光束离地面高度可以在 15～25 m 范围内选取。

(3) 监测光束能完全通过的情况下,允许监测光束从日平均机动车流量少于 10 000 辆的道路上空、对监测结果影响不大的小污染源和少量未达到间隔距离要求的树木或建筑物上空穿过,穿过的合计距离不能超过监测光束总光程的 10%。

(三) 监测仪表安装要求

1. 一般要求

气态污染物自动监测仪器安装的一般要求参照颗粒物自动监测仪器安装要求的前 5 条。

2. 点式监测仪器

(1) 监测仪器应水平安装在机柜内或平台上,有必要的防震措施。

(2) 监测仪器与支管接头连接的管线应选用不与被监测污染物发生化学反应和不释放有干扰物质的材料;长度不应超过 3 m,同时应避免空调机的出风直接吹向采样总管和支管。

(3) 为防止颗粒物进入监测仪器,应在监测仪器与支管气路之间安装孔径不大于 5 μm 的聚四氟乙烯滤膜。

(4) 为防止结露水流和管壁气流波动的影响,监测仪器与支管接头连接的管线,连接总管时应伸向总管接近中心的位置。

(5) 监测仪器的排气口应通过管线与站房的总排气管连接。

(6) 电缆和管路以及电缆和管路的两端做上明显标识。电缆线路的施工还应满足 GB 50168—2018 的相关要求。

3. 开放光程监测仪器

(1) 监测仪器应安装在机柜内或平台上,确保仪器后方有 0.8 m 以上的操作维护空间。

(2) 监测仪器光源发射、接收装置应与站房墙体密封。

(3) 监测仪器光程大于等于 200 m 时,光程误差应不超过 3 m;当光程小于 200 m 时,光程误差应不超过 1.5%。

(4) 光源发射端和接收端(反射端)应在同一直线上,与水平面之间俯仰角不超过 15°。

(5) 光源接收端(反射端)应避光安装,同时注意尽量避免将其安装在住宅区或窗户附近以免造成杂散光干扰。

(6) 光源发射端、接收端(反射端)应在光路调试完毕后固定在基座上。

(7) 电缆和管路以及电缆和管路的两端应做上明显标识。电缆线路的施工还应满足 GB 50168—2018 的相关要求。

(四) 数据采集和传输设备安装要求

(1) 设备应采用有线或无线通信方式。

(2) 设备应安装在机柜内或平台上,确保设备与机柜或平台连接牢固、可靠。

(3) 设备应能正确记录、存储、显示采集到的数据和状态。

第三节 环境空气质量自动监测系统验收

环境空气质量自动监测系统验收内容包括性能指标验收、联网验收及相关制度、记录和档案验收等,验收通过后由环境保护行政主管部门出具验收报告。

一、验收准备与申请

(一) 验收前调试与试运行

环境空气颗粒物(PM_{10}和$PM_{2.5}$)自动监测系统和环境空气气态污染物(SO_2、NO_2、O_3、CO)自动监测系统在现场安装并正常运行后,在验收前须进行调试。调试检测可由系统制造者、供应者、用户或受委托的有检测能力的部门承担。

在现场完成自动监测系统安装、调试后,系统投入试运行。在系统连续运行 168 h 后,进行调试检测。如果因系统故障、断电等造成调试检测中断,则需要重新进行调试检测。环境空气颗粒物(PM_{10} 和 $PM_{2.5}$)自动监测系统调试检测的指标和检测方法参照 HJ 655—2013 中“6.2 调试检测指标和检测方法”,调试检测的性能指标应符合表 2.1 调试检测项目的指标要求。调试检测后应编制安装调试报告，格式参照 HJ 655—2013 中附录 B。环境空气气态污染物（SO_2、NO_2、O_3、CO）自动监测系统调试检测的指标和检测方法参照 HJ 193—2013 中“6.2 调试检测指标和检测方法”，调试检测的性能指标应符合表 2.2 调试检测项目的指标要求。调试检测后应编制安装调试报告，格式参照 HJ 193—2013 中附录 C。

环境空气颗粒物（PM_{10} 和 $PM_{2.5}$）自动监测系统和环境空气气态污染物（SO_2、NO_2、O_3、CO）自动监测系统试运行至少 60 d。因系统故障等造成运行中断，恢复正常后，重新开始试运行。试运行结束时，按公式（2.1）计算系统数据获取率，应大于等于 90%。

$$\text{数据获取率}(\%)=\frac{\text{试运行总时长}-\text{系统故障时长}}{\text{试运行总时长}}\times 100\% \tag{2.1}$$

根据试运行结果，编制试运行报告。环境空气颗粒物（PM_{10} 和 $PM_{2.5}$）自动监测系统试运行报告格式参照 HJ 655—2013 中附录 C，环境空气气态污染物（SO_2、NO_2、O_3、CO）自动监测系统试运行报告格式参照 HJ 193—2013 中附录 D。

表 2.1　环境空气颗粒物（PM_{10} 和 $PM_{2.5}$）自动监测系统调试检测项目和评价指标

序号	检测项目	PM_{10}连续监测系统	$PM_{2.5}$连续监测系统
1	温度测量示值误差	±2 ℃	±2 ℃
2	大气压测量示值误差	±1 kPa	±1 kPa
3	流量测试	每一次测试时间点流量变化±10%设定流量； 24 h 平均流量变化±5%设定流量	平均流量偏差±5%设定流量； 流量相对标准偏差≤2%； 平均流量示值误差≤2%
4	校准膜重现性	±2%（标称值）	±2%（标称值）
5	参比方法比对调试	斜率：1±0.15； 截距：(0±10) μg/m³； 相关系数≥0.95	斜率：1±0.15； 截距：(0±10) μg/m³； 相关系数≥0.93

表 2.2　环境空气气态污染物（SO_2、NO_2、O_3、CO）自动监测系统调试检测项目和评价指标

检测项目	性能指标			
	SO_2 监测仪器	NO_2 监测仪器	O_3 监测仪器	CO 监测仪器
零点噪声	≤1 nmol/mol	≤1 nmol/mol	≤1 nmol/mol	≤0.25 μmol/mol
最低检出限	≤2 nmol/mol	≤2 nmol/mol	≤2 nmol/mol	≤0.5 μmol/mol
量程噪声	≤5 nmol/mol	≤5 nmol/mol	≤5 nmol/mol	≤1 μmol/mol
示值误差	±2% F.S.	±2% F.S.	±4% F.S.	±2% F.S.
20%量程精密度	≤5 nmol/mol	≤5 nmol/mol	≤5 nmol/mol	≤0.5 μmol/mol
80%量程精密度	≤10 nmol/mol	≤10 nmol/mol	≤10 nmol/mol	≤0.5 μmol/mol
24 h 零点漂移	±5 nmol/mol	±5 nmol/mol	±5 nmol/mol	±1 μmol/mol
24 h 20%量程漂移	±5 nmol/mol	±5 nmol/mol	±5 nmol/mol	±1 μmol/mol
24 h 80%量程漂移	±10 nmol/mol	±10 nmol/mol	±10 nmol/mol	±1 μmol/mol

注：F.S. 为满量程。

（二）验收准备

1. 检验合格报告

环境空气自动监测系统各连续监测仪器均需要提供生态环境部环境监测仪器质量监督检验中心出具的产品适用性检测合格报告。

2. 安装调试及试运行报告

环境空气自动监测系统各连续监测仪器均需要安装调试报告、试运行报告，环境空气质量自动监测系统包括 PM_{10}、$PM_{2.5}$、SO_2、NO_2、CO 和 O_3 等连续监测仪器。

3. 联网证明

提供责任环保部门出具的环境空气自动监测系统联网证明。

4. 质量控制和质量保证计划

环境空气自动监测系统提供质量控制和质量保证计划文档，包括连续监测仪器的运行、维护与质量控制计划，气态污染物的标准溯源与标准传递计划，O_3 的量值溯源与量值传递、颗粒物手工比对计划等。

5. 数据记录

监测系统已至少连续稳定运行 60 d，出具日报表和月报表，其数据应符合 GB 3095—2012 中关于污染物浓度数据有效性的最低要求。

6. 技术档案

建立完整的连续监测仪器的技术档案。

（三）验收申请

在自动监测系统完成安装、调试及试运行后提出验收申请，验收申请材料上报环境保护行政主管部门受理，经核准符合验收条件，由环境保护行政主管部门组织实施验收。

二、验收内容

（一）环境空气颗粒物（PM_{10}和 $PM_{2.5}$）自动监测系统性能指标验收

环境空气颗粒物（PM_{10}和 $PM_{2.5}$）自动监测系统性能指标验收包括流量测试、校准膜重现性。性能指标检测方法参照 HJ 655—2013 中"6.2 调试检测指标和检测方法"。测试结果应符合表 2.3 的要求。

表 2.3　环境空气颗粒物（PM_{10}和 $PM_{2.5}$）自动监测系统验收技术指标

项目	PM_{10}连续监测系统	$PM_{2.5}$连续监测系统
流量要求	每一次测试时间点流量变化±10%设定流量； 24 h平均流量变化±5%设定流量	平均流量偏差±5%设定流量； 流量相对标准偏差≤2%； 平均流量示值误差≤2%
校准膜重现性	±2%（标称值）	±2%（标称值）

(二) 环境空气气态污染物(SO_2、NO_2、O_3、CO)自动监测系统性能指标验收

环境空气气态污染物(SO_2、NO_2、O_3、CO)自动监测系统性能指标验收包括示值误差、24 h零点漂移和24 h 80%量程漂移。性能指标检测方法参照 HJ 193—2013 中"6.2 调试检测指标和检测方法"。测试结果应符合表 2.4 的要求。

表 2.4 环境空气气态污染物(SO_2、NO_2、O_3、CO)自动监测系统验收技术指标

项目	性能指标			
	SO_2 监测仪器	NO_2 监测仪器	O_3 监测仪器	CO 监测仪器
示值误差	±2% F. S.	±2% F. S.	±4% F. S.	±2% F. S.
24 h 零点漂移	±5 nmol/mol	±5 nmol/mol	±5 nmol/mol	±1 μmol/mol
24 h 80%量程漂移	±10 nmol/mol	±10 nmol/mol	±10 nmol/mol	±1 μmol/mol

注:F. S. 表示满量程。

(三) 联网验收

联网验收由通信及数据传输验收、现场数据比对验收和联网稳定性验收 3 部分组成。

1. 通信及数据传输验收

按照 HJ/T 212 的规定检查通信协议的正确性。数据采集和传输设备与监测仪之间的通信应稳定,不出现经常性的通信连接中断、报文丢失、报文不完整等通信问题。为保证监测数据在公共数据网上传输的安全性,所采用的数据采集和传输设备应进行加密传输。

2. 现场数据比对验收

对数据进行抽样检查,随机抽取试运行期间 7 d 的监测数据,对比上位机接收到的数据和现场机存储的数据,数据传输正确率应大于等于 95%。

3. 联网稳定性验收

在连续一个月内,数据采集和传输设备能稳定运行,不出现除通信稳定性、通信协议正确性、数据传输正确性以外的其他联网问题。

4. 联网验收技术指标要求

联网验收技术指标见表 2.5。

表 2.5 互联网验收技术指标

验收检测项目	考核指标
通信稳定性	(1)现场机在线率为 90%以上; (2)正常情况下,掉线后,应在 5 min 之内重新上线; (3)单台数据采集传输仪每日掉线次数在 5 次以内; (4)报文传输稳定性在 99%以上,当出现报文错误或丢失时,启动纠错逻辑,要求数据采集传输仪重新发送报文
数据传输安全性	(1)对所传输的数据应按照 HJ/T 212 中规定的加密方法进行加密处理传输,保证数据传输的安全性; (2)服务器端对请求连接的客户端进行身份验证

续表

验收检测项目	考核指标
通信协议正确性	现场机和上位机的通信协议应符合 HJ/T 212 中的规定，正确率 100%
数据传输正确性	随机抽取试运行期间 7 d 的监测数据。对比上位机接收到的数据和现场机存储的数据，数据传输正确率应大于等于 95%
联网稳定性	在连续一个月内，不出现除通信稳定性、通信协议正确性、数据传输正确性以外的其他联网问题

（四）相关制度、记录和档案验收

1. 设备操作和使用制度

（1）设备使用管理说明。

（2）系统运行操作规程。

2. 设备质量保证和质量控制计划

（1）日常巡检制度及巡检内容。

（2）定期维护制度及定期维护内容。

（3）定期校验和校准制度及内容。

（4）易损、易耗品的定期检查和更换制度。

三、验收报告

（1）环境空气颗粒物（PM_{10}和$PM_{2.5}$）自动监测系统验收报告格式参照 HJ 655—2013 中附录 D；环境空气气态污染物（SO_2、NO_2、O_3、CO）自动监测系统验收报告格式参照 HJ 193—2013 中附录 E。

（2）验收报告应附安装调试报告、试运行报告和联网证明。

第三章　环境空气质量自动监测方法原理

我国环境空气质量自动监测系统所监测项目主要分为气象参数、颗粒物和气态污染物3大类。气象参数主要包括温度、相对湿度、气压、风速和风向；颗粒物主要包括PM_{10}和$PM_{2.5}$；气态污染物主要包括NO_2、SO_2、O_3和CO。各监测项目的自动监测分析方法见表3.1。

表3.1　环境空气质量自动监测项目及分析方法

类别	监测项目	分析方法
气象参数	温度	热敏电阻
	相对湿度	湿敏电阻、湿敏电容
	气压	压阻式传感器
	风速	交流发电机传感器、光电传感器
	风向	接点开关、多圈电位器调压
颗粒物	PM_{10}	微量振荡天平法(TEOM)、β射线法
	$PM_{2.5}$	微量振荡天平法(TEOM)、β射线法
气态污染物	SO_2	紫外荧光法、电导法差分吸收光谱分析法
	NO_2	化学发光法、差分吸收光谱分析法
	O_3	紫外光度法、化学发光法差分吸收光谱分析法
	CO	非分散红外吸收法、气体滤波相关红外吸收法

第一节　气象参数监测方法原理

一、温度

温度属于环境空气质量自动监测系统中的常规参数之一，目前常采用热敏电阻的方法进行监测。其工作原理为：热敏电阻的阻值随着温度的变化而变化，当环境中温度变化1 ℃时，热敏电阻的阻值会产生一个相对大的变化值，将这一变化值通过电子电路转化为电压信号，同时通过电路对电压信号放大，并通过相应的电路措施消除热敏电阻产生的电噪声干扰和非线性影响，则可以得到随环境温度变化的模拟电压输出。通过子站计算机对输出的模拟电压信号进行采集，并经过数据处理可得到环境温度的连续监测结果。

二、相对湿度

在环境空气质量自动监测系统中，对相对湿度进行监测的传感器主要有两种：一种是湿敏电阻，另一种是薄膜湿敏电容。

湿敏电阻的工作原理与热敏电阻大致相同，主要是将随湿度变化的传感器阻值转换成变化的模拟电压输出，但为了消除环境温度对湿敏电阻的检测影响，通常需要通过热敏电阻的检测结果对相对湿度检测结果进行温度补偿，通常是将温度和相对湿度传感器制作在一个探头内，温度和相对湿度检测电路制作在一起，以便简化电路和相互配合。

薄膜湿敏电容是一种特制的电容器，它由一个 1 μm 厚的特制聚合物夹层和薄的金属电极组成。当这个特制聚合物夹层吸收环境空气中的水分子时，在电容两端电极上测得的电容值将随相对湿度成比例地变化，若将随相对湿度变化的电容值通过电子电路转换成电压变化信号，同时通过电路对电压信号放大，可以得到随环境相对湿度变化的模拟电压输出。通过子站计算机对输出的模拟电压信号进行采集，并经过数据处理可得到环境中相对湿度的连续监测结果。

薄膜湿敏电容对湿度反应非常灵敏，响应滞后时间很短，并且对环境温度的影响可以忽略不计。特制聚合物夹层有较高的抗化学性，传感器校准时，浸入水中不受液体的影响。

三、风速

在环境空气质量自动监测系统中，对风速检测的传感器有两种：一种是交流发电机传感器，另一种是光电传感器。

交流发电机传感器的工作原理是：3 个碗形风杯镶在等长的金属架上，金属架的中心与交流发电机的转子长轴连接。当有风时，风杯凹凸面受到风的压力，推动风杯做水平方向的绕轴旋转，风速不同使在风杯上受到的压力也不同，风杯转动的快慢直接受风速的影响。风杯转动时，连接风杯的交流发电机转子长轴带动转子磁钢，在发电机的定子线圈中转动，这时定子线圈上产生交流电势，产生的电势大小与风杯的转速有关，与风速成正比。若将随风速变化的交流电势转换成电压信号变化信号，则可以得到随环境风速变化的模拟电压输出。通过子站计算机对输出的模拟电压信号进行采集，并经过数据处理可得到环境风速的连续监测结果。

光电传感器的结构如图 3.1 所示，连接 3 个碗形风杯的长轴使之与切光盘相接，当风杯凹凸面受到风的压力，推动风杯做水平方向的绕轴旋转时，发光二极管发出的光束被切光盘切割。当切光盘中的透光狭缝转到 U 形光电对管中间的位置时，光敏二极管接收到发光二

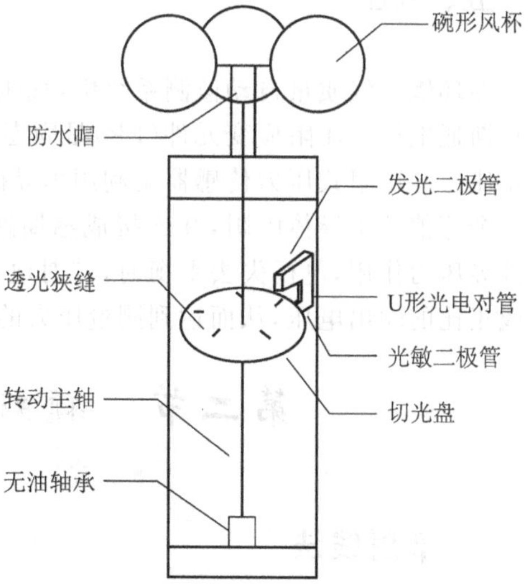

图 3.1　光电传感器结构示意图

极管发出的光束，产生一个较大幅度的脉冲电压；当切光盘中的透光狭缝通过U形光电对管时，切光盘不透光面到U形光电对管中间的位置，这时光敏二极管接收不到发光二极管发出的光束，没有脉冲电压产生。由于切光盘的连续转动，光敏二极管产生连续的脉冲波，产生的脉冲频率与风杯的转速有关，与风速成正比。若将随风速变化的脉冲频率信号转化成电压变化信号，则可以得到随环境风速变化的模拟电压输出。通过子站计算机对输出的模拟电压信号进行采集，并经过数据处理可得到环境风速的连续监测结果。

四、风向

在环境空气质量自动监测系统中，对风向的监测有两种方式：一种是接点开关检测，另一种是多圈电位器调压检测。

接点开关检测的工作原理是：8个长程接点开关的导电环按8个均匀分布的风向安装在圆盘上，连接风向标的长轴与开关接触簧片相接，当风向标受到风的压力，推动风向标做水平方向的绕轴移动时，按风向标移动所指的风向位置，接通对应该风向的长程开关。按风向接通不同位置的开关，通过子站计算机识别不同位置开关的闭合，并经数据处理可得到环境风向的连续监测结果。

由于用接点开关检测方式存在着检测精度低、机械结构复杂及维修不方便等缺点，现在环境空气质量自动监测系统中，较多采用线绕旋转电位器调压检测方式。该电位器调压检测的工作原理是：在一个用特制金属丝缠绕的旋转电位器两端加固定电压（该电位器的移动端可360°旋转），连接风向标的长轴与电位器的移动端相接。当风向标受到风的压力，推动风向标做水平方向的绕轴移动时，风向标移动所指风向位置不同，电位器移动端所处的位置也随风向标移动而改变，移动端输出的对地电压也随之发生改变，移动端输出的对地电压与风向成正比。通过子站计算机采集随风向变化的移动端对地输出电压，并经数据处理可得到环境风向的连续监测结果。

五、气压

在环境空气质量自动监测系统中，气压一般采用压阻式压力传感器进行测量，基本原理是惠斯通电桥。压阻应变元件（PR）是固态的硅电阻，它的电阻值的变化与所受的机械应变成正比。硅压阻式压力传感器是利用单晶硅的压阻效应制成的。在硅膜片特定方向上扩散成4个等值的半导体电阻，并连接成惠斯通电桥，作为力-电变换器的敏感元件。当膜片受到外界压力作用，电桥失去平衡时，若对电桥加激励电源（恒流和恒压），便可得到与被测压力成正比的输出电压，从而达到测量压力的目的。

第二节　颗粒物监测方法原理

一、β射线法

β射线法是利用β射线衰减量测试采样期间增加的颗粒物质量，结合采样体积计算空气中颗粒物含量。其基本原理为：当采样气流以恒速通过滤纸带，其中的颗粒物（PM_{10}或$PM_{2.5}$）沉积在滤纸带上，当β射线通过沉积着颗粒物的滤纸带时，β射线能量衰减，通过对衰减量的测定计算出采样周期内颗粒物的质量浓度。计算方法如公式(3.1)和(3.2)：

$$I=I_0\exp(-\mu M) \tag{3.1}$$

$$C=\frac{S}{\mu V}\ln\left(\frac{I}{I_0}\right) \tag{3.2}$$

式中：I——通过沉积着颗粒物滤带的β射线量；

I_0——通过清洁滤带的未经衰减的β射线量；

μ——质量吸收系数或质量衰减系数，$m^2/\mu g$；

M——单位面积颗粒物的质量，$\mu g/m^2$；

C——颗粒物质量浓度，$\mu g/m^3$；

S——捕集面积，m^2；

V——捕集气流体积，m^3。

采用β射线法测量环境空气颗粒物浓度的原理如图3.2所示。

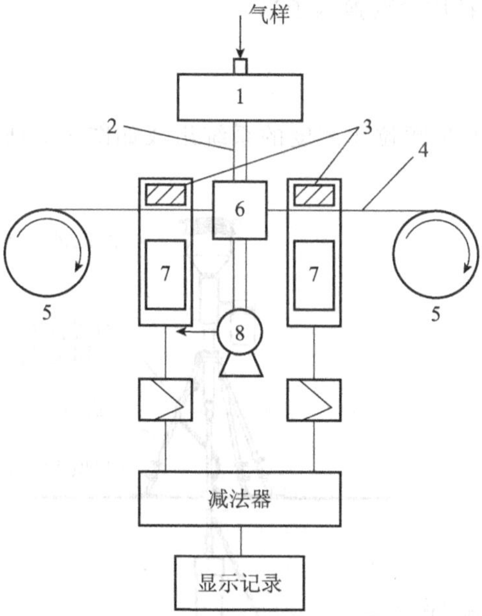

图3.2　β射线法工作原理

1—切割器；2—样品动态加热管；3—射线源；4—滤带；5—滚筒；6—集尘器；7—检测器(脉冲计数管)；8—抽气泵

采样泵以恒定流量抽取环境空气样品，恒定流量的环境空气样品经过($PM_{10}/PM_{2.5}$)切割器后成为符合技术要求的颗粒物样品气体。为了减少湿度对颗粒物测量结果的影响，在样品动态加热系统中，样品气体的相对湿度被调节到35%以下。样品气体进入仪器主机后通过可以自动更换的滤纸带，颗粒物被收集在滤纸带上，形成尘斑。在仪器中滤纸带的两侧分别设置了β射线源和β射线检测器，随着样品采集的进行，在滤纸带上收集的颗粒物越来越多，尘斑的质量也随之增加，此时β射线检测器检测到的β射线强度会相应地减弱。由于

β射线检测器的输出信号能直接反应颗粒物的质量变化，仪器通过分析β射线检测器的颗粒物质量数值，结合相同时段内采集的环境空气样品体积，最终得出采样时段的环境空气颗粒物浓度。

二、微量振荡天平法

微量振荡天平法（TEOM）测定颗粒物浓度的基本原理为：在质量传感器内使用一个振荡空心锥形管，在其振荡端安装可更换的 TEOM 滤膜，振荡频率取决于锥形管特征及其质量。当采样气流通过滤膜，其中的颗粒物沉积在滤膜上，滤膜的质量变化导致振荡频率变化，通过振荡频率变化计算出沉积在滤膜上颗粒物的质量，见公式（3.3）。再根据流量、现场环境温度和气压计算出该时段颗粒物的质量浓度。

$$\mathrm{d}m = K_0\left(\frac{1}{f_1^2}-\frac{1}{f_0^2}\right) \tag{3.3}$$

式中：$\mathrm{d}m$——变化的质量；

K_0——弹性常数（包括质量变换因子）；

f_0——初始频率；

f_1——最终频率。

采用微量振荡天平法测量颗粒物浓度的系统组成如图 3.3 所示，微量振荡天平质量传感器原理如图 3.4 所示。

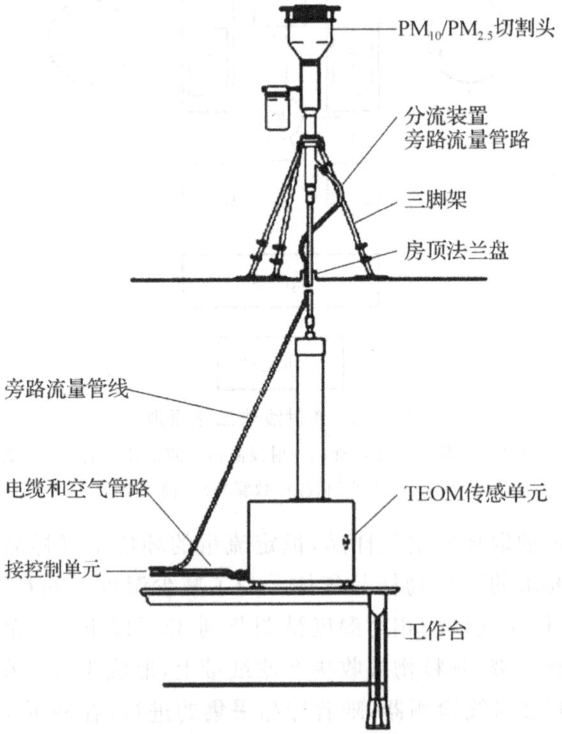

图 3.3　微量振荡天平法系统组成示意图

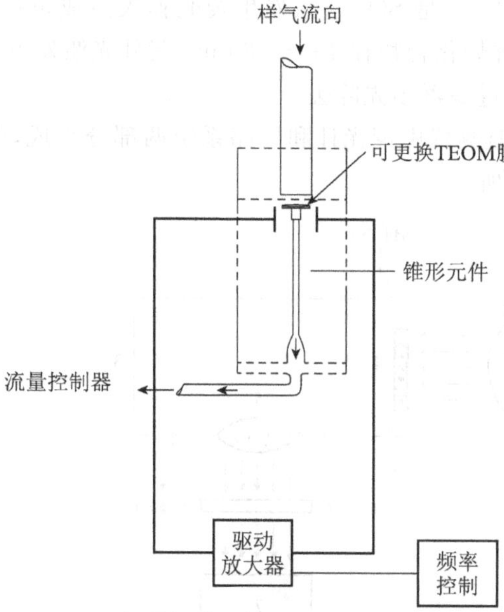

图 3.4 微量振荡天平质量传感器原理示意图

微量振荡天平法颗粒物监测仪的采样泵通过颗粒物进气管引进样气。恒定流量的环境空气样品经过($PM_{10}/PM_{2.5}$)切割器后,成为符合技术要求的颗粒物样品气体。监测仪主机通过密封的管道和室外的($PM_{10}/PM_{2.5}$)切割头连接,样品随后进入配置有滤膜动态测量系统(FDMS)的监测仪主机。在主机中测量样品质量的微量振荡天平传感器的主要部件是一支一端固定、另一端装有滤膜的空心锥形管,样品气流通过滤膜,颗粒物被收集在滤膜上。在工作时空心锥形管处于往复振荡的状态,它的振荡频率会随着滤膜上收集的颗粒物的质量变化发生改变,仪器通过准确测量频率的变化得到采集的颗粒物质量,然后结合采样时段内采集的环境空气样品体积计算得出样品的浓度。

第三节 气态污染物监测方法原理

一、二氧化硫(SO_2)

环境空气质量自动监测中二氧化硫(SO_2)监测常用的方法为紫外荧光法和电导法。

(一) 紫外荧光法

紫外荧光法的原理为:样品空气以恒定的流量通过颗粒物过滤器进入仪器反应室,用波长为 200～220 nm 的紫外光照射样品空气,SO_2 分子受紫外光照射后产生激发态 SO_2 分子,返回基态过程中发出波长为 240～420 nm 的荧光,样品空气中 SO_2 浓度与荧光强度成正比。

该方法测定 SO_2 的主要干扰物质是水分和芳香烃化合物。水分从两个方面产生干扰:

一是使 SO_2 溶于水造成损失；二是 SO_2 遇水发生荧光猝灭造成负误差，可用渗透膜渗透法或反应室加热法消除。芳香烃化合物在 190～230 nm 紫外光激发下也能发射荧光造成正误差，可用装有特殊吸附剂的过滤器预先除去。

紫外荧光法 SO_2 自动监测仪由荧光计和气路系统两部分组成，荧光计组成如图 3.5 所示，SO_2 测量系统如图 3.6 所示。

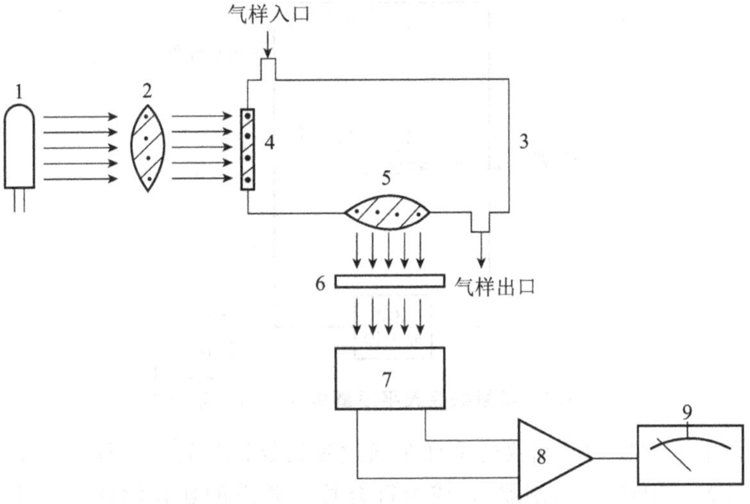

图 3.5　脉冲紫外荧光法 SO_2 自动监测仪荧光计工作原理

1—脉冲紫外光源；2、5—透镜；3—反应室；4—激发光滤光片；
6—发射光滤光片；7—光电倍增管；8—放大器；9—指示表

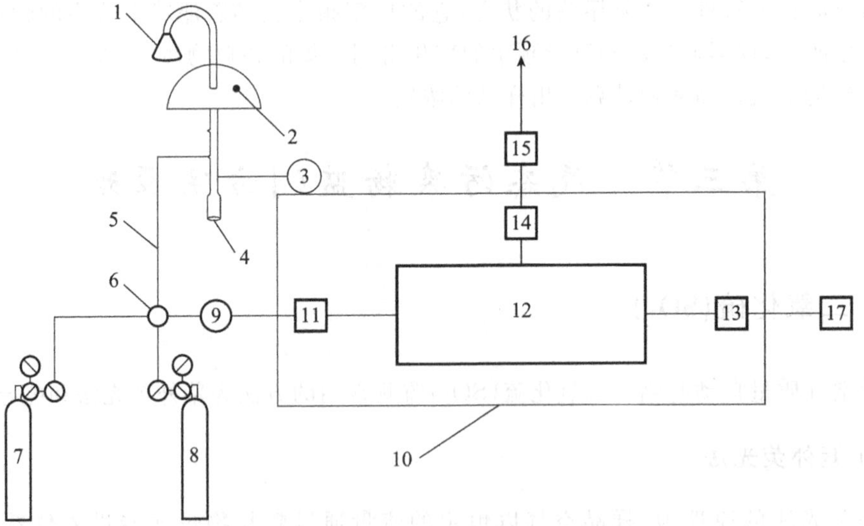

图 3.6　环境空气 SO_2 自动监测系统示意图

1—进气口；2—房顶；3—风机；4—除湿装置；5—进样管路；6—四通阀；7—零气；8—标准气体；
9—颗粒物过滤器；10—二氧化硫测定仪；11—碳氢化合物去除器；12—反应室；13—信号输出；
14—流量控制器；15—泵；16—排空口；17—数据输出

荧光计的工作原理为：脉冲紫外光源发射的光束通过激发光滤光片（光谱中心波长 220 nm）后获得所需波长的脉冲紫外光射入反应室，与空气中的 SO_2 分子作用，使其激发而发射荧光，用设在入射光垂直方向上的发射光滤光片（光谱中心波长 330 nm）和光电转换装置测其强度。脉冲光源可将连续光变为交变光，以直接获得交流信号，提高仪器的稳定性。脉冲光源可通过使用脉冲电源或切光调制技术获得。

气路系统的流程为：环境空气样品经除湿和过滤颗粒物后，通过碳氢化合物去除器到达反应室，反应后的干燥气体经流量计测量流量后由抽气泵抽引排出。还可以通过抽入零气和标准气体对仪器进行零点和量程校准。

（二）电导法

电导法测定环境空气中 SO_2 的原理为：用稀的过氧化氢水溶液吸收空气中的 SO_2 并发生氧化反应。生成的硫酸根离子和氢离子使吸收液电导率增加，其增加值取决于环境空气样品中的 SO_2 含量，通过测量吸收液吸收 SO_2 前后电导率的变化，并与吸收液吸收 SO_2 标准气前后电导率的变化比较，可测得气样中 SO_2 的浓度。

电导式 SO_2 自动监测仪有间歇式和连续式两种类型。间歇式测量结果为采样时段的平均浓度，连续式测量结果为不同时间的瞬时值。电导式 SO_2 连续自动监测仪的工作原理如图 3.7 所示。它有两个电导池：一个是参比电导池，用于测量空白吸收液的电导率；另一个是测量电导池，用于测量吸收 SO_2 后的吸收液电导率。而空白吸收液的电导率在一定温度下是恒定的，因此，通过测量电路测得两种吸收液电导率差值，便可得到任一时刻气样中的 SO_2 浓度。也可以通过比例运算放大电路测量两种吸收液电导率比值来实现对 SO_2 浓度的测定。仪器使用前需用 SO_2 标准气或标准硫酸溶液校准。

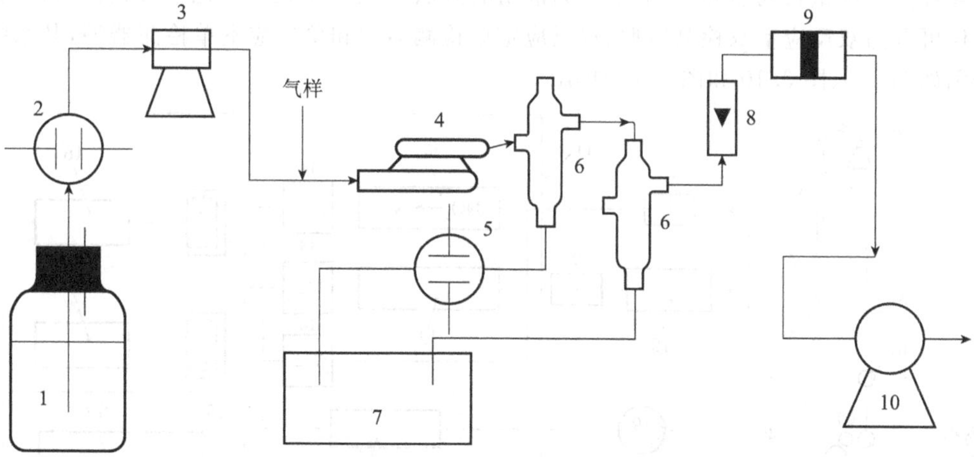

图 3.7 电导式 SO_2 自动监测仪工作原理

1—吸收液贮瓶；2—参比电导池；3—定量泵；4—吸收管；5—测量电导池；6—气液分离器；7—废液槽；8—流量计；9—滤膜过滤器；10—抽气泵

为减少电极极化现象，除应用较高频率的交流电压外，还可以采用四电极电导式 SO_2 连续自动监测仪，如图 3.8 所示。参比电导池和测量电导池内都有四个电极，当在 E_1、E_2 和 E_3、E_4 两对电极上分别施加一定交流电压时，每对电极间的电压与各自电极间的阻抗成正比，其大小分别由 e_1、e_2 和 e_3、e_4 两对检测电极检出。将两对电极的电压差输入放大器，放大后的输出信号使平衡电机转动，同时带动滑线电阻 R 的触点 a 移动，直至电压差为零时，达到平衡状态，则 R 上触点 a 移动的距离与 SO_2 的浓度相对应，由与触点 a 同步移动的指针 b 在经过标定的刻度盘上指示出来或用记录仪记录下来。

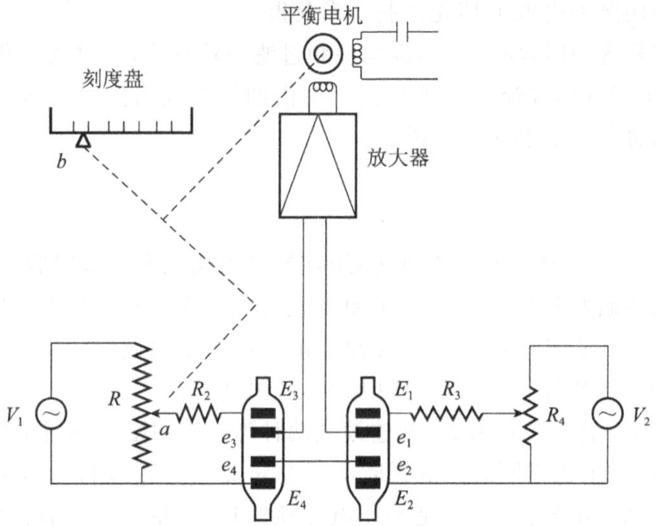

图 3.8　四电极电导式 SO_2 自动监测仪工作原理

二、二氧化氮(NO_2)

环境空气质量自动监测中 NO_x 监测常用的方法为化学发光法。化学发光法 NO_x 自动监测仪可分为双反应室双检测器型、双反应室单检测器型和单反应室单检测器型，其系统组成分别如图 3.9、图 3.10 和图 3.11 所示。

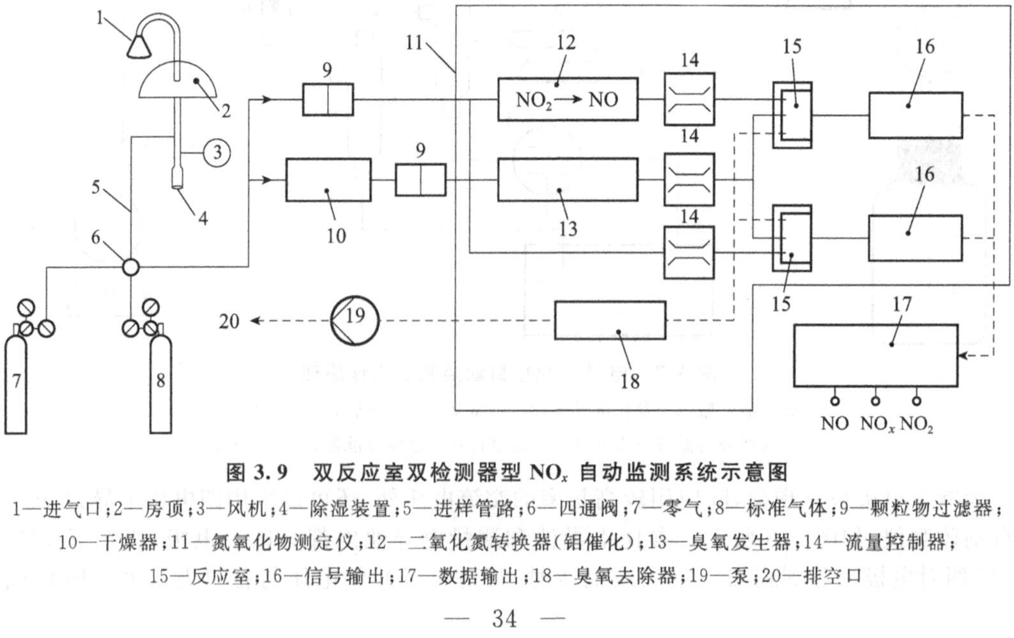

图 3.9　双反应室双检测器型 NO_x 自动监测系统示意图

1—进气口；2—房顶；3—风机；4—除湿装置；5—进样管路；6—四通阀；7—零气；8—标准气体；9—颗粒物过滤器；10—干燥器；11—氮氧化物测定仪；12—二氧化氮转换器(钼催化)；13—臭氧发生器；14—流量控制器；15—反应室；16—信号输出；17—数据输出；18—臭氧去除器；19—泵；20—排空口

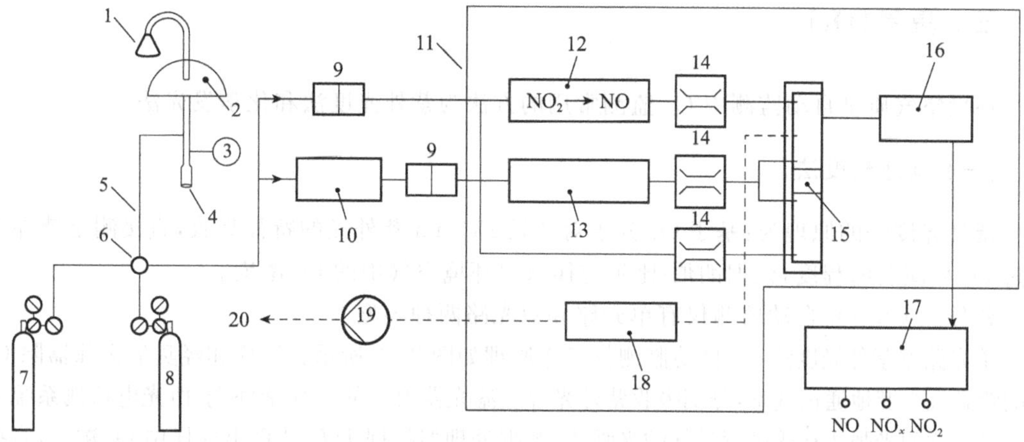

图 3.10　双反应室单检测器型 NO_x 自动监测系统示意图

1—进气口；2—房顶；3—风机；4—除湿装置；5—进样管路；6—四通阀；7—零气；8—标准气体；9—颗粒物过滤器；10—干燥器；11—氮氧化物测定仪；12—二氧化氮转换器(钼催化)；13—臭氧发生器；14—流量控制器；15—反应室；16—信号输出；17—数据输出；18—臭氧去除器；19—泵；20—排空口

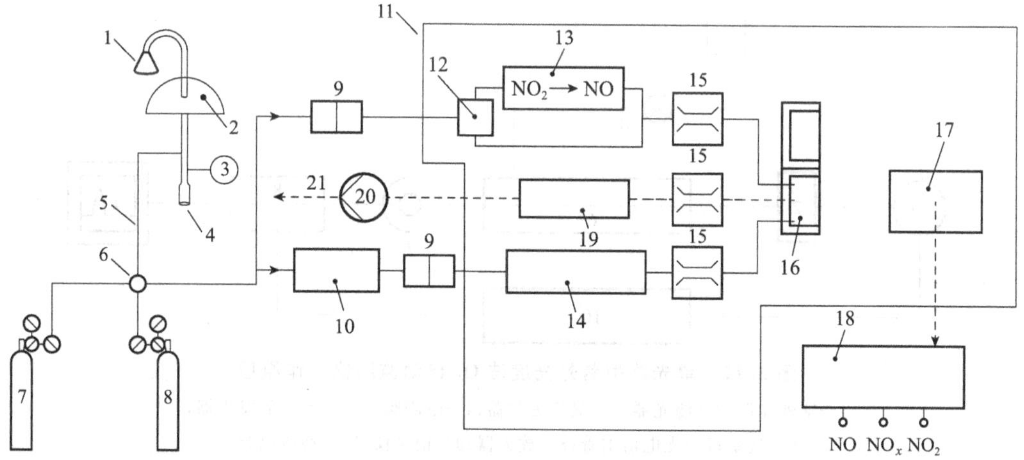

图 3.11　单反应室单检测器型 NO_x 自动监测系统示意图

1—进气口；2—房顶；3—风机；4—除湿装置；5—进样管路；6—四通阀；7—零气；8—标准气体；9—颗粒物过滤器；10—干燥器；11—氮氧化物测定仪；12—顺序控制器；13—二氧化氮转换器(钼催化)；14—臭氧发生器；15—流量控制器；16—反应室；17—信号输出；18—数据输出；19—臭氧去除器；20—泵；21—排空口

化学发光法 NO_x 自动监测仪测定的原理为：样品空气分成两路——一路直接进入反应室，测定 NO；另一路通过转换器(如钼催化还原反应)将 NO_2 转化为 NO 后进入反应室，测定 NO_x。反应室内的 NO 被过量 O_3 氧化形成激发态的 NO_2 分子，返回基态过程中发射特征光，在一定浓度范围内样品空气中 NO 的浓度与光强成正比。检测器将光信号转换成与气样中 NO_x 浓度成正比的电信号，经放大和信号处理后，送入指示、记录仪表显示和记录测定结果。反应室内化学发光反应后的气体经净化器由泵抽出排放。还可以通过抽入零气和标准气体对仪器进行零点和量程校准。NO_2 的浓度通过 NO_x 和 NO 的浓度差值进行计算。

三、臭氧(O_3)

环境空气质量自动监测中 O_3 监测常用的方法为紫外光度法和化学发光法。

(一)紫外光度法

紫外光度法的原理为:基于 O_3 分子对波长 254 nm 紫外光的特征吸收,直接测定紫外光通过 O_3 后减弱的程度,根据朗伯-比尔定律求出环境空气中的 O_3 浓度。

紫外光度法 O_3 自动监测仪有单光路和双光路两种类型。

单光路型紫外光度法 O_3 自动监测仪工作原理如图 3.12 所示。气样和经臭氧去除器除 O_3 后的背景气交变地通过气室,分别吸收紫外光源经滤光器射出的特征紫外光,由光电检测系统测量透过气样的光强 I 和透过背景气的光强 I_0,数据处理器根据 I/I_0 计算出气样中 O_3 浓度,直接显示和记录消除背景干扰后的测定结果。仪器还定期输入零气和标准气进行零点和量程校正。

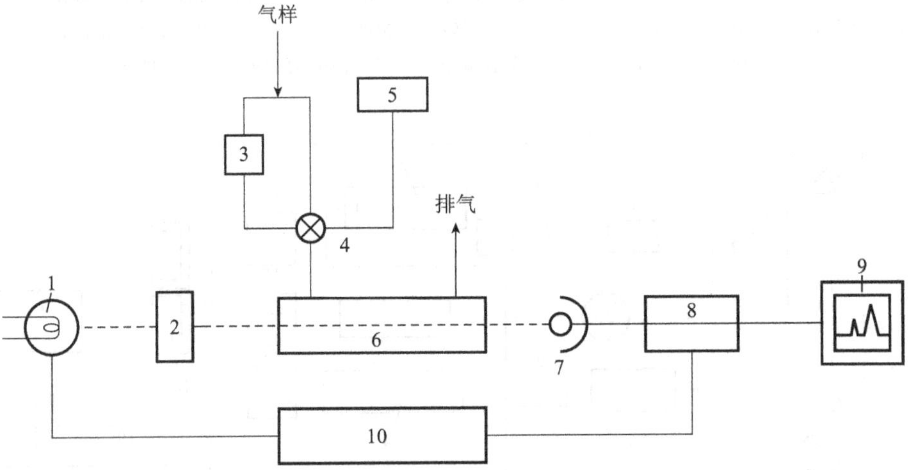

图 3.12　单光路型紫外光度法 O_3 自动监测仪工作原理

1—紫外光源;2—滤光器;3—臭氧去除器;4—电磁阀;5—标准臭氧发生器;
6—气室;7—光电倍增管;8—放大器;9—记录仪;10—稳压电源

双光路型紫外光度法 O_3 自动监测仪工作原理如图 3.13 所示。当电磁阀 1、3 处于图中的位置时,气样分别同时从电磁阀 1 进入气室 4 和经臭氧去除器 2 除去 O_3 后从电磁阀 3 进入气室 5,吸收光源射入各自气室的特征紫外光,由光电检测和数据处理系统测量透过气样的光强 I 及透过背景气的光强 I_0,并计算出 I/I_0。当电磁阀切换到与前者相反的位置时,则流过气室 5 的是含 O_3 的气样,流过气室 4 的是除 O_3 的背景气,同样可测知 I/I_0。由于仪器已进行过校准,故可以分别得知流过气室 4 和气室 5 气样的 O_3 浓度,仪器显示的读数是二者的平均值,这样将会有效地提高测定精度。

(二)化学发光法

化学发光法的原理为:样品空气以恒定的流量通过颗粒物过滤器进入仪器反应室,O_3 与过量

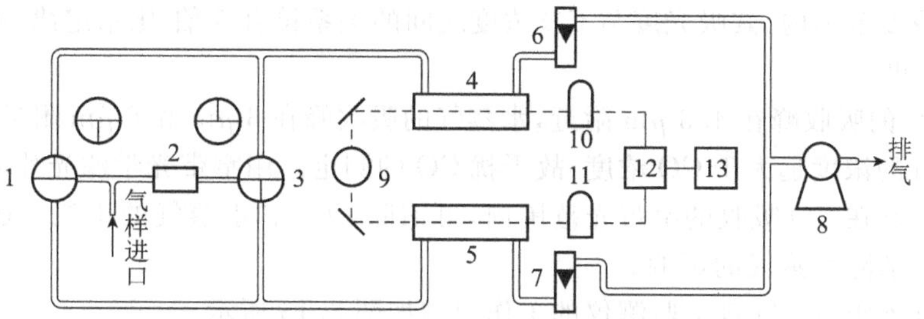

图 3.13　双光路型紫外光度法臭氧自动监测仪工作原理

1、3—电磁阀；2—臭氧去除器；4、5—气室；6、7—流量计；8—抽气泵；
9—光源；10、11—光电倍增管；12—放大器；13—数据处理系统

的 NO 混合，瞬间反应后发光，在一定浓度范围内样品空气中的 O_3 浓度与发光强度成正比。

化学发光法 O_3 自动监测仪工作原理如图 3.14 所示。

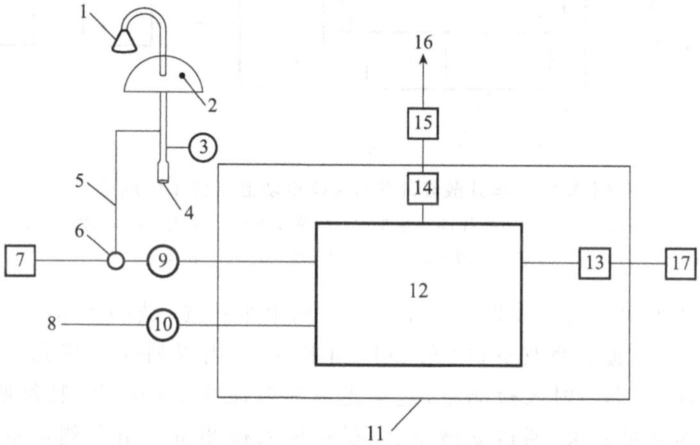

图 3.14　环境空气 O_3 自动监测系统示意图

1—进气口；2—房顶；3—风机；4—除湿装置；5—进样管路；6—三通阀；7—传递标准；8—NO 进口；
9—颗粒物过滤器；10—流量控制器；11—臭氧分析仪；12—反应室；13—信号输出；14—流量控制器；
15—泵；16—排空口；17—数据输出

环境空气样品经除湿及过滤颗粒物后进入反应室；NO 由钢瓶供给，经稳压、稳流后进入反应室。环境空气中的 O_3 在反应室内与过量的 NO 发生化学发光反应，其发射光经滤光片滤光投至光电倍增管上，将光信号转换成电信号，经阻抗转换和放大器后，送入显示和记录仪表显示、记录测定结果。反应后的废气由抽气泵排出。

四、一氧化碳(CO)

环境空气质量自动监测中 CO 监测常用的方法为非分散红外吸收法和气体滤波相关光谱法(GFC)。

(一) 非分散红外吸收法

非分散红外吸收法的原理为：基于 CO 对红外线具有选择性吸收(吸收峰在 4.5 μm 附

近)，在一定浓度范围内，其吸光度与 CO 浓度之间的关系符合朗伯-比尔定律，可根据吸光度测定 CO 的浓度。

由于 CO_2 的吸收峰在 4.3 μm 附近，水蒸气的吸收峰在 3 μm 和 6 μm 附近，而且空气中 CO_2 和水蒸气的浓度远大于 CO 浓度，故干扰 CO 的测定。用窄带光学滤光片或气体滤波室将红外辐射限制在 CO 吸收的窄带光范围内，可消除 CO_2 和水蒸气的干扰。还可用从样品中除湿的方法消除水蒸气的影响。

非分散红外吸收 CO 自动监测仪的工作原理如图 3.15 所示。

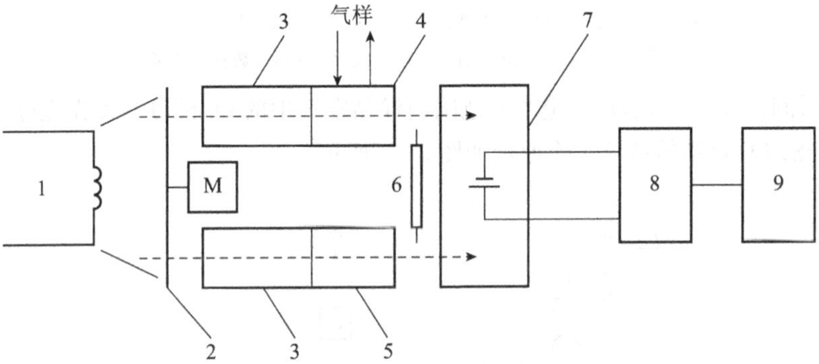

图 3.15 非分散红外吸收 CO 自动监测仪工作原理

1—红外线光源；2—切光片；3—滤波室；4—测量室；5—参比室；6—调零挡板；7—检测室；8—放大及信号处理系统；9—指示表及记录仪

红外线光源经平面反射镜发射出能量相等的两束平行光，被同步电机 M 带动的切光片交替切断。然后，一束通过滤波室(内充 CO_2 和水蒸气，用以消除干扰光)、参比室(内充不吸收红外线的气体，如 N_2)射入检测室，这束光称为参比光束，其 CO 特征吸收波长光强不变。另一束光称为测量光束，通过滤波室、测量室射入检测室。由于测量室内有气样通过，则气样中的 CO 吸收了特征红外线，使射入检测室的光束强度减弱，且 CO 含量越高，光强减弱越多。检测室用一金属薄膜(厚 5～10 μm)分隔为上、下两室，均充等浓度 CO 气体，在金属薄膜一侧还固定一圆形金属片，距薄膜 0.05～0.08 mm，二者组成一个电容器，并在两极间加有稳定的直流电压，这种检测器称为电容检测器或薄膜微音器。由于射入检测室的参比光束强度大于测量光束强度，因而两室中的气体温度产生差异，导致下室中的气体膨胀压力大于上室，使金属薄膜偏向固定金属片一方，从而改变了电容器两极间的距离，也就改变了电容，由其变化值即可得知气样中 CO 的浓度。采用电子技术将电容变化转换成电流变化，经放大及信号处理系统后，由经校准的指示表及记录仪显示和记录测量结果。仪器连续运行中，需定期通入纯 N_2 进行零点校准和通入 CO 标准气进行量程校准。

(二) 气体滤波相关光谱法(GFC)

气体滤波相关光谱法(GFC)是非分散红外吸收法的发展，基本原理与红外吸收光谱法相同，但该法采用了气体滤光器相关技术，它是基于被测气体的红外吸收光谱的精细结构与其他共存气体的红外吸收光谱的结构进行相关性比较，比较时使用高浓度的被测气体作为红外光的滤光器，因此称为气体滤波相关光谱法。

气体滤波相关光谱法 CO 监测仪的气体滤光器充入高浓度的纯 CO 气，该滤光器经红外辐射提供一个高分辨率的 CO 红外吸收光谱的精细结构，该特征光谱作为 CO 的“指纹”，在 GFC 技术中用这个“指纹”与样品的气体红外吸收光谱作比较，如果相符，则样气中存在 CO，而 CO 的浓度与相符量有关，从而测定出空气中的 CO 浓度。如果不相符，则样气中不存在 CO。

气体滤波相关光谱法 CO 监测仪工作原理如图 3.16 所示。

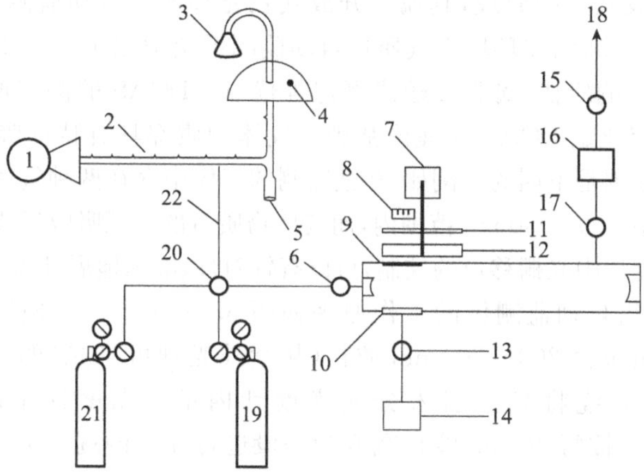

图 3.16　气体滤波相关光谱法 CO 监测系统示意图

1—风机；2—多支管；3—进气口；4—房顶；5—除湿装置；6—颗粒物过滤器；7—马达；8—红外光源；9—带通滤波器；10—红外检测器；11—截光器；12—相关轮；13—放大器；14—数据输出；15—泵；16—流量控制器；17—流量计；18—排空口；19—标准气体；20—四通阀；21—零气；22—进样管路

仪器红外光源由一缠特殊电热丝的电阻器组成，由一可调直流电压供电加热，产生的红外光经同步电机带动的斩光器、气体过滤器相关轮及窄带滤光片，投入气体吸收池。仪器的核心部件为气体过滤器相关轮，由两个透明半圆气室组成，其中一个半圆气室内充入纯 CO 气，另一个半圆气室充入纯 N_2 气，当红外光通过气体过滤器相关轮 CO 气室时，高浓度的 CO 吸收了所有可被 CO 吸收的红外光，投入吸收池的光束相当于参考光束。当红外光通过气体过滤器 N_2 气室时，没有被吸收，投入吸收池的光束相当于测定光束。该气体过滤器相关轮按一定频率转动，对吸收池来说，从时间上分割为交替的参考光束和测定光束，使红外检测器接收一个调制为 360 Hz 的高频交变信号，仪器的吸收池为一多次反射长光程气体吸收池，池长 40 cm，反射 32 次，总光程长 12.8 m，保证有足够灵敏度。吸收池的温度恒定在 40 ℃，仪器检测器采用具有整体冷却功能的固态检测器，从而避免了非分散红外吸收法薄膜微音检测器易受振动的影响，使仪器稳定可靠。检测器输出的信号经前置放大器送到信号处理单元，在此将信号分成两组，一组来自相关轮 CO 气室的信号，一组来自 N_2 气室的信号，经两个电压和频率变换器使两组信号数字化，最后将信号处理单元所输出的脉冲串送到仪器的微处理机单元，并将相关轮的定位信息、温度、压力传感器的校正信息送入微处理机进行运算，由仪器指示表直接显示测定的 CO 浓度值。

五、差分吸收光谱(DOAS)

不同物质对光有着特殊的吸收特性，也就是每种气体都具有独特的吸收光谱，称为特征吸收光谱。因此，当具有一定波长范围的光束通过环境空气时，在光束的接收端可同时得到多种气体在该光束波长范围内的特征光谱，通过分光光度计和计算机结合可实现对特征光谱的识别，经计算机对特征光谱数据的进一步处理，可分辨出光束照射过的环境空气中所含物质的成分及含量，从而可实现对环境质量的快速连续自动监测。

差分吸收光谱(difference optical absorption spectroscopy，DOAS)分析是基于每种气体都具有自己独特的特征吸收光谱的原理，其属于开放式长光程连续自动监测方法。DOAS可以同时监测空气中多种污染物，已在环境空气质量自动监测系统中用于SO_2、NO_2、O_3等的测定，具有监测范围广、周期短、响应快、属非接触式测定等优点。DOAS的测定原理与其他光谱监测仪器相同，朗伯-比尔定律是DOAS的理论基础。气体物质都具有特征吸收光谱，而不同物质的特征吸收光谱波长范围是不同的。例如，在被监测的气体中存在两种气体物质A和B，气体物质A的特征吸收谱段在400～440 nm范围内，而气体物质B的特征吸收谱段则在300～350 nm范围内。通过对分光光度计中光栅移位的控制，可以有针对性、准确地展开需要测量的谱段。

某种差分吸收光谱自动监测仪的工作原理如图3.17所示。当使用高压氙灯作为发射光源，经发射单元发出包含200～700 nm波长(从紫外光到可见光)的一束强平行光到达接收单元，聚焦后通过光缆将光束引入分光光度计内部。光度计中的旋转光栅将接收200～500 nm的光束。按每40 nm波长宽度为一段进行连续的逐段分光展开。每次分光展开的光束，经旋转切光轮上的狭缝不断按0.04 nm的间隔对每个40 nm波段进行扫描，由光电倍增管连续检测每个通过狭缝的0.04 nm信号，由于狭缝扫描同光栅的转动相结合，计算机将光电倍增管检测的每个信号存储在存储器中，最终可以获得200～500 nm范围内各种气体的特征吸收光谱。检出光谱的平滑性取决于切光轮的转速和光电倍增管的检测频率，每段扫描结束后，监测仪的计算机系统将对比标准吸收图谱进行分析，并给出本段的监测结果。对旋转光栅从200 nm波长开始逐段分光展开到500 nm波长范围的扫描为一个扫描周期，在该扫描周期能同时给出气体中多种物质的监测数据，若每个扫描周期连续进行，仪器可给出气体中多种物质的连续监测结果。

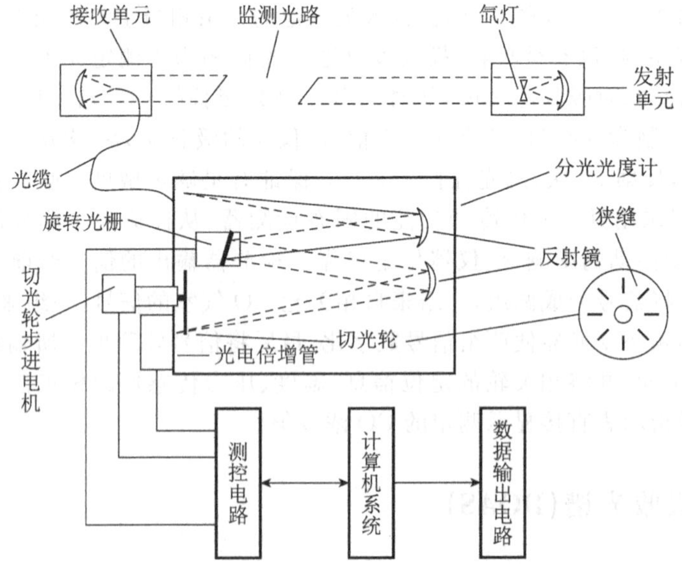

图3.17 差分吸收光谱自动监测仪工作原理

第四节　现场校准仪表

一、零气发生器

零气发生器与多气体动态校准器配套使用，通过它产生不含待测组分（浓度值不超过满刻度值的0.2%）的纯净空气作为零气供自动监测仪器设备标定零值，零气与气体标准物质按不同稀释比混合为自动监测仪器提供不同浓度值的标定气体。在系统中，标准物质的传递和自动监测仪器设备的标定及校准是否准确，取决于零气源的纯净程度。零气发生器的工作流程如图3.18所示。

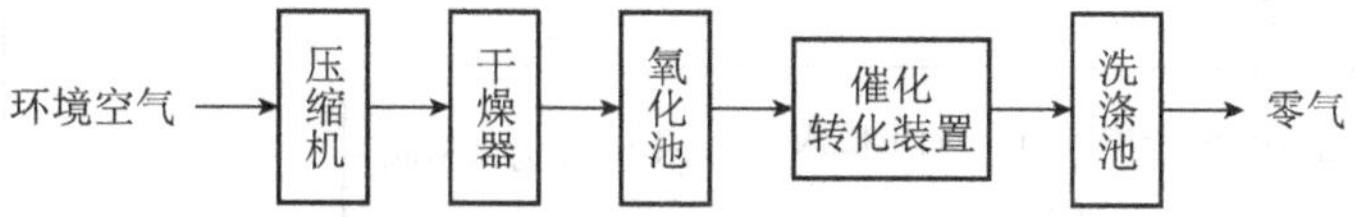

图3.18　零气发生器工作流程示意图

压缩机提供足够压力的压缩空气作为供气的动力，气体通过干燥器去除空气中的水分，由于NO和CO几乎不被常规的洗涤剂吸收，因此通过氧化池中的化学氧化剂把NO氧化成NO_2，用催化转化装置中的霍加拉特加温到100 ℃左右或用钼转化炉工作在350 ℃左右，把CO和包含甲烷在内的烃类化合物转化成CO_2，然后通过洗涤池中的洗涤剂和分子筛把空气中的NO_2、O_3、SO_2和烃类化合物除去，使输出的气体成为不含待测组分的零气。

二、多气体动态校准器

环境空气质量自动监测系统中的各个子站一般都配备多气体动态校准系统，根据需要分别配制不同浓度的标准气，以对相应各个类型的监测仪器进行校准。多气体动态校准系统是由质量流量控制器、渗透炉、臭氧发生器、控制电磁阀和压力调节器等部件组成。该系统可提供钢瓶标准气、O_3标准气体、渗透管标准气体和气相滴定标准气体等，是一个多功能通用配气系统。通过该系统面板键盘控制可进行实验室标准传递、仪器零/跨和多点校准，它与子站计算机配合可自动对子站监测仪器进行定时零/跨检查，通过中心计算机中的监控软件，经通信传输设备和子站计算机可实现对子站仪器设备的远程自动校准。

某种多气体动态校准系统工作原理如图3.19所示。在该系统中，按表3.2切换电磁阀可分别提供零气、钢瓶标准气稀释气体、标准气体、渗透管标准气体和气相滴定标准气体等。

当前多气体动态校准系统中流量测定装置的选型趋势是采用上述比较先进的质量流量控制器。它的最大特点是测定的流量值为标准状况下气体的质量流量，该值不受周围环境压力和温度变化的影响。此外通过外加电压的设置，可使流量值准确地控制在所要求的范围内，并在相应的数字式面板上显示，作为现场流量测定的工作标准。

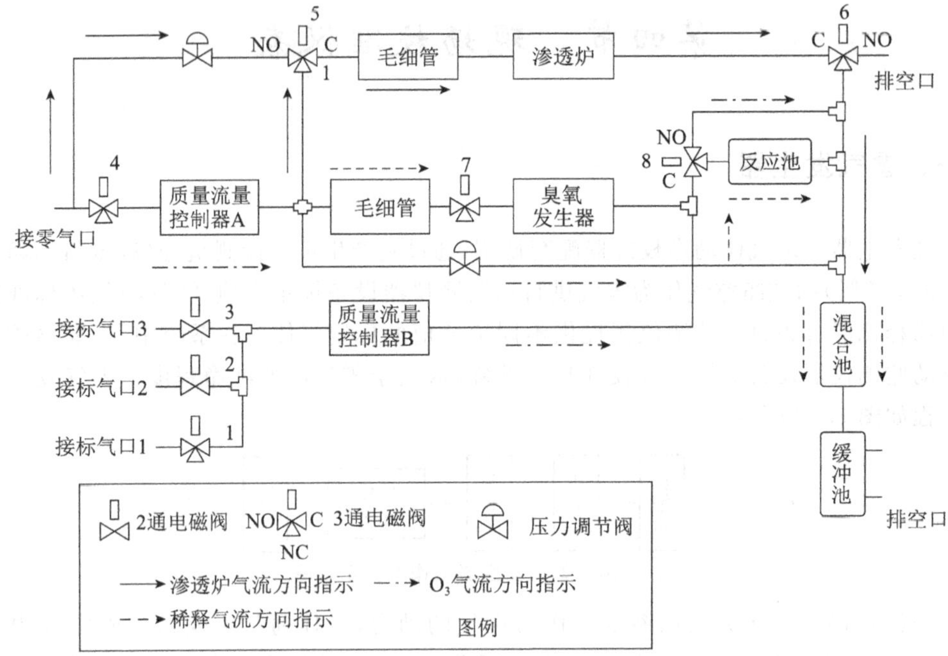

图 3.19 多气体动态校准系统工作原理

表 3.2 标准气体输出及电磁阀转换方式

电磁阀选择标准气体输出方式	电磁阀状态							
	1号	2号	3号	4号	5号	6号	7号	8号
不输出	关	关	关	关	关	关	关	关
零气输出	关	关	关	开	关	关	关	关
标准气体 1	开	关	关	开	关	关	关	关
标准气体 2	关	开	关	开	关	关	关	关
标准气体 3	关	关	开	开	关	关	关	关
渗透管标准气体	关	关	关	开	开	开	关	关
O_3 标准气体	关	关	关	开	关	关	开	关
气相滴定标准气体	开	关	关	开	关	关	开	开

质量流量控制器的主体结构为一质量流量计，外加一套控制阀系统。质量流量计的核心部件是流量传感器，如图 3.20 所示，工作基于热导原理。绕在流量传感器管壁上的两只材质和阻值完全相同的热阻温度计构成检测器桥路中的两个桥臂。无气流通过时，整个桥路处于平衡状态，伴随气流流过的热导现象，使管内的热平衡遭到破坏，导致检测器桥路不平衡。通过一套放大器电路，提供一个与气体流量成正比的电压输出信号，以此反映气体流量的大小。外加控制阀系统的设计思想基于热膨胀的原理，控制阀由一个下端焊有小球体的薄壁管构成，管内包含有一个阻值很小的加热器和热导系数很高的液体。阀的动作受阀体上的外加电压控制，随外加电压值的变化，通过管内液体的导热及薄壁管和球体的热膨胀阀张开度发生变化，从而控制通过阀体的气体流量。质量流量控制器和质量流量计的主要

区别在于有无控制阀系统。质量流量控制器是动态校准器的关键部件和基本流量测定装置，而质量流量计主要用作流量传递标准，它也可作为一般气体流量的测定装置。

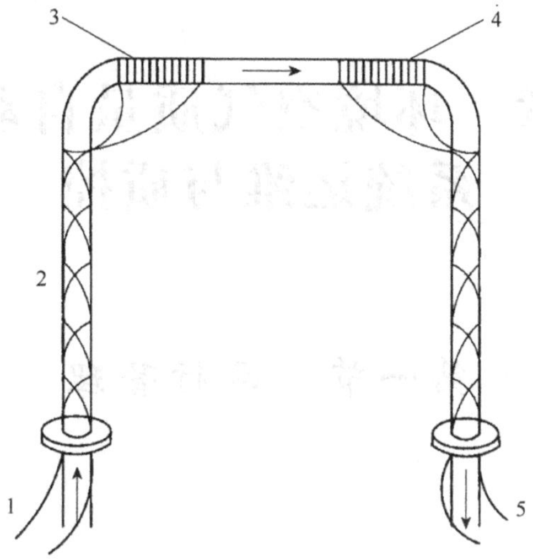

图 3.20　流量传感器组件示意图

1—气体入口；2—传感器管；3—被加热的热阻温度计(上流端)；4—被加热的热阻温度计(下流端)；5—气体出口

第四章　环境空气质量自动监测系统运维与质控

第一节　运行管理

一、运维机构

（一）运维机构要求

除满足国家环境监测网质量体系对机构的要求外，还应达到下列要求：

1. 基本要求

（1）在中国境内注册，具有独立法人资格。

（2）具有独立承担民事责任的能力。

（3）具有良好的银行资信、商业信誉和健全的财务会计制度；没有处于被责令停业，财产被接管、冻结、破产状态。

（4）遵守有关的国家法律、法规和条例，近三年内无违法、违规、违纪、违约行为，没有因经济行为被起诉情况。

2. 能力要求

（1）有 3 年以上地市级城市点的运维经历。

（2）运维城市（或区域）设有固定的技术支持机构，配有常驻人员。

（3）每 4 个城市点（不足时，按 4 个城市点计）至少有 1 名专职技术人员负责日常维护，至少配备 1 辆专用巡检车辆，至少配备 1 套监测仪器备用机。

（4）运维城市（或区域）内配备专用仪器维修工具（包括便携式电脑、万用表、远程数据查询系统等）、通信调试工具（包括各种硬件接口线、改线工具、接口调试软件及常用零部件等）、质量控制设备（包括配套的流量计、各种标准气体、臭氧校准仪、颗粒物手工采样设备）、备机（各个监测项目的备用仪器及相关辅助设备备机）。

（5）运维城市（或区域）内配备城市点仪器设备所必需的有关耗材和备件，耗材按照至少半年消耗量配置，备件按照至少 1 年使用量配置。

（6）应取得主要运维设备［SO_2、NO_x（NO_2、NO）、CO、O_3、PM_{10}、$PM_{2.5}$六项指标监测仪］生产商提供的服务支持授权函。

二、人员

除了满足国家环境监测网质量体系对人员的要求外，还应达到：

(1) 熟悉运维仪器设备原理，掌握运维仪器设备的维护技术。

(2) 通过仪器供应商技术培训和考核，持证上岗。

(3) 定期参加关于仪器运维、性能、质控等的技术培训。

三、文件管理

除了满足国家环境监测网质量体系对文件控制要求外，纳入城市点位管理的文件还应包括点位相关文件，仪器设备技术、操作和验收文件，运行过程中的运维记录和质控记录，电子文件，外部文件等。

应保存对监测具有影响的仪器设备(含其软件，若有)的全部记录，并按照一站一档的原则分别建立档案。

1. 点位相关文件

点位文件包括(不限于)：

(1) 点位布设或增加(变更、撤销)技术报告。

(2) 专家论证意见。

(3) 点位审批意见。

(4) 点位信息表(含周边环境八方位图)。

(5) 仪器设备一览表。

2. 仪器设备技术、操作和验收文件

仪器设备技术、操作和验收文件包括(不限于)：

(1) 制造商提供的仪器设备说明书和使用说明书。

(2) 仪器设备验收报告或性能确认报告或其他性能评价证明。

(3) 运维单位编制的仪器设备作业指导书。

3. 运维记录和质控记录

运维记录和质控记录包括(不限于)：

(1) 所有检定证书或量值溯源报告或证书及其性能确认单。

(2) 防雷检测证书。

(3) 使用、维护和维修记录，包括室内环境记录。

(4) 年度质量保证和质量控制计划。

(5) 质量保证和质量控制记录，如零点校准、跨度校准、精密度检查、准确度检查、质量监督、质量检查记录。

(6) 仪器外借或外出记录。

4. 电子文件

电子文件包括(不限于):

(1) 每月对各城市站点监测数据库或城市服务器数据库的备份文件。

(2) 现行使用的各仪器、服务器、数据平台等软件备份。

(3) 各城市站点监测日报、月报、年报电子稿。

5. 外部文件

外部文件包括国家现行有效的方法、标准和规范。

四、质量监督

(一) 国家网环境空气自动监测质量管理机构与职责

总站组织构建和完善国家网环境空气自动监测站质量管理相关的制度和技术体系,建立健全质量监督核查机制,组织对国家网环境空气自动监测站开展质量核查。

(二) 国家网环境空气自动监测质量监督制度建设

1. 监督计划

总站制订年度国家网质量管理工作方案,确定年度质量控制目标,并发布年度质量监督计划。年度质量控制目标根据上一年质量管理工作情况确定。

2. 国家网环境空气自动监测质量保证与质量控制制度

(1) 气态污染物(SO_2、NO_2、CO)的标准溯源与标准传递:总站定期对国家网城市站点气态污染物(SO_2、NO_2、CO)开展盲样考核。

(2) O_3 自动监测的量值溯源与量值传递:总站定期开展 O_3 量值传递工作,各运维方定期向国家一级标准进行 O_3 量值的溯源,同时定期使用经过溯源的传递标准向各城市站点进行 O_3 量值的传递。对负责运维的所有城市点每半年应至少开展一次 O_3 的量值传递。

(3) 颗粒物(PM_{10}和 $PM_{2.5}$)手工比对:总站组织开展国家网颗粒物自动监测的质量保证与质量控制工作,对各运维方负责运维的城市点颗粒物进行手工比对。每年按照一定的抽取比例开展手工比对工作。

(三) 国家网环境空气自动监测质量监督工作机制

1. 监督机制

总站对国家网环境空气自动监测站的质量管理工作实施监督检查。

2. 工作机制

各项监督检查可以采取网络检查、交叉检查、飞行检查等多种方式,也可采取多种方式相结合的形式。

3. 报告机制

各项监督检查的结果应及时进行信息反馈,并予以通报。

4. 纠偏机制

(1) 在国家网环境空气自动监测站的日常质量管理活动中，如若发现仪器数据有较大偏离，应立即检查仪器的运行状态，进行仪器设备的调试、校准或维护。

(2) 在对国家网环境空气自动监测站进行监督检查时，如若发现监测数据不满足相关技术规范的要求，或超出了年度质量控制目标的范围，应立即启动仪器的纠偏程序。纠偏程序如下：由国家网环境空气自动监测站的专业技术人员对仪器进行校准。仪器经校准后，需再次开展现场比对，反复校核直至仪器满足相关规范或年度质量控制目标的要求。

(四) 国家网环境空气自动监测质量监督检查内容

质量监督检查的内容包括国家网环境空气自动监测站的 SO_2、NO_2、CO、PM_{10}、$PM_{2.5}$ 和 O_3 基本项目的数据质量以及空气质量自动监测系统的运行、维护与管理情况。

1. 空气质量自动监测基本项目的数据质量

(1) 数据的一致性判断。

(2) 颗粒物（PM_{10} 和 $PM_{2.5}$）自动监测的现场手工比对。

(3) 气态污染物（SO_2、NO_2、O_3、CO）监测的准确性检查。

2. 国家网环境空气自动监测站的运行、维护与管理情况

若有条件，总站建立监测数据远程监控系统。远程监控系统可以为影像（视频），也可以为数据（软件）。

针对监测数据，建立比较或筛查模型（与历史或区域监测数据），甄别“异常”数据，并进一步实施质量核查。

针对监测过程，实现监测过程参数或影像的实时传输，监督监测过程实施状况。

(五) 国家网环境空气自动监测质量监督检查方法

1. 国家网空气质量自动监测基本项目的数据质量

(1) 数据一致性判断：将国家网环境空气自动监测站历史任意时段内与现场检查工作时段内的原始数据同全国城市空气质量实时发布平台的同时段数据进行比较和分析，判断数据是否发生偏离。

(2) 颗粒物（PM_{10} 和 $PM_{2.5}$）的现场手工比对：采用手工质量法与自动监测法同时段比对的方式，对国家网环境空气自动监测站开展 PM_{10} 和 $PM_{2.5}$ 的现场比对。

(3) 气态污染物（SO_2、NO_2、O_3、CO）的准确性检查：对于 SO_2、NO_2、CO，采用有证标准物质（钢瓶气）进行现场考核，通过计算相对偏差来判定自动监测数据的准确性；对于 O_3，采用经过溯源的臭氧校准仪进行现场比对测试，判定自动监测数据的准确性。

2. 国家网环境空气自动监测站的运行、维护与管理情况

(1) 空气站站房及其周边环境：对国家网空气自动监测站的站房环境以及周边环境进行现场勘查，检查是否符合相关规范的要求。

(2) 流量检查:对国家网空气自动监测站颗粒物的流量进行现场检查,判断流量的相对偏差是否在规定的范围内。

(3) 空气自动监测系统的规范性:对空气自动系统的规范性进行检查,检查采样口的高度、采样系统的安装与配置、采样系统及采样头的清洁程度等是否满足相应规范中的要求。

(4) 日常运行维护记录情况:检查国家网环境空气自动监测站的各项档案记录是否完整,包括系统运行制度、空气站巡检记录、仪器校准记录、耗材更换记录、仪器维修记录等材料是否齐全。现场各项检查结果应记录存档。

五、数据质量评价

以委托项目为单位,依据总站多种方式的质量监督结果,对委托项目的实施状况和数据质量进行评价。

(一) 数据一致性判断

根据全国城市空气质量实时发布平台数据与自动监测设备原始数据比对的一致性对数据传输环节进行评价。

(二) 颗粒物(PM_{10}和 $PM_{2.5}$)的现场手工比对

根据同时段颗粒物自动监测数据与手工采样数据的相对误差进行评价。

(三) 气态污染物(SO_2、NO_2、O_3、CO)的准确性检查

采用标准钢瓶气或经过溯源的臭氧发生器对气态污染物监测仪进行检查,根据相对误差进行评价。

(四) 国家网环境空气自动监测站的运行、维护与管理情况

根据空气站站房及其周边环境、空气自动监测系统的规范性、日常运行维护记录情况以及现场流量检查的结果评判空气自动监测的运维水平。

第二节　日常运行维护

一、运维工作一般要求

(1) 保持站房内部环境清洁,布置整齐,各仪器设备干净清洁,设备标识清楚。

(2) 检查供电、电话及网络通信的情况,保证系统的正常运行。

(3) 保证空调正常工作，仪器运行温度保持在 25 ℃左右，站房内温度日波动范围小于 3 ℃，相对湿度保持在 80%以下。

(4) 指派专人维护，设备固定牢固，门窗关闭良好，人走关门，非工作人员未经许可不得入内。

(5) 定期检查消防和安全设施。

(6) 每次维护后做好系统运行维护记录。

(7) 进行维护时，应规范操作，注意安全，防止意外发生。

二、运维工作常规内容

(一) 每日工作内容

每天上午和下午两次远程查看站点数据并形成记录，分析监测数据，对站点运行情况进行远程诊断和运行管理，内容包括：

(1) 判断系统数据采集与传输情况。

(2) 根据电源电压、站房温度、湿度数据判断站房内部情况。

(3) 发现监测数据有持续异常值时，在每日 6—23 时出现的故障，应在 4 h 内解决，其他时间出现的故障，应在第 2 天 12 时前解决(通信线路、电力线路故障除外，但应及时与相关部门联系积极解决)。

(4) 根据仪器参数信息判断仪器运行情况。

(5) 根据故障报警信号判断现场状况。

(6) 每日检查数据是否及时上传至城市站、省站和总站并正常发布，发现掉线应及时恢复。

(7) 对 SO_2、CO、O_3、NO_x 监测仪进行零点检查，如果漂移超过国家相关规范要求，需要进行校准。

(8) 每天通过国家城市空气质量联网监测管理平台(市级版)完成对前一日各监测点位原始小时值的审核，并向中国环境监测总站和省、市监测中心(站)提交小时值审核结果和根据小时值生成的各点位日均值。

数据审核报送工作应于每日 14 时前完成，当天因网络故障等未能完成数据审核报送的，可顺延 1 d 审核报送，最多可再顺延 2 d(如 6 日产生的数据，应于 7 日 14 时前完成审核，最迟在 9 日 14 时前完成审核)。届时仍未完成数据审核与报送的城市，将不能通过城市端软件报送 3 日以前的审核数据。

对于未能按时完成审核的数据，须于数据产生一周内，以正式文件形式向中国环境监测总站报送书面审核结果及未能按时完成审核的原因。针对月底未能按时审核上报的监测数据，必须于下月 3 日前将所有审核结果报送至总站。

(二) 每周工作内容

每周至少巡视站点一次，并做好巡查记录，巡检时需要完成的工作包括：

1. 站房内外环境

(1) 检查子站的接地线路是否可靠，排风排气装置工作是否正常，是否有异常的噪声和气味。

(2) 检查采样和排气管路是否有漏气或堵塞现象，各监测仪器采样流量是否正常。

(3) 各监测仪器运行状况或工作参数是否正常，例如流量、气温、气压等是否正常。振荡天平法设备应检查仪器测量噪声、振荡频率等指标是否在说明书规定的范围内。

(4) 采样头周围1 m范围内无障碍物或其他采样口，与低矮障碍物之间距离至少2 m，与高大障碍物之间水平距离是障碍物高出采样口垂直距离的两倍以上。采样口具有270°以上自由空间(自由空间应包括主导风向)。采样头防护网应完整。

(5) 对站房周围的杂草和积水应及时清除，当周围树木生长超过规范规定的控制限时，对采样或监测光束有影响的树枝应及时进行剪除。

(6) 在经常出现雷雨的地区，应经常检查避雷设施是否可靠，站点房屋是否有漏雨现象，气象杆和天线是否有损坏，站房外围的其他设施是否有损坏或被水淹，如遇到以上问题应及时处理，保证系统安全运行。

(7) 检查站房内温度是否保持在20～30 ℃，相对湿度保持在80%以下，在冬、夏季节应注意站房内外温差，若温差较大使采样装置出现冷凝水，应及时调整站房温度或对采样总管采取适当的温控措施，防止发生冷凝。

(8) 每周对站房内外环境卫生进行检查，及时保洁。

(9) 检查站房的安全设施，做好防火防盗工作，人走关门，非工作人员未经许可不得入内。

2. 监测系统情况

(1) 查看仪器设备是否齐全，有无丢失和损坏；检查接地线路是否可靠，排风排气装置工作是否正常，标准气钢瓶阀门是否漏气以及标准气的消耗情况。

(2) 检查采样和排气管路是否有漏气或堵塞现象，各监测仪器采样流量是否正常。

(3) 检查各监测仪器的运行状况和工作参数，判断是否正常，如有异常情况应及时处理，保证仪器运行正常。

(4) 检查标准气使用情况。对SO_2、CO、O_3、NO_x监测仪进行零点、跨度检查，如果漂移超过国家相关规范要求，需要进行校准。

(5) 检查电路系统，保证系统供电正常，电压稳定。

(6) 检查通信系统，保证站点与远程监控中心的连接正常，数据传输正常。

(7) 检查监测仪器的采样入口与采样支路管线结合部之间安装的过滤膜的污染情况，检查监测仪器散热风扇污染情况，按要求及时更换滤膜或清洗风扇。

(8) 对气象仪器及能见度仪的运行情况进行检查。

(9) 对颗粒物的采样纸带或滤膜进行检查，如纸带即将用尽或滤膜负载超过50%，应及时进行更换。对监测仪器设备中的过滤装置，按仪器设备使用手册规定的更换和清洗周期，定期进行更换和清洗。对于采样支管与监测仪器连接处的颗粒物过滤膜要定期观察其污染状况并及时更换，一般情况下每周至少更换一次滤膜。

(三) 每月工作内容

(1) 清洗PM_{10}及$PM_{2.5}$切割器，检查β射线法颗粒物监测仪仪器喷嘴、压环等部件；检查$PM_{2.5}$设备的动态加热装置是否正常工作。

(2) 清洗各仪器散热防尘网和站房空调机的过滤网，防止尘土阻塞过滤网。

(3) 检查 PM_{10} 及 $PM_{2.5}$ 自动监测仪、气态污染物监测仪、动态校准仪流量，不符合国家相关规范要求时应及时进行校准。

(4) 更换振荡天平采样滤膜，或当主流量为 3 L 时超 65%负载须更换滤膜；当主流量为 1 L 时超 25%负载须更换滤膜，在高湿度条件下可适当缩短更换周期。更换滤膜严格依照操作步骤，轻轻按压，避免损坏锥形振荡器。

(5) 更换振荡天平一次冷凝器中的清洁空气滤膜。

(6) 部分品牌 NO_2 监测仪器需定期更换干燥硅胶，一般情况下不超过 1 个月，湿度较大的季节视实际情况更换。

(7) 每月检查校准各仪器时钟。设备与数据采集仪连接的，需要同时检查数据采集仪的时钟。

(8) 每月在每个城市开展至少 5 d PM_{10} 手工采样和 $PM_{2.5}$ 手工采样，并与自动监测系统进行比对。

(9) 对仪器显示数据和数据采集仪之间的一致性进行检查。

(10) 每月对数据进行备份。

(11) 若零气发生器连续使用，应根据情况及时排空空气压缩机储气瓶中的积水。定期观察滤水阀中的积水是否已到警戒线，若接近警戒线应立即将积水排干。如果使用变色干燥剂，应经常观察干燥剂的变色情况，根据观察变色经验确定是否更换干燥剂。

(四) 每两个月工作内容

(1) 更换 PM_{10} 和 $PM_{2.5}$ 自动监测仪滤纸带(必要时)，进行系统自检。

(2) 校准和检查 PM_{10} 和 $PM_{2.5}$ 自动监测仪的温度、气压和时钟。

(3) 用标准气压计、温度计、湿度计、手持式风速风向仪，校准相关的自动仪器。

(五) 每季度工作内容

(1) 采样总管及采样风机每季度至少清洗一次。

(2) 对 PM_{10} 和 $PM_{2.5}$ 自动监测仪进行标准膜校准或 K_0 值检查，不符合国家相关规范要求时，应及时进行校准。

(3) 每季对气态污染物进行精密度校准。

(六) 每半年工作内容

(1) 检查 PM_{10} 和 $PM_{2.5}$ 自动监测仪相对湿度、温度传感器和动态加热装置是否正常工作；每半年更换在线颗粒物过滤器。

(2) 对采样支管(从采样总管到监测仪器采样口之间的气路管线)和竹节式采样总管每半年至少清洗一次。

(3) 对零气源中的洗涤剂进行定期更换或再生。由于洗涤剂在各地使用频次和受污染程度不同，除按厂家提供的使用手册和质量保证手册规定要求更换洗涤剂外，还应观察低浓度监测时各项目的监测误差和零点漂移是否普遍增大，查明原因确定是否需要更换，一般情况下每 6 个月需更换一次。

(4) 对气态污染物监测仪进行多点校准，绘制校准曲线，检验相关系数、斜率和截距。

(5) 更换振荡天平法颗粒物监测仪旁路过滤器，进行 K_0 值检查。

(6) 对动态校准仪流量进行 20 点检查，必要时校准。

(7) 采用 O_3 传递标准对 O_3 工作标准进行标准传递。

(8) 更换零气源净化剂和氧化剂，对零气性能进行检查。

(9) 对 NO_x 自动监测仪钼炉转化率进行检查。

(10) 对能见度仪器进行校准。

(七) 每年工作内容

(1) 对所有的仪器进行预防性维护，按说明书的要求更换备件，更换所有泵组件。

(2) 每年对采样管路至少进行一次清洗。采样管清洗后必须进行气密性检查，并进行采样流量校准。

(3) 每年清洗振荡天平质量变送器内部样品气体入口；对于加装 FDMS 的设备，每年更换一次样品气体干燥器；当除湿性能下降，如当样品气体露点温度高于冷凝器设定值，或与冷凝器设定的温差持续小于 2 ℃时，应及时更换样品气体干燥器。

(4) 每年对站点所有仪器进行准确度测试，给出站点仪器的准确度。

三、日常运维其他相关要求

(1) 每周更换的气态污染物监测仪器所用滤膜，必须为聚四氟乙烯材质。

(2) 应及时制订每月工作计划，并严格按计划执行，若有变更应及时通知委托单位。

(3) 应每月 5 日前，将上月各类记录表格交给委托单位，用于数据复核。

(4) 运维单位应保证满足环保部门对站点故障的响应时间要求，若每日 6—23 时出现故障，应在 1 h 之内响应，4 h 内到达现场解决(通信线路、电力线路故障除外，但应及时与相关部门联系积极解决)。若仪器故障无法排除，运维单位必须在 48 h 内提供并更换相应的备机，保证自动站正常运行。

(5) 当仪器损坏报废不能修复时，应在 48 h 之内使用备机开展监测，并同时报告委托单位，委托单位组织确认仪器损坏情况及原因，酌情处理。

(6) 严禁擅自改变采样管路连接方式和更改仪器参数设置。

第三节　质量保证与质量控制

质量保证与质量控制(QA/QC)是质量管理体系的重要组成部分。

一、环境空气颗粒物(PM_{10}和 $PM_{2.5}$)连续自动监测系统的质量保证与质量控制

(一) 基本要求

1. β射线法仪器

(1) 气路检漏：依据仪器说明书酌情进行流量检漏，每月一次；对仪器进行流量检查前

应进行检漏，更换纸带或者清洁垫块也应检漏。检漏时仪器示值流量≤1.0 L/min，通过检查；当示值流量>1.0 L/min时，表明存在泄漏，需排查并解决泄漏问题，直至通过检查。

(2) 流量检查：每月用标准流量计对仪器的流量进行检查，实测流量与设定流量的误差应在±5%范围内，且示值流量与实测流量的误差应在±2%范围内。当实测流量与设定流量的误差超过±5%，或示值流量与实测流量的误差超过±2%时，须对流量进行校准，校准后流量误差不超过设定流量的±2%。

(3) 气温测量结果检查：每季度对仪器测量的气温进行检查，仪器显示温度与实测温度的误差应在±2 ℃范围内，当仪器显示温度与实测温度的误差超过±2 ℃时，应对温度进行校准。

(4) 气压测量结果检查：每季度对仪器测量的气压进行检查，仪器显示气压与实测气压的误差应在±1 kPa范围内，当仪器显示气压与实测气压的误差超过±1 kPa时，应对气压进行校准。

(5) 配备外置校准膜的β射线法仪器每半年进行一次标准膜检查，标准膜的检查可选在更换纸带时进行。检查结果与标准膜的标称值误差应在±2%范围内。

(6) 仪器内部的气体湿度传感器应每半年检查一次，仪器读数与标准湿度计读数的误差应在±4%范围内，超过±4% 时应进行校准。

(7) 数据一致性检查：每半年应对仪器进行一次数据一致性检查。数据采集仪记录数据和仪器显示或存储监测结果应一致。当存在明显差别时，应检查仪器和数据采集仪参数设置是否正常。若使用模拟信号输出，两者相差应在±1 $\mu g/m^3$ 范围内。模拟输出数据应与时间、量程范围相匹配。每次更换仪器后均应进行数据一致性检查。

(8) 仪器说明书规定的其他质控内容。

(9) 记录质控情况。

2. 振荡天平法仪器

(1) 气路检漏：每月应对振荡天平法仪器进行流量检漏，检漏应在对仪器进行流量检查前进行。检漏时仪器主流量应小于0.15 L/min，旁路流量应小于0.6 L/min，否则表明存在泄漏，需排查和解决泄漏问题，并重新开始新一轮流量检漏直至通过检查。

(2) 流量检查：每月用标准流量计对仪器的总流量、主流量和旁路流量进行检查，实测总流量、主流量和旁路流量与设定流量的误差均应在±5%范围内，且示值流量与实测流量的误差应在±2%范围内。当实测流量与设定流量的误差超过±5%，或示值流量与实测流量的误差超过±2%时，须对流量进行校准，校准后流量误差应不超过设定流量的±2%。

(3) 气温测量结果检查：每季度对仪器测量的气温进行检查，仪器显示温度与实测温度的误差应在±2 ℃范围内，当仪器显示温度与实测温度的误差超过±2 ℃时，应对温度进行校准。

(4) 气压测量结果检查：每季度对仪器测量的气压进行检查，仪器显示气压与实测气压的误差应在±1 kPa范围内，当仪器显示气压与实测气压的误差超过±1 kPa时，应对气压进行校准。

(5) 校准常数(K_0)检查：每半年用标准膜对振荡天平进行检查。实测的校准常数与仪器出厂的校准常数(K_0)的误差应在±2.5%范围内。

(6) 仪器内部的湿度传感器应每半年检查一次，仪器读数与标准湿度计读数的误差应在±4%范围内，超过±4%时应进行校准。

(7) 数据一致性检查：每半年应对仪器进行一次数据一致性检查。数据采集仪记录数据和仪器显示或存储监测结果应一致。当存在明显差别时，检查仪器和数据采集仪设置参数是否正常。若使用模拟信号输出，两者相差应在±1 μg/m^3 范围内。模拟输出数据应与时间、量程范围相匹配。每次更换仪器后均应进行数据一致性检查。

(8) 仪器说明书规定的其他质控内容。

(9) 记录质控情况。

(二) 准确度审核

准确度审核用于对环境空气连续自动监测系统进行外部质量控制，审核人员不从事所审核仪器的日常操作和维护。用于准确度审核的流量计、温度计、气压计等不得用于日常的质量控制。

1. 流量审核

实测流量与设定流量的误差应在±5%范围内，与示值流量误差在±2%范围内。每年进行一次。

2. 气温审核

仪器显示温度与实测温度的误差应在±2 ℃范围内。每年进行一次。

3. 气压审核

仪器显示气压与实测气压的误差应在±1 kPa 范围内。每年进行一次。

4. 湿度审核

仪器显示湿度与实测湿度的误差应在± 4 %范围内。每年进行一次。

5. 环境空气颗粒物自动监测仪器准确度审核

以 HJ 618 为参比方法，采用审核采样器进行准确度审核。每年至少进行一次准确度审核，每次有效数据不少于 5 个日均值(每日有效采样时间不少于 20 h)，手工监测采样滤膜所负载颗粒物质量不少于电子天平检定分度值的 100 倍。将自动监测数据与手工监测数据的日均值进行比较分析，以数据质量目标作为评价依据，每日自动监测数据与手工监测数据的相对偏差均应达到数据质量目标。偏离要求时，应对颗粒物连续自动监测系统进行检查与维修，重新与参比方法比对，直到满足准确度审核指标。

(三) 量值溯源和传递要求

用于量值传递的计量器具，如流量计、气压表、压力计、真空表、温度计、湿度计等，应按计量检定规程的要求进行周期性检定。

二、环境空气气态污染物(SO_2、NO_2、O_3、CO)连续自动监测系统的质量保证与质量控制

(一) 量值传递与溯源

1. 量值传递与溯源要求

(1) 用于量值传递的计量器具，如流量计、气压表、压力计、真空表、温度计等，应按计量

检定规程的要求进行周期检定。

(2) 用于工作标准的 O_3 发生器或光度计，如动态气体校准仪中配备的 O_3 发生器等，至少每季度使用传递标准进行 1 次量值传递，用于传递标准的 O_3 校准仪至少每年送至有资质的标准传递单位使用 O_3 一级标准进行 1 次量值溯源。

(3) 作为工作标准的标准气体应为国家有证标准物质或标准样品，并在有效期内使用。

2. 量值传递与溯源方法

(1)O_3 校准设备的量值溯源和传递方法：对 O_3 校准设备的量值溯源和传递，可选用内置紫外光度计和反馈控制装置的 O_3 发生器作为传递标准，对现场校准设备(如气体动态校准仪中的工作标准 O_3 发生器)进行量值传递。传递标准一般配置两台以上，一台作为实验室控制标准，不用于日常量值传递；其余传递标准用于日常量值传递，必要时和实验室控制标准进行比对，确保传递标准的准确性。量值传递方法如下：

①用传递标准对 O_3 监测仪进行多点校准，绘制校准曲线，确保 O_3 监测仪具有良好的线性。

②如工作标准与传递标准 O_3 发生器不含有零气发生器，应使用同一个零气发生器按图 4.1 连接至气路中。选用的零气发生器的稀释零气量要超过 O_3 监测仪的气体需要量。使用前应检查零气发生器中的干燥剂、氧化剂和洗涤材料，确保提供的零气为干燥不含 O_3 和干扰物质的空气。仪器连接后，应进行气路检查，严防漏气。对排空口排出的气体，应通过管线连接至室外或在排空口加装 O_3 过滤器去除 O_3。

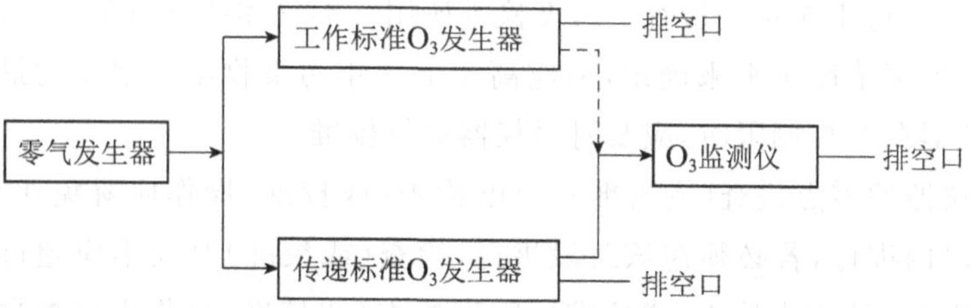

图 4.1　O_3 发生器标准传递示意图

③在保证稀释零气流量恒定的前提下，调节工作标准 O_3 发生器的 O_3 发生控制装置，向 O_3 监测仪输出仪器响应满量程的 0、10%、20%、40%、60%、80%浓度的 O_3 气体。

④通过传递标准 O_3 发生器与 O_3 监测仪的校准曲线，计算工作标准 O_3 发生器向 O_3 监测仪输出 O_3 时，O_3 监测仪示值对应的 O_3 标准值，并与工作标准 O_3 发生器的 O_3 浓度示值或设置值一起记录。

⑤绘制工作标准 O_3 发生器 O_3 浓度示值或设置值与传递用 O_3 监测仪示值对应的 O_3 标准值之间的校准曲线，所获校准曲线的检验指标应符合以下要求：

——相关系数(r)＞0.999；

——0.97≤斜率(b)≤1.03；

——截距(a)在满量程的±1%范围内。

(2) 标准气体：

①标准气体钢瓶应放置在温度和湿度适宜的地方，并用钢瓶柜或钢瓶架固定，以防碰倒

或剧烈震动。

②标准气体钢瓶每次装上减压调节阀，连接到气路后，应检查气路是否漏气。

③应经常检查并记录标准气体消耗情况，若气体压力低于要求值，应及时更换。

(3) 零气发生器：

①应定期检查零气发生器的温度控制和压力是否正常，气路是否漏气。

②温度控制器出现故障报警或维修更换后，必须用工作标准进行校准。

③应定期检查并排空空气压缩机储气瓶中的积水。

④按仪器说明书的要求，对零气发生器中的分子筛、氧化剂、活性炭等气体净化材料进行定期更换，净化材料每6个月至少更换1次。若发现各项目的监测误差和零点漂移明显增大，应查明原因，必要时更换净化材料。

(4) 动态校准仪：对动态校准仪中的质量流量控制器，应至少每季度使用标准流量计进行1次单点检查，流量误差应≤1%，否则应及时进行校准。

(二) 监测仪器的校准

(1) 点式监测仪器：

①具备自动校准条件的，每天进行1次零点检查；不具备自动校准条件的，至少每周进行1次零点检查。当发现零点漂移超过仪器调节控制限时，及时对仪器进行校准。

②具备自动校准条件的，每天进行1次跨度检查(也称80%量程检查)，不具备自动校准条件的，至少每周进行1次跨度检查。跨度检查所用标准气体浓度可根据不同地区、不同季节环境中污染物实际浓度水平来确定，但应高于上一年污染物小时浓度的最高值。当发现跨度漂移超过仪器调节控制限时，应及时对仪器进行校准。

③O_3 监测仪器的零点检查(或校准)、跨度检查(或校准)操作应避免在每日12—18时 O_3 浓度较高时段内进行，若必须在该时段进行，检查(或校准)时间不应超过1 h。对 SO_2、NO_2、CO等监测仪器的零点检查(或校准)、跨度检查(或校准)操作也应根据实际情况尽可能避开污染物浓度较高时段。

④至少每半年进行1次多点位校准。

⑤对于采用化学发光法的 NO_2 监测仪器，至少每半年检查1次 NO_2 转换炉的转换效率，转换效率应≥96%，否则应进行维修或更换。

⑥对于监测仪器的采样流量，至少每月进行1次检查，当流量误差超过±10%时，及时进行校准。

(2) 开放光程监测仪器：

①至少每季度进行1次光波长的校准。

②至少每半年进行1次跨度检查，当发现跨度漂移超过仪器调节控制限时，须及时对仪器进行校准。

③至少每年进行1次多点位校准。

④按照仪器说明书的要求定期对标准参考光谱进行校准。

(3) 校准方法:监测仪器的校准方法详见环境空气气态污染物(SO_2、NO_2、O_3、CO)连续自动监测系统运行与质控技术规范(HJ 818—2018)中附录 B。

(三) 监测仪器的性能审核

1. 精密度审核

(1) 精密度审核的方法按照 HJ 818—2018 中附录 C 的要求实施。

(2) 在精密度审核之前,不能改动监测仪器的任何设置参数,若精密度审核连同仪器零/跨调节一起进行时,则要求精密度审核必须在零/跨调节之前进行。

(3) 精密度审核时,仪器示值相对标准偏差应≤5%。

(4) 每台监测仪器至少每季度进行 1 次精密度审核。

(5) 精密度审核人员不从事日常的仪器操作维护,用于精密度审核的标准物质和相关设备不得用于日常的质量控制。

2. 准确度审核

(1) 准确度审核的方法按照 HJ 818—2018 中附录 C 的要求实施。

(2) 在准确度审核之前,不能改动监测仪器的任何设置参数,若准确度审核连同仪器零/跨调节一起进行时,则要求准确度审核必须在零/跨调节之前进行。

(3) 准确度审核时,仪器示值的平均相对误差应≤5%。

(4) 准确度审核也可按照 HJ 818—2018 中附录 B 中规定的最小二乘法步骤做出多点校准曲线,用斜率、截距和相关系数对仪器准确度进行评价。对所获校准曲线的检验指标应符合以下要求:

——相关系数(r)>0.999;

——0.95≤斜率(b)≤1.05;

——截距(a)≤满量程的±1%。

(5) 每台监测仪器至少每年进行 1 次准确度审核。

(6) 准确度审核人员不从事日常的仪器操作维护,用于准确度审核的标准物质和相关设备不得用于日常的质量控制。

第四节 数据审核及发布

一、数据核查方法

(一) 复核每日巡检记录

通过每日巡检记录可以推导出由于设备故障等原因所导致的无效数据时段,一些外部事件(如建筑施工、异常交通流量及交通堵塞)有可能解释数据的异常。巡检记录包括巡检日志、校准记录、不定期的维护记录等。

（二）复核异常数据

小时数据的异常跳变需记录下来。这可能是由于电压波动所引起的。每天同一时间重复的变化或一天中周期性的变化可能是由电压变化或温度变化引起的。

与日变化及季节变化差异很大的数据需做标记。

（三）相互关系检查

1. 参数间相关性检查

对于 2 种及以上有物理或化学相关性的参数，单个参数的测量值不应超过其混合物的测量值。即在同一时间同一地点所测 NO 或 NO_2 的值不应超过 NO_x 的值。

2. 经验检查

与 1 个或多个其他参数共同比较，检查某一参数是否表现正常，即应记录以下情况。

（1）NO、HC（烃类化合物）及 CO 的浓度通常同时上升或下降。

（2）NO 及 O_3 不能在高浓度环境下同时存在。

（3）NO_2 通常在 NO 后达到峰值，经过一段时间后，O_3 的浓度在中午左右达到峰值。

判断相关参数的关系需详细了解历史数据。

3. 点间检查

应用于小时平均值，测试平行一致性，即在相同时间或相似条件下所采集的样本，测试其数据一致性。站点间连续数据比较用于检查特定时间内监测网络中监测数据的一致性。站点间数据的比较通常使用各参数小时数据变化的折线图，将每个站点的数据变化用不同的曲线描绘于同一坐标内，比较数据的变化。数据变化图可以评估监测网络中一段时间内不同站点数据的变化趋势关系。

4. 气象数据核查

气象资料可用于检查和验证可疑数据的真实性。

（1）风向：如西南风会把污染物沉积至东北方向。与站点特性不一致的风向持续不变的情况意味着可能出现了设备故障。

（2）风速：风速的大小影响着污染物的传输与混合。

（3）太阳辐射（日照）：强烈的太阳辐射将导致如 NO_x 与烃类光氧化的发生，从而生成 O_3。O_3 浓度的突然上升经常与太阳辐射的上升趋势相一致。

（4）温度：高温将导致热湍流的升高，由此加强了污染物化合。

（5）降雨：有清除污染物的作用。

二、数据有效性要求

（1）采取措施保证监测数据的准确性、连续性和完整性，确保全面、客观地反映监测结果。所有有效数据均应参加统计和评价，不得选择性地舍弃不利数据以及人为干预监测和评价结果。

（2）自动监测仪器应全年 365 d（闰年 366 d）连续运行。在自动监测仪器校准、停电和设备故障以及其他不可抗拒因素导致不能获得连续监测数据时，应采取有效措施确保及时恢复。

(3) 异常值的判断和处理应符合《环境监测质量管理技术导则》HJ 630—2011 的规定，当出现异常高值时，应查找原因，原因不明的异常高值不应随意剔除。

(4) 有效污染物数据均应符合表 4.1 污染物浓度数据有效性的最低要求，否则应视为无效数据。

表 4.1　污染物浓度数据有效性要求

污染物项目	平均时间	数据有效性规定
SO_2、NO_2、PM_{10}、$PM_{2.5}$、NO_x	年平均	每年至少有 324 个日平均浓度值，每月至少有 27 个日平均浓度值，二月至少有 25 个日平均浓度值
SO_2、NO_2、CO、PM_{10}、$PM_{2.5}$、NO_x	24 h 平均	每日至少有 20 个小时平均浓度值或采样时间
O_3	8 h 平均	每 8 小时至少有 6 个小时平均浓度值
SO_2、NO_2、CO、NO_x、O_3	1 h 平均	每小时至少有 45 min 的采样时间

(5) 自然日内 O_3 日最大 8 h 平均的有效性规定为：当日 8—24 时至少有 14 个有效8 h平均浓度值。当不满足 14 个有效数据时，若日最大 8 h 平均浓度超过浓度限值标准时，统计结果仍有效。

(6) 日历年内 O_3 日最大 8 h 平均的特定百分位数的有效性规定为：日历年内至少有 324 个最大 8 h 平均值，每月至少有 27 个 O_3 日最大 8 h 平均值(2 月至少 25 个 O_3 日最大 8 h 平均值)。日历年内 SO_2、NO_2、PM_{10}、$PM_{2.5}$、CO 日均值的特定百分位数统计的有效性规定为：日历年内至少有 324 个日平均值，每月至少有 27 个日平均值(2 月至少 25 个日平均值)。

(7) 统计评价项目的城市尺度浓度时，所有有效监测的城市点位必须全部参加统计和评价，且有效监测点位的数量不得低于城市点位总数量的 75%(总数量小于 4，不低于 50%)。

(8) 当上述有效性规定不满足时，该统计指标的统计结果无效。

三、审核要求

(一) 审核内容

二氧化硫(SO_2)、二氧化氮(NO_2)、一氧化碳(CO)、臭氧(O_3)、可吸入颗粒物(PM_{10})、细颗粒物($PM_{2.5}$)的小时浓度值。

(二) 审核时间

每日 14 时前，完成前一日六项指标监测数据的审核与报送。当天因网络故障等原因未能完成数据审核报送的，可顺延一日审核报送，最多顺延二日(如 6 日产生的数据，应于 7 日 14 时前完成审核，最迟在 9 日 14 时前完成审核)。

届时仍未完成数据审核与报送的城市，将不能通过城市端软件报送 3 日以前的审核数据。

对于未能按时完成审核的数据，由有关单位（城市站或运维方）于数据产生一周内，以正式文件形式向总站书面报送审核结果及未能按时完成审核的原因。需要书面报送的月底数据，应于下月 3 日前完成。

（三）审核要求

（1）为保证数据审核的可追溯性，审核人员实行实名制。

（2）数据审核过程执行审核和复核 2 个步骤，审核和复核单位由点位管理部门指定。国控城市点的审核由城市站或中国环境监测总站指定的运维单位进行，复核由中国环境监测总站进行。

四、审核规则

（一）审核结论

审核结果分为有效数据和无效数据 2 种。有效数据是指自动监测系统（采样管路、监测仪器、切割器等）运行正常、能准确反映监测当时环境空气质量状况和变化趋势、时效性满足标准（规范）要求的监测数据。否则为无效数据。

无效数据记录在原始数据库中，不得删除。无效数据不参与数据统计和评价。

（二）审核规则

1. 自动监测系统正常运行时的审核规则

自动监测系统包括监测仪器、采样管路、切割器、数采仪（或工控机）、数据采集软件、通信网络等。系统正常运行是指自动监测系统各部分性能正常、质控结果合格时的运行状态。

（1）1 h 内监测（采样）时间≥45 min 的数据为有效数据。

（2）1 h 内监测（采样）时间＜45 min 的数据为无效数据。

（3）在环境空气中各项污染物浓度均处于极低水平的条件下，部分仪器设备小时监测结果出现负值或零值时，按表 4.2 情况处理。

（4）1 h 内只出现 1 或 2 个、超过前 15 min 数据平均值 10 倍以上的数据，可以作无效数据处理。

表 4.2　小时负值及或零值的处理

项目	浓度区间	审核结果
二氧化硫（SO_2）	≤−14 μg/m^3	无效
	−14～0 μg/m^3	3 μg/m^3
二氧化氮（NO_2）	≤−10 μg/m^3	无效
	−10～0 μg/m^3	2 μg/m^3
臭氧（O_3）	≤−10 μg/m^3	无效
	−10～0 μg/m^3	2 μg/m^3

续表

项目	浓度区间	审核结果
一氧化碳(CO)	≤−1 mg/m³	无效
	−1～0 mg/m³	0.3 mg/m³
颗粒物 $PM_{10}/PM_{2.5}$	≤−5 μg/m³	无效
	−5～0 μg/m³	2 μg/m³

2. 自动监测系统日常运维时的审核规则

(1) 在日常运维过程中，对采样管路、切割器、仪器进行维护，直接对数据结果产生影响时的小时数据为无效数据。例如：更换仪器滤膜、更换连接管路、更换纸带、清洗切割器、清洗采样头等情况。

(2) 进行其他维护，不对数据结果产生直接影响时的小时数据为有效数据。例如：查看仪器状态、查询历史数据、系统杀毒(清理垃圾)、路由器重启、打扫卫生等。

3. 进行质控操作时的审核规则

(1) 在自动监测系统进行质控操作期间的小时数据为无效数据。包括：零点校准(检查)、跨度校准(检查)、精密度检查、准确度检查、标样考核等。

(2) 仪器进行零点校准(检查)、跨度校准(检查)，发现仪器零点漂移或跨度漂移超出漂移控制限时，对于自动校准的系统，应从发现超出控制限的时刻算起，到仪器恢复到调节控制限以下这段时间内的监测数据为无效数据；对于手工校准的系统，应从发现超出控制限时刻的前一天算起，到仪器恢复到调节控制限以下这段时间内的监测数据为无效数据，

4. 自动监测系统不正常运行时的审核规则

(1) 采样管路、切割器及监测仪器发生故障，使系统不能正常运行时，故障期的小时数据为无效数据。

(2) 停电期间、来电或更换仪器后的仪器稳定期间数据为无效数据。

(3) 仪器数据超过量程(上限和下限)时的数据为无效数据。

(4) 连续 6 h 以上 5 min 数据不变化的数据为无效数据。

(5) 仪器内部、外部的连接管路脱落或者漏气时的数据为无效数据。

(6) 仅数采仪(或工控机)、采集软件、通信系统等发生故障，使数据不能及时上传，且 24 h 内可以从仪器中回补的数据为有效数据。

(7) 仅服务器及其软件、通信系统发生故障，而前端监测系统运行正常，在规定时间内以书面形式上报的数据为有效数据。

5. 带标识数据处理

国家数据平台软件自动对数据添加的标识与含义见表 4.3。

(1) 对于采集的自动带有标识的数据，系统在自动审核时，会将带标识的数据自动判断为无效。人工审核时，应根据不同情况进行判断或处理。

(2) 对于系统软件自动审核处理为无效的数据，人工审核时需恢复为有效数据的，可人为去除系统标识，同时需在备注信息栏中填写恢复数据有效性的原因，与审核结果一起提交。

(3) 对于未带标识的数据，人工审核时确定为无效数据，需在备注信息栏中选择或填写

数据无效的原因，与数据一起提交。填写审核原因时，描述要详细、具体，能说明与数据无效之间的关系。

(4) 审核时注意查看 5 min 值，小时值是由 12 个 5 min 值计算平均值得到的。若存在 5 min 值是维护或稳定期数据但未带标记，此小时值应判为无效。

表 4.3 国家数据平台软件自动对数据添加的标识与含义

标识	简述	详细说明
B	运行不良	当监测仪器存在报警时激活
BB	连接不良	当数采启动后，一直没有与监测仪器成功通信时激活；与监测仪器成功通信一次或以上时，该标识将被清除，且数采在下次重启前不会再打上该标识
W	等待数据恢复	与监测仪成功通信后，由于接线松动或仪器故障等原因，造成与监测仪器通信失败，且超过了有效数据的生成周期时，该标识被激活
H	有效数据不足	当某个时间段的有效数据个数低于标准时，该标识被激活
HSp	数据超上限	当数据超过在数采仪上设定的报警上限时，该标识被激活
LSp	数据超下限	当数据低于数采仪上设定的报警下限时，该标识被激活
PZ	零点检查	当数采在执行零点检查质控任务时，该标识被激活
PS	跨度检查	当数采在执行跨度检查质控任务时，该标识被激活
AS	精度检查	当数采在执行精度检查质控任务时，该标识被激活
cz	零点校准	当数采在执行零点校准质控任务时，该标识被激活
cs	跨度校准	当数采在执行跨度校准质控任务时，该标识被激活
Re	仪器回补数据	数采从监测仪器回补的数据会打上该标识

6. 倒挂数据处理

监测质量受控条件下，出现 $PM_{2.5}$ 与 PM_{10} 小时值监测数据倒挂时，PM_{10} 数据与 $PM_{2.5}$ 数据均按有效数据处理。

7. 沙尘暴过境颗粒物数据处理

沙尘暴过境时，仪器运行正常情况下，颗粒物数据按有效上报。沙尘过境后及时清洗采样系统。

8. 缺失数据处理

如果一个数据为－99，则表示数据库中没有该项目该时间点的数据，可对子站数采软件下发数据远程回补指令，对该项目的该时间点进行数据回补。

对在规定完成审核时间内，下发回补命令依然未上传的数据，在运维管理系统中进行手工补录上报。

9. 复核不通过数据处理

复核不通过被打回的数据，应在互动审核记录里及时查看不通过的原因，必要时及时向现场运维人员了解情况或及时通知运维人员现场核实后二次审核上报数据。凡需经现场核实确认的，要上传相应工单，工单内容须全面、具体、简洁，能明确说明与数据有效或无效间的关系。

在规定的时间内完成数据二次上报，确保上报数据真实、准确、客观，数据有效与无效依据充分。对依然未通过复核的数据，以总站最终复核为准，特殊情况可月底上交申诉材料说明情况。

五、数据发布

（一）发布机构

中国环境监测总站。

（二）发布依据

根据《环境空气质量标准》(GB 3095—2012)和《环境空气质量指数(AQI)技术规定(试行)》(HJ 633—2012)的有关规定，发布全国空气质量状况。

（三）发布内容

发布内容包括评价时段、监测点位名称及位置、各监测项目的浓度、空气质量分指数、空气质量指数、首要污染物及空气质量级别。

（四）发布指标

1. 城市发布指标

城市日空气质量指数(AQI)、城市小时空气质量指数(AQI)以及相应的空气质量级别首要污染物等。

2. 点位发布指标

发布各点位二氧化硫(SO_2)、二氧化氮(NO_2)、一氧化碳(CO)、臭氧(O_3)、颗粒物(PM_{10}和$PM_{2.5}$)的1 h浓度平均值和空气质量指数(AQI)。

3. 发布指标计算说明

(1) AQI的计算方法详见《环境空气质量指数(AQI)技术规定(试行)》(HJ 633—2012)。

(2) 颗粒物1 h浓度的AQI分级浓度限值参照24 h浓度的AQI分级浓度限值。

(3) 监测点位1 h浓度平均值指该点位1 h内所测项目浓度的算术平均值或测量值，如16时的小时均值为15：00—16：00的算术平均值或测量值。

(4) 8 h滑动平均值是指当前时间前8 h内所测项目小时浓度的算术平均值。

（五）数据来源

来源于国家空气质量自动监测点位的空气质量自动监测结果，不包括地方空气质量监测点位。

（六）其他说明

发布结果主要显示全国空气质量总体状况，由于所采用的监测点位数量和各城市不尽相同，与各城市发布的城市空气质量状况亦会有所差异；发布结果通常为1 h更新1次，由于数据传输需要一定的时间，发布的数据约有 0.5 h 延滞。例如 15 时的监测数据在 15:30 左右发布。当遇到监测仪器校零、校标等日常维护行为，或出现通信故障、停电等现象，某些站点会出现一段时间内无数据的情况。

（七）特别说明

根据《环境空气质量指数（AQI）技术规定（试行）》（HJ 633—2012）的要求，实时发布数据由发布系统进行初步审核，所发布小时数据及日数据仅为当天参考值，用于向公众提供健康指引，不直接用于空气质量达标状况的评价。评价空气质量达标状况时，应依据《环境空气质量标准》（GB 3095—2012）中的规定进行。

（八）发布平台

全国城市空气质量实时发布平台。网址：https://air.cnemc.cn:18007。

第五章　地表水水质自动监测系统

第一节　地表水水质自动监测系统组成和结构

地表水水质自动监测是对地表水样品进行自动采集、预处理、分析、数据采集与传输的整个过程。

地表水水质自动监测系统是一套以在线自动水质分析仪器为核心，运用现代传感器技术、自动测量技术、自动控制技术、计算机应用技术以及相关的专用分析软件和通信网络所组成的一个综合性的水质自动监测系统。

地表水水质自动监测系统由采水单元、预处理及配水单元、分析单元、质控单元、留样单元、辅助单元、数据采集与传输单元以及控制单元等部分组成，系统结构如图 5.1 所示。

一、采水单元

采水单元是利用潜水泵、自吸泵等引流设备将具有水体代表性的采样点水样通过进样管路引至自动监测系统中的预处理装置，为确保采集样品的安全性、便利性并排除样品在引流过程不受干扰，常根据水域特征、环境因素、水体条件等配置安全可靠的采样结构和采样方法，相关装置、管路及排水需符合专业技术要求。

采水单元一般包括采水构筑物、采水泵、采水管道、清洗配套装置和保温配套装置。地表水自动监测系统的采水单元一般采用双回路采水，一备一用，可通过设置“自动诊断泵故障”功能自动切换泵工作，且能够在停电后再次通电时自动恢复运行。

采水泵一般选用潜水泵或自吸泵，当监测水体浊度过大时，应选用污水潜水泵。采水泵满足水质监测系统运行所需水量和水压的要求，可根据现场采水距离、水位落差配置相应功率的采水泵。

采用双泵/双管路交替式采水方式，满足实时不间断监测的要求，同时可以保证站房的进口压力和流速流量达到整个系统全部仪器的要求；并且当一路出现故障时，通过在取水单元中设置的压力流量监控装置，会及时切断该水泵的电源以避免电机空转而损坏，同时在采水过程中 PLC 控制系统可以通过压力感测和流量感测装置实时监控取水单元的运行状态。当某一路取水泵取不上水时，马上切换到另一路取水泵自动运行，以保证系统分析水样不中断和取水系统正常工作。

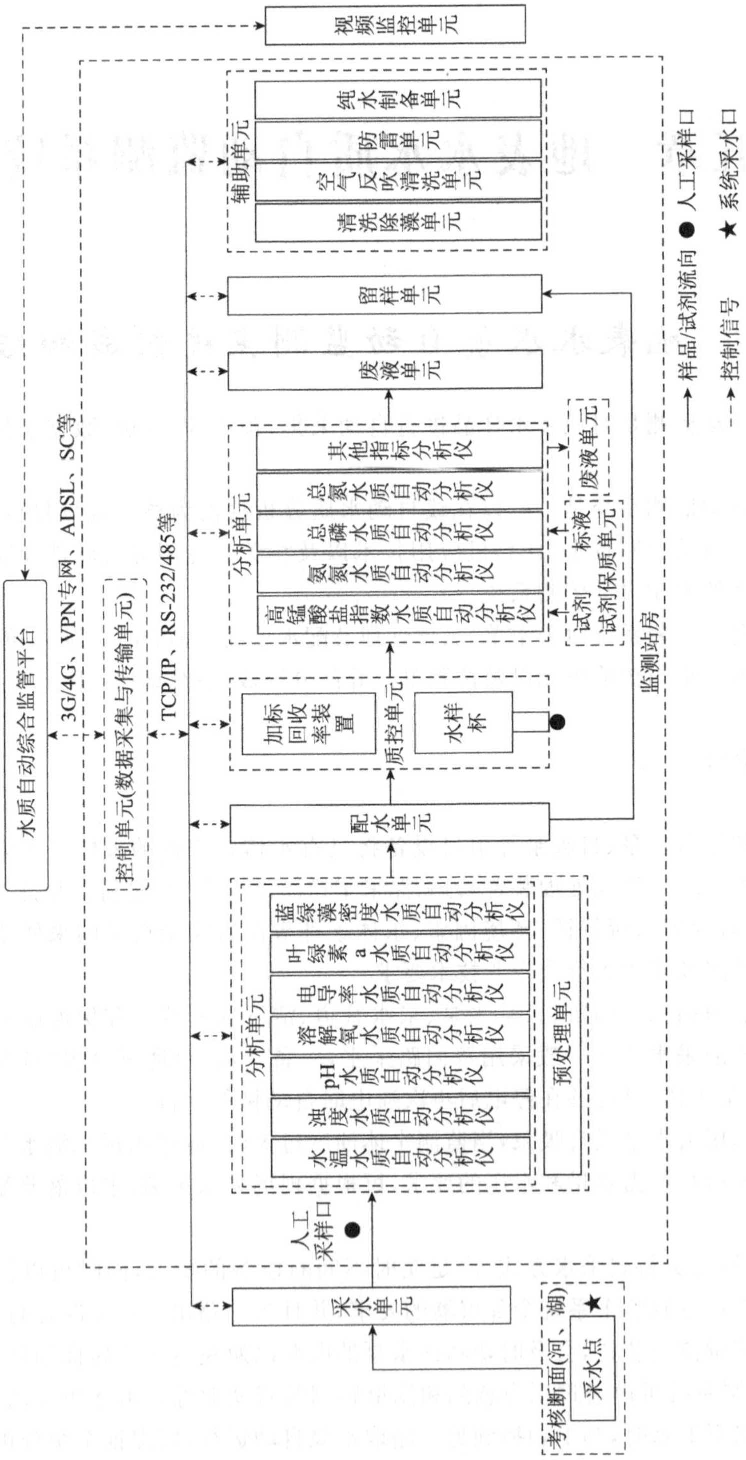

图 5.1 地表水水质自动监测系统结构示意图

采水管路应根据现场具体情况建设，使用三型聚丙烯或硬聚氯乙烯材质等材质，使用的材料不能干扰水样的代表性，具有耐用、耐热、耐压、环保的功能，设计时应具备反清洗、防淤积功能。

采水管路在实际应用时，应根据地区特征、环境因素配备一定的防护措施，例如冻土层区域敷设需加装伴热带，层压不实的路面加装保护套管、藻类泛滥水域加装除藻装置等。

在采水单元建设中，应根据采水方式的结构特点因地制宜采用不同的采水方式。目前常见的采水方式有栈桥式采水、浮筒/船式采水、悬臂式采水、浮桥式采水、拉索式采水等，各采水方式适用场合见表 5.1。

表 5.1　不同类型采水方式

序号	采水方式	适用场合
1	栈桥式	永久性、有效防洪的河道断面，具备建设栈桥条件的场合使用
2	浮筒/船式	适用于水流急、浅滩长、水位有一定变化的湖库、河道等监测断面
3	悬臂式	适用于水流急、漂浮物多、水位有一定变化的河道监测断面
4	浮桥式	适用于湖库等水流缓慢的监测断面
5	拉索式	适用于对河道监测断面的多点位监测

（一）栈桥式采水

栈桥式采水装置应尽可能设置在与河堤平齐位置，该采水装置由采水导杆、采水浮筒、采水管线、升降电机、钢索和水泵等组合而成，如图 5.2 所示。栈桥上安装有警示标志，采水装置铺设河道位置应注意不能影响航道，且应保障采水正常。

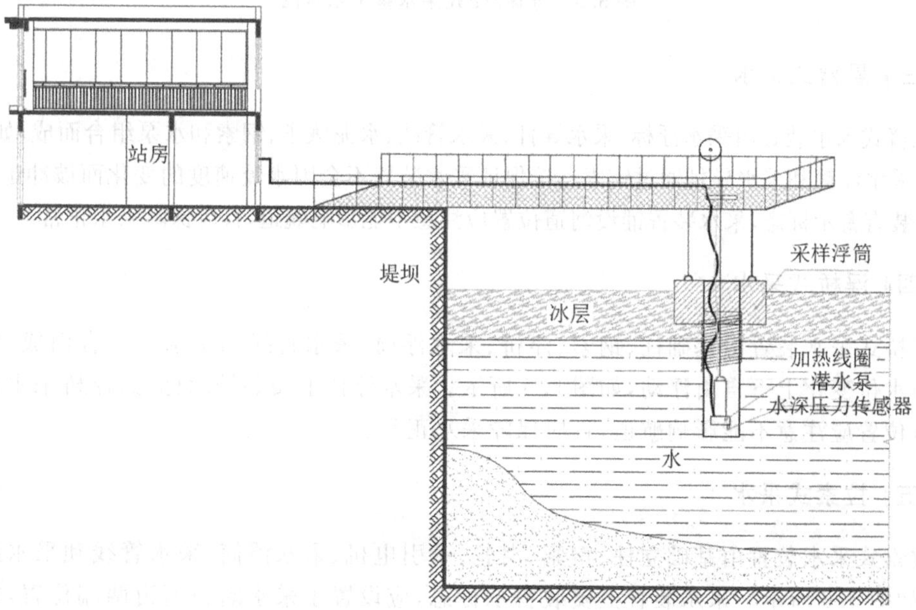

图 5.2　栈桥式采水参考示意图

(二) 浮筒/船式采水

浮筒/船式采水装置应尽可能设置在与站房平齐位置，该采水装置由采水浮筒、采水管线、船锚、钢索和水泵组合而成，如图 5.3 所示。浮筒/船上方安装有警示标志，采水装置铺设河道位置应注意不能影响航道，且应保障采水正常。

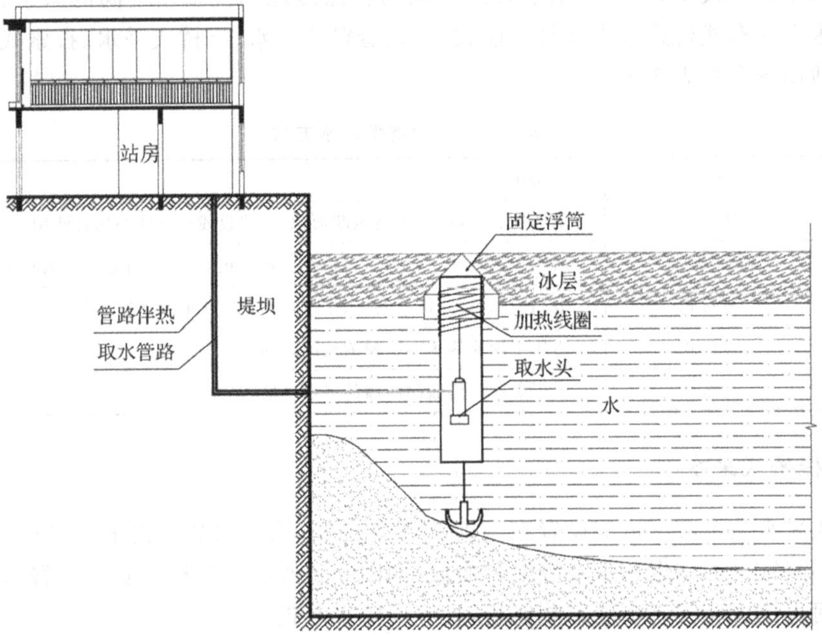

图 5.3 浮筒/船式采水参考示意图

(三) 悬臂式采水

悬臂式采水装置由采水浮标、采水导杆、采水管线、水泥墩子、钢索和水泵组合而成，如图 5.4 所示。采水浮筒和采水导杆通过钢索连接保证采水装置不会因水流速度的变化而被冲走。浮标上方安装有警示标志，采水装置铺设河道位置应注意不能影响航道，且应保障采水正常。

(四) 浮桥式采水

浮桥式采水装置由基础柱、钢索、浮桥、采水浮筒、采水管线和采水泵组合而成，采水浮桥可随水位变化上下自由浮动，如图 5.5 所示。采水浮桥上安装警示标志，浮桥采水装置铺设河道位置应注意不能影响航道，且应保障采水正常。

(五) 拉索式采水

拉索式采水装置由基础立柱、钢索、滑轮、牵引电机、采水浮筒、采水管线和采水泵组合而成，如图 5.6 所示。采水装置上安装警示标志，应设置于采水断面河道两端位置，能实现对整个断面任何采水点进行采样，采水装置可随水位变化上下自由浮动。此采水方式适用于无通航断面。

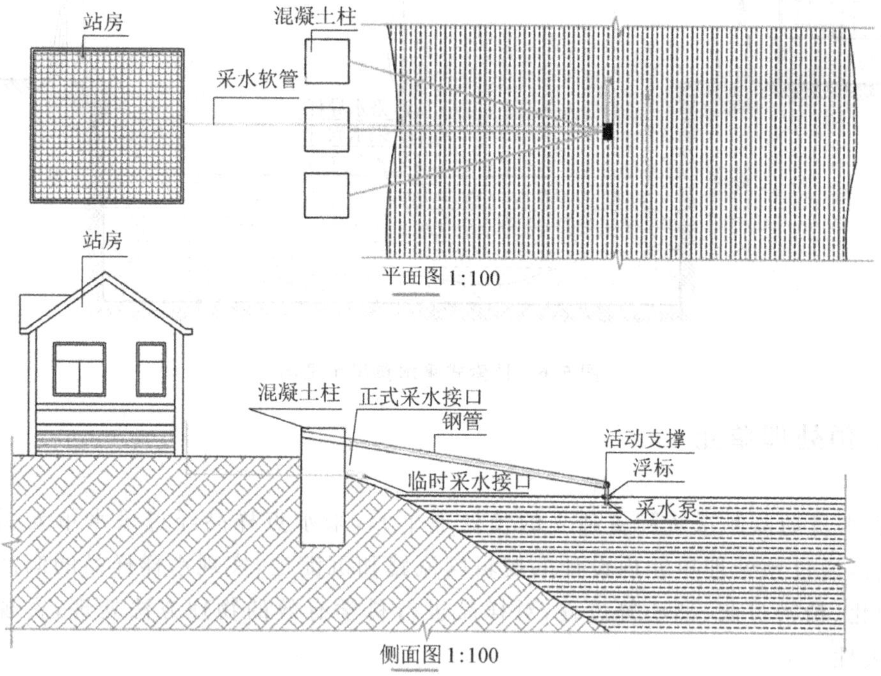

图 5.4　悬臂式采水参考示意图

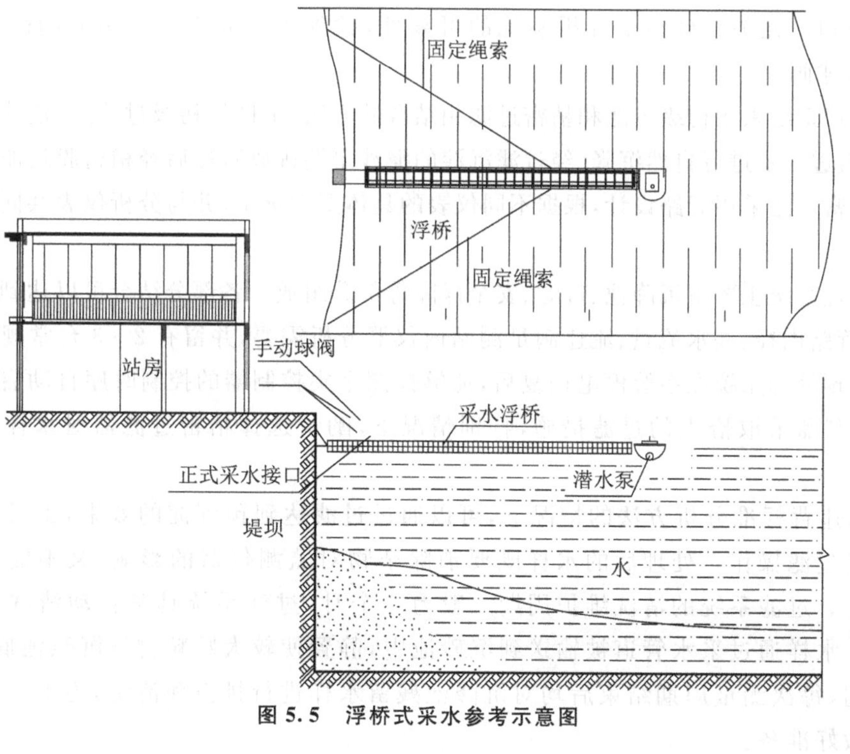

图 5.5　浮桥式采水参考示意图

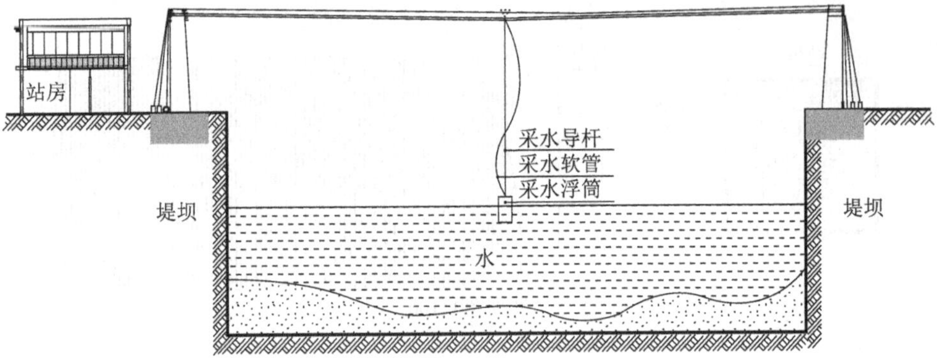

图 5.6　拉索式采水参考示意图

二、预处理单元

地表水自动监测系统配备独立的预处理单元，采水点样品经过采水单元引入预处理单元后，通过预处理单元内设计的逻辑阀流路和沉淀池，实现水样样品的润洗、沉淀、过滤、匀化、精密过滤、离心等过程，对样品进行科学有效的物理方法处理，实现分析样品的代表性。

在保证水样代表性的前提下，预处理单元对水样进行一系列处理来消除干扰自动监测仪器的因素，以保证分析系统的连续长时间可靠运行，不能采用拦截式过滤装置。由于预处理单元关系到整个分析系统的可靠性，预处理单元中所采用的阀门应为高质量的电动球阀。

预处理系统采用初级过滤和精密过滤相结合的方法，水样经初级过滤后，消除其中较大的杂物，再进一步进行自然沉降(经过滤沉淀的泥沙定期排放)，然后经精密膜过滤进入分析仪表。精密过滤采用旁路设计，根据不同仪表的具体要求选定，并与分析仪表共同组成分析单元。

预处理系统主要由沉降池、过滤、安全保障等部分组成。各部分结合可以达到理想的除沙效果，管路内径、提水流量、流速满足测站内仪器分析需要，并留有 2～3 台常规监测仪器的接口。预处理系统在系统停电恢复后，能够按照采集控制器的控制时序自动启动。可以根据不同仪器采取恰当的过滤措施，特别情况下，酌情选择精密过滤器对水样进行二次处理。

在不违背标准分析方法的情况下，可以通过过滤达到预沉淀的效果，也可以通过预沉淀替代过滤操作。处理后的水样既要消除杂物对监测仪器的影响，又不能失去水样的代表性。过滤系统的清洗维护周期一般为 3 个月，过滤系统具备自动清洗、排沙、除藻功能。水样通过采水管道被输送到沉砂池中，静置使较大颗粒物下沉至池底，池底设有排放阀，每次测量周期结束后均对沉降池残留水样进行排空和清洗，为下一周期水样的进入做好准备。

预处理单元的自动清洗和除藻功能，一般由系统控制自动完成，清洗过程可以是现场人工操作，也可以是远程控制。每个测量周期结束后，高压气体对过滤器进行反冲洗，除去吸附在过滤器表面的黏着物、藻类和泥沙。

三、配水单元

配水单元是地表水自动监测系统中仪器分析前的最终环节，采水点样品经采水单元、预处理单元引入后，通过配水单元的逻辑阀控制以及加压功能，将预处理单元沉淀池中的样品准确分配至仪器分析端，最终实现自动分析仪器的分析测量。配水单元结构如图 5.7 所示。

常规五参数自动监测仪使用原水。根据仪器对水样的要求，水样进入配水单元后，一部分水样按照最短采水距离（原则不经过任何预处理），直接送入常规五参数测量池中，五参数测量仪器的安装遵循与水体距离最近的原则，池内保证水流稳定持续，水位恒定。

预留多个仪器扩展接口，可方便系统升级。各仪器配水管路采用并联采水方式，各仪器的管路内径、提水流量、流速均可单独调节并分别配备压力表。配水系统各支路除满足其仪器的需水量要求外，需留有 2～3 套常规监测仪器的接口。

系统设计具有管路清洗、水样杯清洗、液位感应、除藻等功能，并配备正反向清洗泵、计量泵、空压机、臭氧除藻等，可以根据实际情况结合不同的清洗方式以达到最佳的清洗效果。

配水管线设计合理，采用多支路独立活接配管，流向清晰，便于维护，当仪器发生故障时，能够在不影响其他仪器正常工作的前提下进行维修或更换。

管材机械强度及化学稳定性好、寿命长、便于安装维护，不会对水样物质成分造成干扰。

四、分析单元

分析单元是水质自动监测系统的核心部分，是水站的重要组成部分，由满足各检测项目要求的自动监测仪器组成。仪器的选择原则为仪器测定精度满足水质分析要求且符合国家规定的分析方法要求，所选择的仪器配置合理、性能稳定、运行维护成本合理、维护量少、二次污染小。

分析单元中自动监测仪器包括五参数自动分析仪、氨氮自动分析仪、高锰酸盐指数自动分析仪、总磷自动分析仪、总氮自动分析仪等常规自动分析仪，特殊水域也可配备满足需要的特征污染参数（例如叶绿素 a、蓝绿藻、氰化物、挥发酚、重金属、生物毒性、粪大肠杆菌、水中 VOC 等）的自动分析仪器。各自动监测仪器的原理将在后续章节中具体阐述。

五、质控单元

质控单元具备对高锰酸盐指数、氨氮、总磷、总氮等自动分析仪进行 24 h 零点漂移核

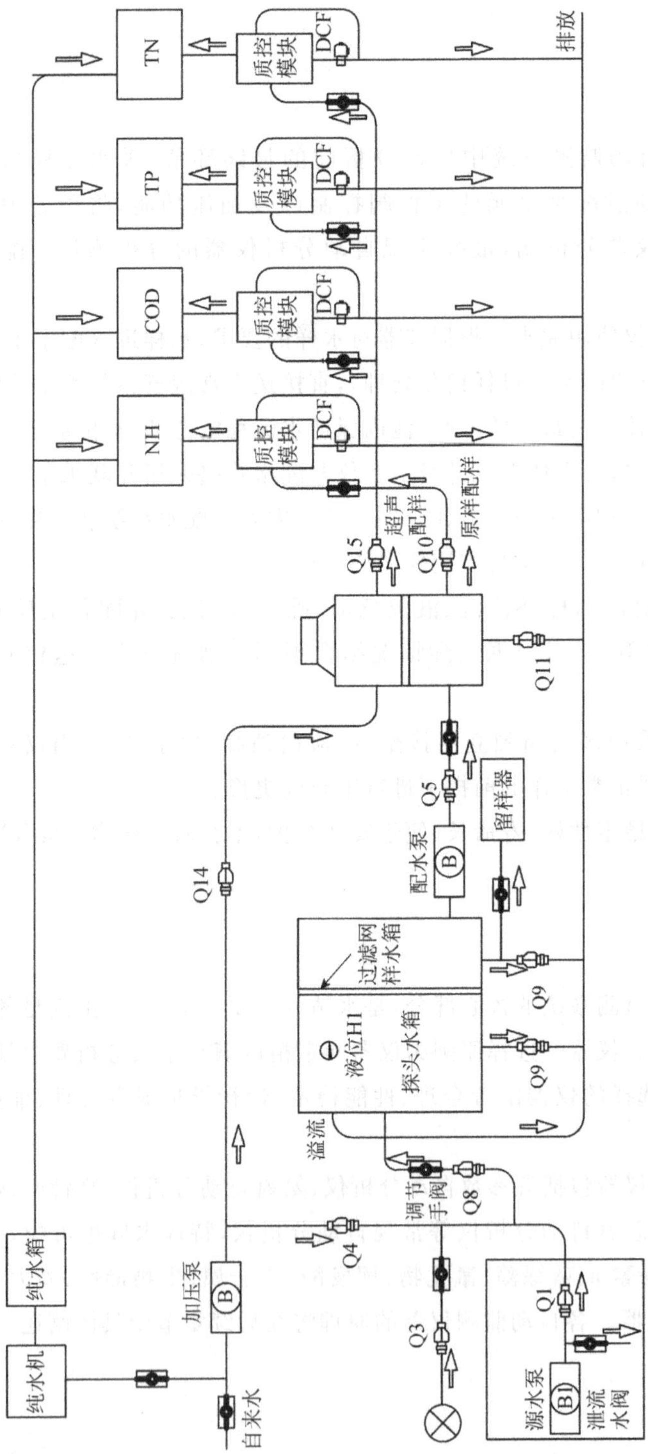

图 5.7 配水单元结构示意图

查、24 h 量程漂移核查、加标回收率测定、多点位标样核查等功能，实现仪器重复性、准确性等性能指标的自动核查。在集成系统上为每台仪器增设了质控模块，仪器进样、加标回收率核查、标样核查（当仪器自带标准样品通道时，该功能通过仪器自身实现）等功能均可通过该模块实现。

质控单元由供样系统、加标系统、做样系统、排空系统以及清洗系统组成，管路如图 5.8 所示。

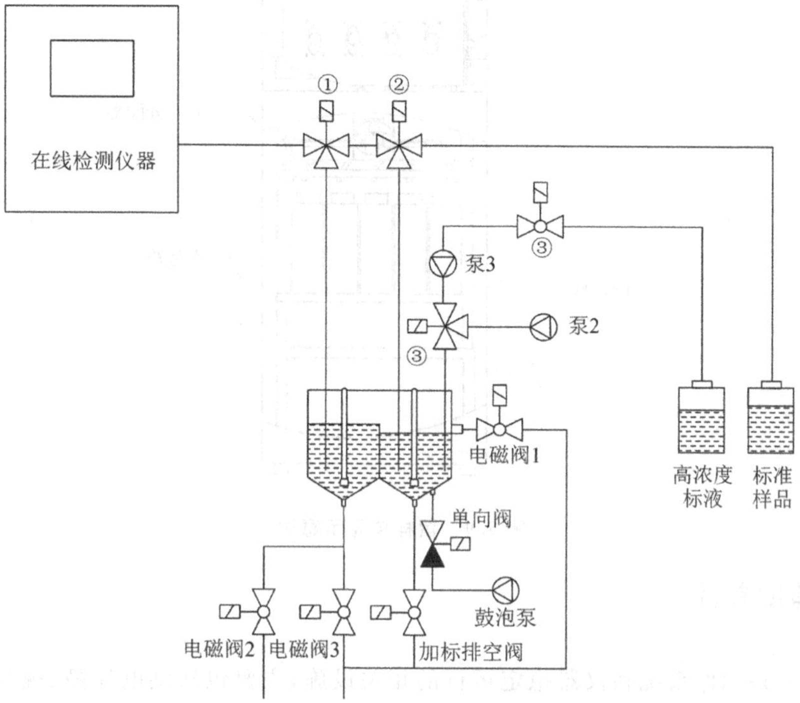

图 5.8　质控模块管路示意图

六、留样单元

留样单元是地表水监测系统中提供样品留置功能的设备，一般由蠕动泵、马达、分配器、转盘、储温室、样品瓶等组成，如图 5.9 所示。通过蠕动泵将预处理单元的样品引入，在马达和分配器的控制下将样品准确分配至储温室转盘上的样品瓶中。常用于超标留样复检，且通过添加固定剂和保温条件能保存一定的时间，以便于送样至实验室检测。

留样单元可根据水样采样要求实现多种采样方式：定量采样、定时定量采样、定时流量比例采样、定流定量采样和远程控制采样等。

多种装瓶方式：单采，即每瓶单次采样；混采，即每瓶多次采样。

基本功能：混合采样、分瓶采样、等时不等时间隔采样、按流量采样、远程操作。同时可自动排空、自动清洗管路、冲洗次数可设定、触发留样，保证样品真实性。可连接仪器仪表：高锰酸盐指数、氨氮、总磷、总氮等在线水质分析仪器，是对江、河、湖泊、企业排放水等实现科学监测的理想采样工具。

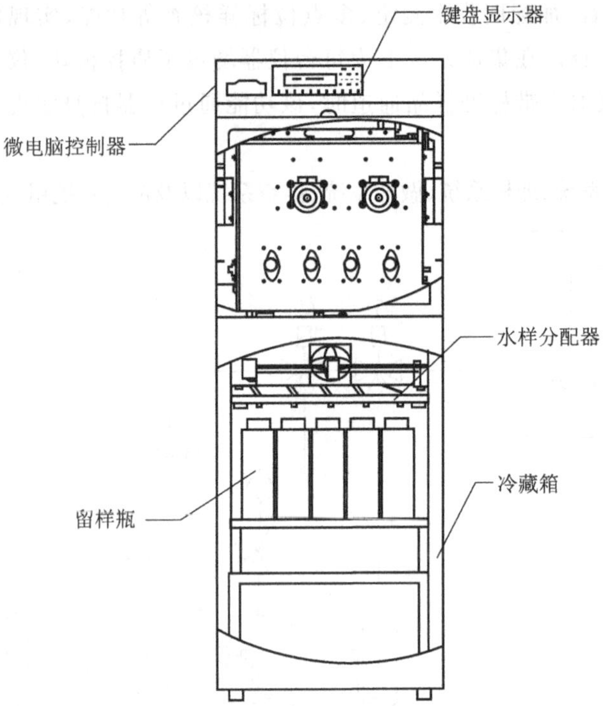

图 5.9　留样单元示意图

七、辅助单元

辅助单元是确保系统和仪器稳定运行的相关设施，主要包括供电保障、视频监控、废液处置、试剂存储、安防单元等部分。

辅助设备主要有交流稳压电源、UPS 不间断电源、视频监控设备、水站废液收集系统、试剂低温保存单元、安防单元、各种传感器（电压、温湿度、烟感、水位、水压）等。

（一）交流稳压电源

自动监测系统采用 380 V 三相供电，由于水站基本设在较为偏僻的地方，电压不稳将对系统稳定运行造成极大的影响，通过三相供电，将系统内不同的用电设备分配至不同相路的 220 V 供电系统中，当一路供电故障时，通过稳压电源也可做初步判断，并通过分相稳压排除高功率电器间的干扰。

（二）UPS 不间断电源

根据系统总功率大小的要求，配置在线式 UPS，对系统断复电起保护作用。UPS 保证了系统在断电状态下能保存及传输数据并继续完成本次测量周期。

UPS 不间断电源具有正弦波、断电保护、自动恢复、过载保护、故障诊断记录等功能。恢复供电后，系统能自动恢复工作。

（三）视频监控设备

视频监控设备由多个摄像头及视频服务器组成。多个摄像头分别监控水站内外。

水站室外安装摄像头，需满足远程监视采水点周边的水位、水情及采水点周边是否存在人为干扰，远程监视站房周边环境及安全情况，远程监视仪器间内部人为操作及设备运转情况。

视频监控设备可以实现远端的工作人员对水质自动监测设备运行情况、电源、环境信息的实时视频监视。

（四）水站废液收集系统

地表水自动监测系统分析仪器在监测分析过程中会产生一定量废液，主要是酸、碱、化学试剂、氮、磷等其他有机溶剂成分的一般污染物，还有部分重金属有毒物质。另外，实验室配制试剂时洗涤器皿的水和配制过程中的失效试剂等，都不应该直接排入水体环境中，以免造成污染。因此，需加强对废液的管理和处理。

原环境保护部发布的《关于加强实验室类污染环境监管的通知》明确要求对各类实验室的污染进行监管，要求实验室的废液必须经无害化处理后方可排放，严禁将酸碱废液和含有有毒物质或金属离子的废液等直接排入环境中。

为避免水站运行过程中产生的废液造成二次污染，应对废液进行收集并集中处置。

（五）试剂低温保存单元

适合本系统仪器所需试剂的低温保存的冷藏箱，应保证分析仪器运行时所用的化学试剂处于4±2 ℃低温保存，延长试剂的有效性，保证监测分析准确性。

（六）安防单元

安防是指在建筑物或建筑群内（包括周边地域），或特定的场所、区域，通过采用人力防范、技术防范和物理防范等方式综合实现对人员、设备、建筑或区域的安全防范。

为保证水站的稳定运行，使用大量的传感器，以远程观察水站的运行状态是智能化控制系统必然的要求。适用于水站的传感器有电压传感器、温湿度传感器、防雷装置、消防设施、环境控制设备等。

（1）电压传感器：适用于电源设备、电力网监测、自动化系统等。对供电电源的电压、电流、频率等实时监测。当实际电压值超过警界数值时或发生断电故障时，系统会自动对管理人员短信报警。

（2）温湿度传感器：可实时地监测站房内温度和湿度状况。温湿度传感器通过主机集中供电。当水站的温度或湿度超过预定值时，系统将对管理人员短信报警。

（3）防雷装置：通过站房、自动监测系统、分析仪器的三级防雷装置，以避免夏季暴雨雷击天气对地表水自动监测系统的损害。

（4）消防设施：通过配备手持灭火器、壁挂式灭火器、固定式灭火装置、消防沙箱等，以避免站房失火造成人员财产损失。

(5) 环境控制设备:通过配备空调、除湿机、取暖设施等,保障站房分析仪器控制在有效的温湿度环境中,避免高低温、湿度对分析监测数据的影响和设备的损坏。

八、数据采集与传输单元

(一) 数据采集与传输系统基本结构

地表水自动监测系统从底层逐级向上可分为现场机(水站)、传输网络和上位机(数据平台)3个层次。水站现场控制单元,监控的仪器仪表具有数字输出接口,连接到独立的数据采集传输仪上,上位机即数据平台通过传输网络与水站现场控制单元进行通信(包括发起、数据交换、应答等)。

(二) 数据采集与传输单元功能

数据采集和传输单元配备高性能工作站,用于现场监测数据采集和数据传输,数据采集与传输按照分析周期执行,每周期采集一组数据,包括监测结果、监测仪器状态、校准记录、现场环境状态、报警状态、阀门状态、系统工作状态等,所有采集到的数据都保存在现场服务器内,并可根据数据传输软件设置,将全部或选定的数据传输到数据平台系统。

数据采集和传输单元应能满足以下功能:

(1) 能实现与现有数据平台系统无缝衔接。数据采集和传输能自动记录,工作可靠有效。

(2) 可在现场及远程进行人工参与控制。现场可动态显示系统的实时状态、各单元设备工作状态、各个测量参数数据。数据采集与传输应完整、准确、可靠,采集值与测量值误差≤1%。

(3) 数据采集装置采用统一指定通信协议,以无线、有线传输方式传输各个测量参数,同时实现双向传输,并能进行权限设置。

(4) 水站断电后数据不应丢失,并能储存1年以上各测量参数的原始数据。

(5) 水站数据具有自动备份功能,同时保存相应时期发生的有关校准、断电及其他状态事件记录,具有动态异地数据备份、恢复功能。

(6) 应有数据加密等系统安全防护功能。

九、控制单元

控制单元是控制系统内各个单元协调工作的指挥中心。控制单元由水站控制软件、工业控制计算机、PLC控制器和通信网络组成。主要包括:中央控制单元、通信控制单元、控制输出单元、数据采集单元、数据存储单元。控制单元的其他部分还包括:继电器组、参数和状态显示和监控单元、UPS供电单元、环境数据传感器(电压、室温、湿度)、安全监视等。水质自动监测站现场控制系统结构如图5.10所示。

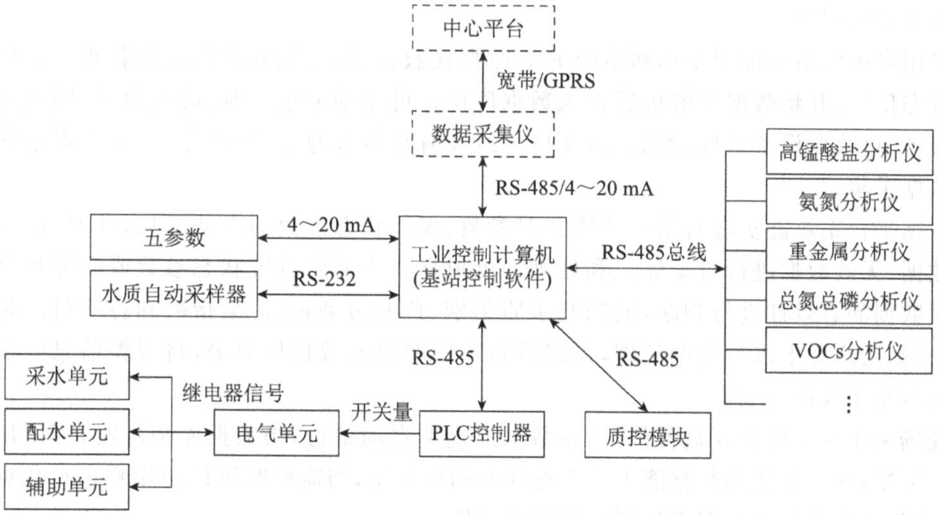

图 5.10　水质自动监测站现场控制系统结构示意图

控制单元对采水单元、配水及预处理单元、分析单元、留样单元、辅助单元等进行控制，并实现数据采集与传输功能，保证系统连续、可靠和安全运行。

水站中的控制柜承担了系统控制的功能，其中有 PLC 控制器、工业控制计算机(工控机)、控制软件、VPN(虚拟网络)和通信网络组成，其主要功能是控制采水、配水单元的工作流程。给仪器发送各种命令，接收仪器测试结果和状态，存储并通过通信网络上报监测数据到中心平台。

工业控制计算机是水站控制软件的载体，提供各种通信接口与各设备连接，采用主流配置，确保操作系统和水站控制软件的流畅稳定运行。水站控制软件是整个控制系统的核心，可以直观显示各种设备的工作状态和监测结果，给仪器发送各种指令，对监测结果进行运算和存储，并将数据上传到指定的中心平台。

PLC 主要负责按编好的流程控制采水、配水、辅助单元的工作。

通信网络一般采用光纤宽带和 4G 无线传输的方式，用于与中心平台的通信。

十、水质自动监测管理平台

(一) 地表水自动监测站系统数据平台

数据平台系统功能可以涵盖水质自动监测的常用工作业务流程，能够将自动数据采集、数据有效性分析、监测控制、有效数据入库、日常维护、数据管理、数据报表、信息发布、数据上报、统计分析、短信报警、图文显示等功能整合到一个软件中，界面美观，操作方便。

数据平台的选择具有可扩展性。开放式、可扩展的软件架构设计，可灵活定制开发各种通信协议，系统的构架以方便的客户端浏览构架，实现信息与管理，满足多种浏览方式，可以实现本机、客户端浏览器等多种方式的查询。数据传输可靠安全，对各种数据的分析、监控、浏览要方便、操作简单。软件具有丰富的数据处理及查询功能，通过数据加标识等方式，对监测数据进行识别。

采用专用网络或虚拟专用网络（VPN）数据接收方式，可同时自动接收各水站上传的数据和状态信息，并将数据经解析后存入数据库中。可主动采集实时、历史数据，同时可远程控制设备，可改变设备量程、参数等，支持无线及有线多种通信、协议方式，可实现远程同步多点数据采集。

数据平台系统能实现对系统环境状况参数、仪器状态参数的自动采集，并对仪器故障、质控数据、无效数据进行自动标识和处理。可根据用户需要设置状态参数或故障报警信号自动对数据的有效性进行判断，能判断水质类别、首要污染物、污染指数和各项目的超标情况，能根据用户要求进行数据处理，可以进行不同时段的数据比对等，将报警信息以多种形式发送至指定人员终端。

现场采用双系统非硬盘备份，能将数据库定期自动备份，当数据库损坏时，可由用户设置自动恢复，同时对监测数据能由用户选择时间段备份，当需要时可以由用户进行数据库恢复，可以将水站备份的数据恢复到数据传输系统。

系统具有数据质量控制功能，自动分析过程中有完整的质量控制手段及质量控制数据报告，对可疑数据实施相应的标记。

系统自身需具有自动分类报警，当系统出现报警时可自动触发报警输出，以有线或无线方式通知维护人员；对重大报警，由维护人员第一时间做出反应并进行应急处理。

支持远程图像监控及录像，可采集站房安防监控系统报警信息及现场图片资料，可自动记录备份并形成报表，当安防监控系统有异常报警信息时，以多种形式将报警信息传送至指定人员终端。

系统可根据站房图片信息上传周期进行自动上传，也可实时采集现场图片资料。支持远程数据监控和系统日志监控，数据传输系统应实现对水站仪器和系统远程控制功能，并实现远程启动、终止、清洗、采样、校正、标定等功能。数据传输系统能修正水站的时间，使之与数据传输同步。

（二）国家地表水水质监测管理平台

国家地表水水质自动监测网的网络层次结构分为 3 个层次，分别为国家地表水环境监测管理平台、网络传输层和地表水环境自动监测站。

国家地表水环境监测管理平台部署于中国环境监测总站，服务器间通过局域网通信，与水站通过 VPN 专网进行通信。

网络传输层在总站和水站之间，通过经过数据加密的 VPN 专网进行数据传输以保障数据安全。数据传输应同时支持有线、无线等网络技术。

国家地表水环境监测管理平台基于标准通信协议，与水站进行通信，实现数据接收和监测设备的远程反控。

国家地表水环境监测管理平台包括业务、管理、数据应用 3 个方面。借助水质自动监测数据采集、智能化数据审核、数据报告与发布等功能，用于管理决策支持，自动监测数据及时、有效的信息发布。

运用大数据技术保证平台运行稳定、高效，监测数据的“真、准、全”；能够支撑超过 2 000 个水站的同步接入；可在大数据量、大访问量情况下保证系统运行和访问效率；并且做到数据不缺失、不延迟。平台设计中需采用移动终端加固、数据加密、权限控制等技术，保障平台信息安全、数据传输安全、移动终端安全。

第二节　地表水水质自动监测系统站房

一、站房分类

（一）固定式水质自动监测站

该类型站房内部有完善的仪器室、质控室以及值班室等功能区的水站，一般为砖混结构，简称固定式水站。

水质自动监测站站房建设原则上优先采用固定式永久性站房设计，主体建筑物采用砖混结构，由仪器室（不小于 40 m^2）、质控室（不小于 30 m^2）和值班室（不小于 20 m^2）组成。标准版固定式站房效果如图 5.11 所示。

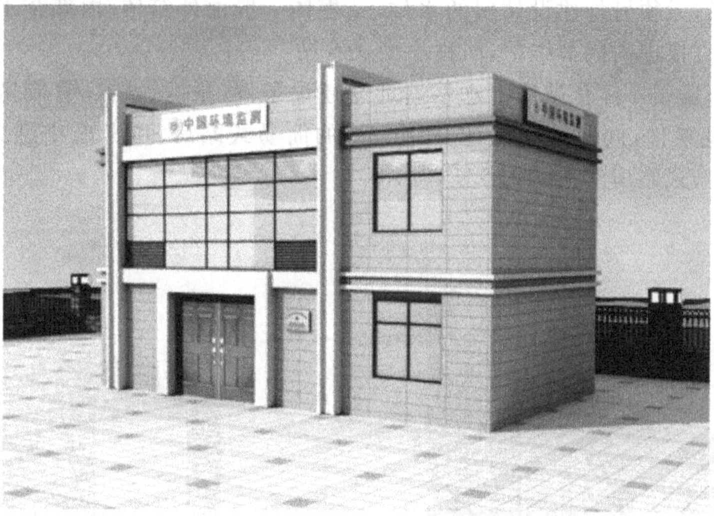

图 5.11　标准版固定式站房效果图

（二）简易式水质自动监测站

该类型站房内部只有仪器室和质控室功能区，或将仪器室和质控室合并建设的水站，简称简易式水站。

建设点位受建设条件（地基、规划、河道）影响，考虑采用简易式站房。简易式站房不小于 40 m^2，采用轻钢结构，仪器室和质控室合并建设。标准版简易式站房效果如图 5.12 所示。

图 5.12　标准版简易式站房效果图

(三) 小型式水质自动监测站

该类型站房将一套地表水水质自动监测系统直接集成于一台控制柜或金属箱体中，可直接安装于现场，无须另外建设站房的水站，其柜体一般由外箱体、内部金工件及附件装配组成，人员无法直接进入内部维护，简称小型式水站。

小型式站房属于一体化站房。水站站址受建设条件(景区、城区、管制区)制约，不具备固定式站房建设条件，同时也无法建立 40 m^2 的简易式站房，可考虑小型式站房，不小于 2 m^2。标准版小型式站房实例如图 5.13 所示。

图 5.13　标准版小型式站房实例图

（四）水上固定平台站

该类型站房建设在水上，是利用砖混或者钢结构搭建的平台，能在上面安装一套地表水水质在线监测系统的建筑物。用于水位 10 m 以内的湖库之中，水上固定平台式水站由水上固定平台基础、供电系统、安防系统、无线通信系统、水质监测系统等部分构成。水上固定平台站效果如图 5.14 所示。

图 5.14 水上固定平台站设计效果图

（五）浮船/浮标式水质自动监测站

该类型站房以单体舱式浮船或浮标为载体的水质自动监测系统，简称浮船/浮标式水站。用于水位 10 m 以上的湖库之中，水站站址无法满足供电要求，可考虑建设浮船站。浮船站由船体、浮柱、防撞及太阳能组件、防雷设备、试剂保存舱、安防等构成。平台式结构浮标站、圆柱式结构浮标站和浮船站效果分别如图 5.15、图 5.16 和图 5.17 所示。

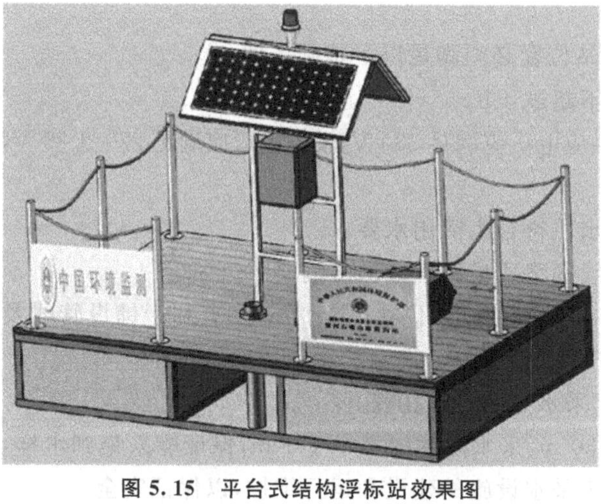

图 5.15 平台式结构浮标站效果图

图 5.16 圆柱式结构浮标站效果图

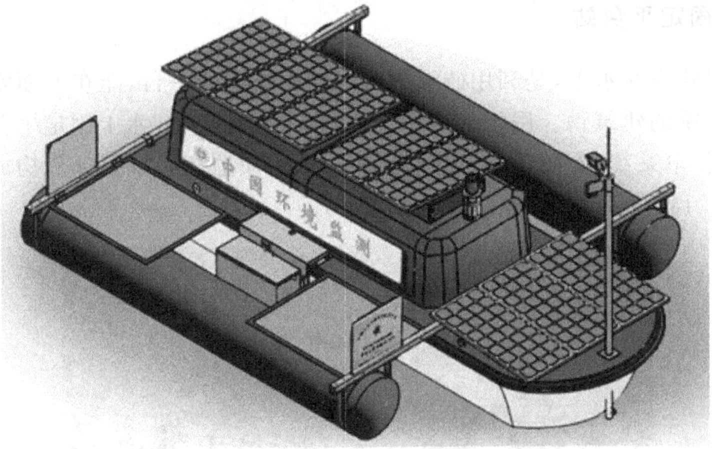

图 5.17　浮船站效果图

二、站点选址

(一) 站址选择基本原则

站址选择必须考虑下列基本原则：

(1) 基本条件的可行性：具备土地、交通、通信、电力、清洁水及地质等良好的基础条件。

(2) 水质的代表性：根据监测的目的和断面的功能，具有较好的水质代表性。

(3) 站点的长期性：不受城市、农村、水利等建设的影响，具有比较稳定的水深和河流宽度，能够保证系统长期运行。

(4) 系统的安全性：水站周围环境条件安全、可靠。

(5) 运行维护的经济性：便于日常运行维护和管理。

(二) 建站基础条件

为确保系统长期稳定运行，选择的建站位置必须满足以下基础条件：

(1) 交通方便，到达水站的时间一般不超过 4 h。

(2) 有可靠的电力保证且电压稳定，供应电压应满足 380 V，设备电压应满足 220 ±22 V，容量不低于 15 000 W。

(3) 具有自来水或可建自备井水源，水质符合生活用水要求。

(4) 通信条件良好，且通信线路或无线网络质量符合数据传输要求。

(5) 采水点距站房距离一般不超过 300 m，枯水期不超过 350 m，且有利于铺设管线及保温设施。

(6) 最低水面与站房的高度差不超过采水泵的最大扬程。

(7) 断面常年有水，河道摆幅应小于 30 m，采水点水深不小于 1 m，保证能采集到水样，采水点最大流速一般应低于 3 m/s，有利于采水设施的建设和运行维护，以保证安全。

三、站房建设

水站站房不仅要满足水质自动监测的需求，同时应具有开展研究和宣传教育的功能。站房面积除满足基本九项参数仪器及其配套设备摆放外，还要考虑未来监测项目扩展，适当留有增配仪器的空间。

(一) 站房类型选择原则

水站站房建设必须满足建设要求，针对各地实际情况可因地制宜选择适宜的站房类型，具体要求如下：

(1) 原则上优先选择固定式站房。

(2) 水站站址能满足站房建设面积要求的，优先考虑采用单层站房结构。

(3) 水站站址存在洪涝隐患的情况下，优先考虑双层站房结构，监测仪器室可根据站点实际情况布置在一楼或者二楼。

(4) 水站站址受建设条件(地基、规划、河道)影响，考虑采用简易式站房结构。

(5) 水站站址受建设条件(景区、城区、管制区)制约，考虑采用小型式站房结构。

(6) 水站站址根据建设要求需选定在河、湖中且水深在 10 m 以内的，考虑采用水上固定平台站。

(7) 水站站址无法满足供电要求，可考虑采用水上浮标站或水上浮船站。

(8) 国界河流(湖泊)水站必须建设固定式站房。

(9) 各省(自治区、直辖市)建设的水站站房外观和风格应统一，且具有环保部门统一标识。

(二) 站房基本技术要求

站房需保证水站系统长期、稳定运行，包括用于承载系统仪器、设备的主体建筑物和外部配套设施两部分。主体建筑物由仪器室、质控室和值班室(在满足功能需求的前提下，可根据站房实际条件对各室进行调整合并)组成。外部配套设施是指引入清洁水、通电、通信和通路，以及周边土地的平整、绿化等。

1. 站房供电要求

(1) 供电负荷等级和供电要求应按现行国家标准《供配电系统设计规范》(GB 50052—2009)的规定执行。

(2) 水站供电电源使用 380 V 交流电、三相四线制、频率 50 Hz，电源容量要按照站房全部用电设备实际用量的 1.5 倍计算。

(3) 电源线引入方式符合国家相关标准，穿墙时采用穿墙管。施工参考《建筑电气工程施工质量验收规范》(GB 50303—2015)。

(4) 在监测仪器室内为水质自动监测系统配置专用动力配电箱。在总配电箱处进行重复接地，确保零、地线分开，其间相位差为零，并在此安装电源防雷设备。

(5) 根据仪器、设备的用电情况，在 380 V 供电条件下总配电采取分相供电：一相用于照明、空调及其他生活用电(220 V),一相供专用稳压电源为仪器系统用电(220 V),另外一相为水泵供电(220 V)。同时在站房配电箱内保留一到两个三相(380 V)和单相(220 V)电源接线端备用。

(6) 系统应配备 UPS 和三相稳压电源,功率应保证突然断电后各自动分析仪能继续完成本次测量周期。

(7) 电源动力线和通信线、信号线相互屏蔽,以免产生电磁干扰。

2. 站房给、排水要求

(1) 给水系统:站房应根据仪器、设备、生活等对水质、水压和水量的要求分别设置给水系统。

站房内引入自来水(或井水),必要时加设高位水箱。自来水的水量瞬时最大流量 3 m^3/h,压力不小于 0.5 kg/m^2,保证每次清洗用量不小于 1 m^3。

(2) 排水系统:站房的总排水必须排入水站采水点的下游,排水点与采水点间的距离应大于 20 m。各类试剂废水按照危险废物管理要求,单独收集、存放和储运,并统一处置。

站房内的采样回水汇入排水总管道,并经外排水管道排入相应排水点,排水总管径不小于 DN150,以保证排水畅通,并注意配备防冻措施。排水管出水口高于河水最高洪水水位的,设在采水点下游。站房生活污水纳入城市污水管网送污水处理厂处理,或经污水处理设施处理达标后排放,排放点应设在采水点下游。

3. 站房通信要求

固定站房网络通信建设应以光纤/ADSL 有线网络传输为主,现场条件不具备的情况下,可选用无线网络进行传输,站点现场应通过手机等通信设备进行通话测试,通信方式应选择至少两家通信运营商,无线传输网络(固定 IP 优先)应满足数据传输要求及视频远程查看要求,传输带宽不小于 20 M。

水上固定平台通信在没有运营商网络覆盖的情况下,可采用微波中继等辅助传输方式。

4. 站房防雷要求

站房防雷系统应符合现行国家标准《建筑防雷设计规范》(GB 50057—2010)的规定,并应由具有相关资质的单位进行设计、施工以及验收。

水站内集中了多种电气系统,需预防雷电入侵的主要有三种途径,包括电源系统、通道和信号系统、接地系统。

具体要求如下:

(1) 对于直击雷的防护:采用避雷针是最首要、最基本的措施,完整的防雷装置应包括接闪器、引下线和接地装置。

(2) 电源系统、通信系统的防护:在总电源处加装避雷箱,内装多级集成避雷器。避雷器本身具有三级保护,串接在电源回路中可靠地将电涌电流泄入大地,保护设备安全。

如不用避雷箱,按照分区防护的原则,一般选并联的避雷器,选用通流容量比较大的,作为第一级防护。在总电源进线开关下口加装电源电涌保护器作为电源的一级保护,在稳压器后加装多级集成式电涌保护器。

通信系统防护：对于卫星通信系统，应在馈线电缆进入站房时安装同轴馈线保护器；对于电话线系统，应采用电话线路防雷保护器。利用铜质线缆的数据信号专线，在设备的接口处应加装信号专线电涌保护器，该保护器应是内多级保护，要依据被保护设备传输的信号电压、信号电流、传输速率、线路等效阻抗及衰耗要求，同时考虑机械接口等配置电涌保护器。

地表水自动监测站站内管线选用金属管道、金属槽道或有屏蔽功能的 PVC 塑料管，并且将两端与保护地线相连。

(3) 接地系统：站房内电源保护接地与建筑物防雷保护接地之间要加装等电位均衡器，正常情况下回路内各用自己的保护接地，当某点出现雷击高电压时，两地之间保持等电位。站房内设置等电位公共接地环网，使需要有保护接地的各类设备和线路，做到就近接地。

5. 站房安全防护要求

(1) 站房耐火等级应符合现行国家标准《建筑设计防火规范》(GB 50016—2014)的规定。

(2) 站房与其他建筑物合建时，应单独设置防火区、隔离区。

(3) 站房应设火灾自动报警及自动灭火装置；火灾自动报警系统的设计应符合现行国家标准《火灾自动报警系统设计规范》(GB 50116—2013)的规定；配置的自动灭火装置，需有国家强制性产品认证证书。自动灭火装置触发可靠，灭火时间短，灭火干粉对人和仪器无损害，体积美观实用，与站房和仪器系统整体协调。

(4) 站房内应至少配置感烟式探测器；为防止感烟式探测器误报，宜采用感烟、感温两种探测器组合。

(5) 站房内使用的材料须为耐火材料。

(6) 站房应设置防盗措施，门窗加装防盗网和红外报警系统，大门设置门禁装置。

(7) 抗震：场地地震基本烈度为 7 度，抗震按 7 度设防，设计基本地震加速为 0.10 g，设计特征周期为 0.35 s，设计地震分组第一组，建筑物场地土壤类别为Ⅱ类。

6. 站房暖通要求

站房结构需采取必要的保温措施，站房内有空调和冬季采暖设备，室内温度应当保持在 18～28 ℃，湿度在 60% 以内，空调为立柜式冷暖两用，功率不低于 2 匹，适用面积不低于 30 m^2，具备来电自动复位功能，并根据温度要求自动运行。在北方寒冷地区应配备电暖气等单独供暖设备，保障室内设备的正常工作。

7. 站房装修要求

(1) 仪器室要求：

①仪器室内地面应铺设防水、防滑地面砖，离地 1.5 m 高度以下铺设墙面砖，并在室内所需位置设置地漏，仪器摆放顺序从远离配电系统可分别为五参数/预处理单元、氨氮、高锰酸盐指数、总磷总氮、其他特征污染物仪器及主控制柜。

②监测系统采水和排水：仪器室内预留 30 cm 深地沟，地沟上面加盖板(需便于取放)，地沟的地漏和站房排水系统相连。

③电缆和插座：配电箱中预留一根 Ø50 聚氯乙烯线管到地沟中，四周墙上预留五孔插座，墙上的五孔插座高于地面不少于 0.5 m。预留空调插座，空调插座距吊顶或顶部 0.5 m。配电箱预留五芯供电线路至自动监测系统控制柜位置。

④排风扇：仪器室应安装排风扇，若有吊顶，则可做在吊顶上，电源线引至配电箱中。

⑤站房吊顶：根据站房建设情况可安装吊顶，站房内空高度应在 3.2 m 以上。

(2) 质控室要求：

质控室内应至少配有防酸碱化学实验台 1 套(1.5～2 m)和 4 个实验凳，台上可以放置实验室比对仪器，配备冷藏柜以便于试剂存放。备有上下水、洗涤台。

①实验台：主架采用 40 mm×60 mm×1.8 mm 优质方钢，表面经酸洗、磷化、均匀灰白环氧喷涂，化学防锈处理，台面选用复合贴面板台面(1 mm 厚酚醛树脂化学实验用专用板)、实芯板台面(12.7 mm 厚酚醛树脂板化学实验用专用板)或环氧树脂台面(20 mm 厚)，具备耐强酸碱腐蚀、耐磨性、耐冲击性、耐污染性要求，底座可调节。

②洗涤台：主架与台面应与实验台保持一致，洗涤槽采用 PP 材料，水龙头采用两联或三联化验水龙头，底座可调节。

③上水：水管采用 PP－R 材质，热熔连接，不渗漏。

④下水：实验区排水全部采用防腐蚀耐酸碱材质(PP)，达到排水不渗漏不腐蚀。

⑤插座：实验台处预留至少 2 个五孔插座，实验台处五孔插座及灯开关高于地板 1.3 m。

⑥冷藏柜：应配备冷藏容量不小于 120 L 的冰柜一台。

(3) 值班室要求：值班室主要供站房看护人员使用，一般不小于 30 m^2。值班室应配备一台空调(变频冷暖 1 匹)、值班用办公桌一张、椅子两把。考虑到工作人员在水站工作的方便，建议修建卫生间(厕所)。其他设施可根据需要考虑。

8. 视频监控单元技术要求

视频监控单元由前端系统、传输网络和监控平台三部分组成，可远程监视水质自动监测站内设备(采水单元、自动监测分析仪器、供电系统、数据采集及传输系统等)的整体运行情况，观察取水工程(取样水泵、浮台等)工作状况，水站周边的水位、流量等水文情况，同时也可观察水站院落、站房、供电线路等周边环境。其中，前端系统主要对监控区域现场视音频、环境信息、报警信息等进行采集、编码、储存及上传，并通过客户端平台预置的规则进行自动化联动；传输网络主要用于前端与平台、平台之间的通信，确保前端系统的视音频、环境信息、报警信息可实时稳定上传至监控中心；监控平台主要用于对监控设备的控制和满足用户查看环境信息、视音频资料。

(1) 视频监控单元功能要求：

①实时监控功能：可实现 24 h 不间断监控，实时获取监控区域内清晰的监控图像。

②云台操作功能：可实现全方位、多视角、无盲区、全天候式监控。

③录像存储功能：支持前端存储和中心存储两种模式，既可通过前端的视音信号接入视频处理单元存储数据，满足前端存储的需要，供事后调查取证；也可通过部署存储服务器和存储设备，满足大容量多通道并发的中心存储需要。

④语音监听功能。

⑤远程维护功能：可通过平台软件对前端设备进行校时、重启、修正参数、软件升级、远程维护等操作。

(2) 前端视频监控设备布设要求：

①站房外取水口：安装在靠近取水口岸边，并考虑50 年一遇的防洪要求，用于监控取水

口及站房周边情况。监控设备可水平 360°旋转，竖直－5°～185°旋转。

②站房进门处：安装在站房大门附近墙壁上，用以监控人员进出站房情况。监控设备应配置枪机，固定监控视角。

③站房仪表间：安装在集成机柜正面墙壁上，用于监控仪表间内部设备运行情况。监控设备可水平 360°旋转，竖直－5°～185°旋转。

（3）前端视频监控设备技术要求：

①网络红外球型摄像机：球机带云台，可水平 360°旋转，竖直－5°～185°旋转；带红外线，支持夜间查看。

②高清网络录像机：应选用可接驳符合 ONVIF、PSLA、RTSP 标准及众多主流厂商的网络摄像机；支持不低于 200 万像素高清网络视频的预览、存储和回放；支持 IPC 集中管理，包括 IPC 参数配置、信息的导入/导出、语音对讲和升级等；支持智能搜索、回放及备份。

第三节　地表水水质自动监测系统验收

一、总体要求

地表水水质自动监测系统验收包括站房及外部保障设施建设验收、仪器设备验收和数据传输及数据平台验收。验收具体内容及相应表格参照《地表水自动监测技术规范（试行）》（HJ 915—2017）中附录 C。

二、验收条件

地表水水质自动监测系统验收应具备以下条件：

（1）站房的供电、通信、供水、交通以及防雷、防火、防盗等基础设施满足要求。

（2）监测仪器设备及配件按照合同约定供货，外观无损。

（3）完成仪器性能测试、比对实验，技术指标满足国家相关技术规范和合同的要求。

（4）完成水质自动监测系统的通信测试，水站数据上传至数据平台。

（5）完成地表水水质自动监测系统至少连续 30 d 的运行。

（6）建立地表水水质自动监测系统档案，编制验收报告。

三、验收程序

（1）进行仪器性能测试和实验室比对，委托有资质单位对站房供电、防雷等基础设施进行检定，并按规定时间进行试运行。

（2）编制验收报告，提出验收申请。

（3）检查现场完成情况，组织召开验收会，形成验收意见。

（4）整理验收资料并存档。

四、验收内容

（一）站房及外部保障设施验收

站房及外部保障设施的竣工验收应符合国家标准、现行质量检验评定标准、施工验收规范、经审查通过的设计文件及有关法律、法规、规章和规范性文件的要求。检查工程实体质量，检查工程建设参与各方所提供的竣工资料，对建筑工程的使用功能进行抽查、试验。验收过程中发现问题，达不到竣工验收标准时，应责成建设方立即整改，重新确定时间组织竣工验收。

（二）仪器设备验收

1. 到货验收

依据合同对每台自动监测仪器设备、系统集成设备、数据平台硬件系统、数据采集控制系统等进行清点；按照装箱单核对具体设备、备件的出厂编号和数量；检查设备、备件的外观，对出现外观损坏的部位拍照并按合同约定进行处理。

2. 仪器设备性能验收

仪器设备性能验收主要是针对标准中规定的仪器设备性能指标进行测试，每台设备都应在符合要求的环境中进行，检验指标和判定标准满足表 5.2 中的相关指标、有关的标准及合同要求。验收的主要内容包括但不限于以下内容：仪器安装、通电、预热测试，仪器初始化测试，仪器基本功能核查，检出限、准确度、精密度、标准曲线检查，零点漂移、量程漂移和响应时间检查，重复性或重复性误差检查，实际水样比对，记录结果并汇总。

3. 数据传输及数据平台验收

在自动监测仪器设备性能验收合格的前提下，检查自动监测系统数据传输、数据平台功能、软件性能等指标是否达到国家标准及合同有关技术指标的要求。

表 5.2　水质自动监测系统仪器性能指标技术要求

监测项目	检测方法	检出限	精密度	准确度	稳定性		标准曲线相关系数	加标回收率	实际水样比对
					零点漂移	量程漂移			
pH	电极法	—	—	± 0.1	—	± 0.1	—	—	± 0.1
水温/°C	电极法	—	—	± 0.2	—	±0.2	± 0.3	—	± 0.2
溶解氧/(mg/L)	电极法	—	—	± 0.3	± 0.3	± 0.3	—		± 0.3
电导率/(μs/cm)	电极法	—	± 1%	± 1%	± 1%	± 1%	—	—	± 10%
浊度/NTU	电极法	—	± 5%	± 5%	± 3%	± 5%	—	—	± 10%
氨氮/(mg/L)	电极法	0.1	± 5%	± 10%	± 5%	± 5%	≥0.995	80% ～ 120%	②
	光度法	0.05	± 5%	± 5%	± 5%	± 5%	≥0.995	80% ～ 120%	

续表

监测项目	检测方法	检出限	精密度	准确度	稳定性		标准曲线相关系数	加标回收率	实际水样比对
					零点漂移	量程漂移			
高锰酸盐指数/(mg/L)	电极法、光度法	1	± 5%	± 10%	± 5%	± 5%	≥0.995	—	②
总有机碳/(mg/L)	干式、湿式氧化法	0.3	± 5%	± 5%	± 5%	± 5%	≥ 0.999	80% ～ 120%	②
总氮/(mg/L)	光度法	0.1	± 10%	± 10%	± 5%	± 10%	≥0.995	80%～120%	②
总磷/(mg/L)	光度法	0.01	± 10%	± 10%	± 5%	± 10%	≥0.995	80%～120%	②
生化需氧量/(mg/L)	微生物	2	± 10%	± 10%	± 5%	± 10%	≥ 0.995	80%～120%	②
其他污染指标	—	①	②						

注：①须优于 GB 3838—2002 规定的标准限值(GB 3838—2002 表 1 中的指标须优于 I 类标准限值)。

②当 $C_x > B_{\text{IV}}$，比对实验的相对误差在 20%以内；

当 $B_{\text{II}} < C_x < B_{\text{IV}}$，比对实验的相对误差在 30%以内；

当 $4DL < C_x < B_{\text{II}}$，比对实验的相对误差在 40%以内；

当自动监测数据和实验室分析结果双方都未检出，或有一方未检出且另一方的测定值低于 B_{I}时，均认定比对实验结果合格。

式中：C_x——仪器测定浓度；

B——GB 3838—2002 表 1 中相应的水质类别标准限值；

4DL——测定下限。

③须满足仪器出厂技术指标要求。

五、验收结果

由建设单位组建专家组，对设备情况、安装情况、设备性能、试运行情况、验收监测结果等进行会审，会审通过后，由建设单位安排后续运行工作，完成合同履约；会审不通过将给予专家意见，要求在既定时间内整改完成，由安装单位再次申请二次验收。

第六章　地表水水质自动监测方法原理

我国地表水水质自动监测系统所监测项目可以分为常规监测指标和特征监测指标。常规指标主要为水质五参数（水温、pH、溶解氧、电导率、浊度）、高锰酸盐指数、氨氮、总磷、总氮等；特征监测指标主要为叶绿素 a、蓝绿藻密度、重金属、生物毒性、VOCs、粪大肠菌群等。各监测项目的自动监测分析方法见表 6.1。

表 6.1　地表水水质自动监测指标及分析方法

类别	监测项目	分析方法
常规监测指标	水温	热敏电阻法、热电阻法
	pH	玻璃电极法
	溶解氧	膜电极法、荧光法
	电导率	电导池法
	浊度	90°光散射法
	高锰酸盐指数	分光光度法、流动注射-分光光度法、电位滴定法
	氨氮	离子选择电极（氨气敏电极）法、水杨酸/纳氏试剂分光光度法、流动注射-分光光度法
	总磷	高温消解－钼酸铵分光光度法、流动注射-分光光度法
	总氮	过硫酸钾消解-紫外分光光度法
特征监测指标	叶绿素 a	荧光法
	蓝绿藻密度	荧光法
	重金属	阳极伏安溶出法
	生物毒性	发光菌法、生物活性鱼法
	VOCs	气相色谱法
	粪大肠菌群	酶-底物法

第一节　常规监测指标

一、水温

水的物理化学性质与水温有密切关系。水中溶解性气体（如 O_2、CO_2 等）的溶解度、水生生物和微生物活动、化学和生物化学反应速度及盐度、pH 等都受水温变化的影响。

水温作为现场监测的项目之一，常用 pH 内置的温度元件（热敏电阻/热电阻）进行测量。

(1) 热敏电阻：利用半导体的热敏性制成的电阻。用在电讯和自动机械的控制系统中，常用来制成温度计等专用的检测元件。如：NTC300，NTC（负温度系数热敏电阻器）在温度越高时电阻值越低。

(2) 热电阻：热电阻是中低温区最常用的一种温度检测器。它的主要特点是测量精度高、性能稳定。其中铂热电阻的测量精确度是最高的，它不仅广泛应用于工业测温，而且被制成标准的基准仪。PT1000 是铂热电阻，它的阻值会随着温度的变化而改变。PT 后的 1000 即表示它在 0 ℃时阻值为 1000 Ω，在 300 ℃时它的阻值约为 2120.515 Ω。

二、pH

天然水的 pH 多在 6～9，这也是我国污水排放标准中的 pH 控制范围，pH 是水化学中常用的和最重要的监测项目之一。由于 pH 受水温影响而变化，测定时应注意温度的影响。

目前，pH 自动分析仪中的传感器普遍采用将指示电极和参比电极组装在一个探头壳体中的复合电极。电极测 pH 时是通过测量电极和参比电极之间的电位来实现的，如图 6.1 所示。

电极在接触溶液时，其玻璃膜上会形成一个随 pH 变化而变化的电势，且该电势需与另一个恒定的电势进行比较，这个恒定电势是由参比电极来提供的，它不会因溶液中 pH 的大小而变化。pH 电极不应暴露在空气中，会缩短其使用寿命，使电极失效。

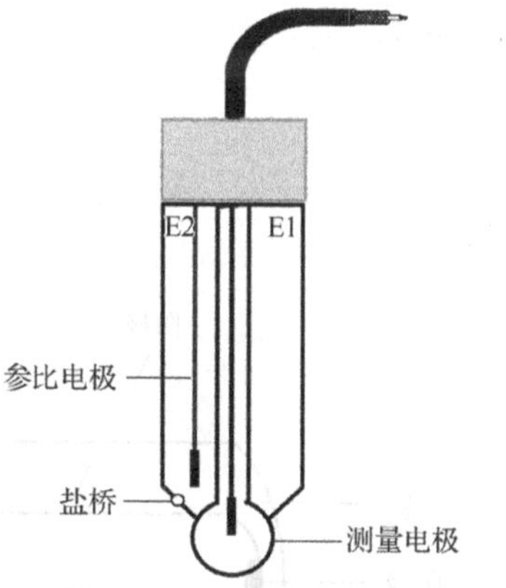

图 6.1 pH 电极示意图

三、溶解氧

溶解在水中的分子态氧称为溶解氧。天然水的溶解氧含量取决于水体与大气中氧的平衡，溶解氧的饱和含量和空气中氧的分压、大气压力、水温等有密切关系，清洁的地表水溶解氧一般接近饱和。

目前溶解氧的在线监测方法主要有电化学法（Clark 溶氧膜电极法）、荧光法等。

(一) 膜电极法

膜电极法是电流测定法，根据分子氧透过薄膜的扩散速率来测定水中溶解氧的含量。整个电化学测试系统包括一个铂阴极（工作电极 A）和两个银电极（其中一个银电极为计数阳极 G,另一个为参考电极 R)及氯化钾或氢氧化钾电解液组成,如图 6.2 所示。

溶解氧电极用一薄膜将铂阴极、银阳极以及电解质与外界隔开,一般情况下阴极几乎是和这层膜直接接触的。氧以和其分压成正比的比率透过膜扩散,氧分压越大,透过膜的氧就越多。当给溶解氧电极加上极化电压时,氧通过膜扩散到电解液中,阴极释放电子,阳极接受电子,产生电流。流过溶解氧分析仪电极的电流和氧分压成正比,在温度不变的情况下,电流和氧浓度之间呈线性关系。只需将测得的电流转换为浓度单位即可。

(二) 荧光法

荧光法溶解氧传感器基于荧光猝熄原理,如图 6.3 所示。光电传感器向荧光层发射绿色脉冲光,绿色脉冲光照射到荧光物质上使荧光物质激发并发出红光,由于氧分子可以带走能量(猝熄效应),所以激发的红光的时间和强度与氧分子的浓度成反比。通过测量激发红光与参比光的相位差,并与内部标定值对比,从而可计算出氧分子的浓度。

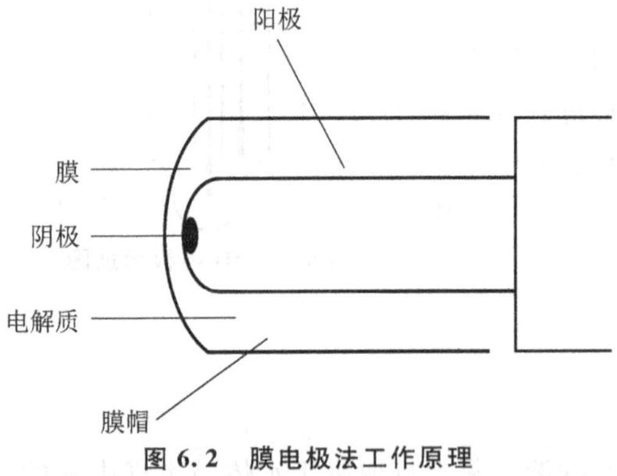

图 6.2 膜电极法工作原理

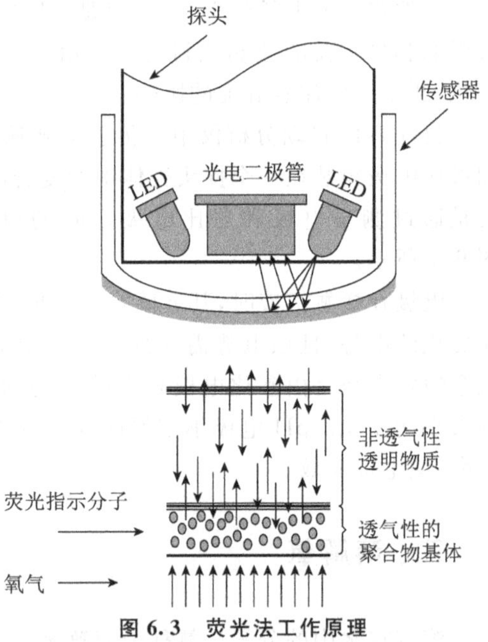

图 6.3 荧光法工作原理

四、浊度

浊度是指水中悬浮物对光线透过时所发生的阻碍程度。水中的悬浮物一般是泥土、砂粒、微细的有机物和无机物、浮游生物、微生物和胶体物质等。水的浊度不仅与水中悬浮物质的含量有关,而且与它们的大小、形状及折射系数等也有关。

浊度传感器采用国际标准 ISO 7027 方法。如图 6.4 所示,LED 光源发射红外光,经过发射光纤后照射到水中的悬浮颗粒,发生散射效应。散射光经过接收光纤传输到光电检测器，经过光电转换及一系列的信号处理和软件计算后，获得样品的浊度值。

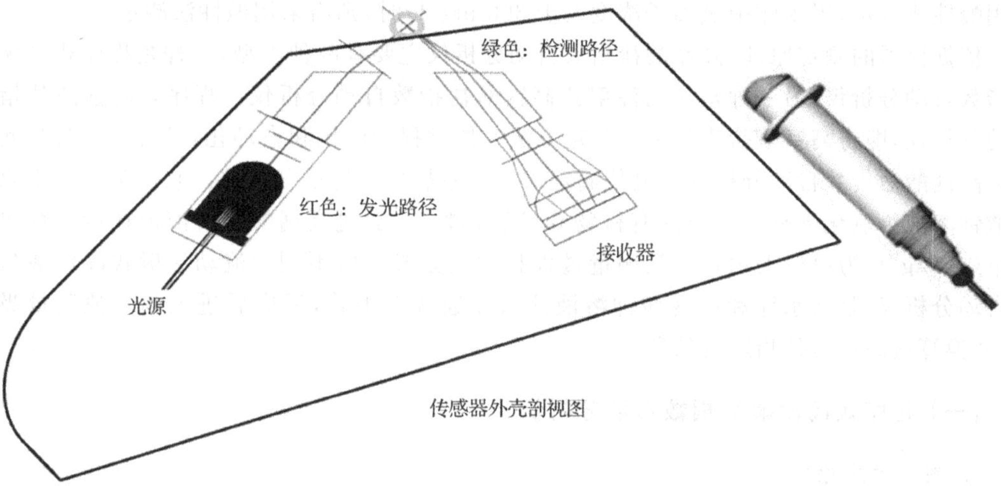

图 6.4 浊度仪传感器工作原理

五、电导率

电导率是物理学概念，也可以称为导电率，表示溶液导电能力的大小。由于溶液内离子的电荷有助于导电，因此溶液的电导率和其离子浓度成正比。

电导率是以数字表示溶液传导电流的能力。纯水电导率很小，当水中含无机酸、碱或盐时，电导率增加。水溶液的电导率取决于离子的性质和浓度、溶液的温度和黏度等。

电导率分析仪的测量原理是将两块平行的极板（如图 6.5 所示），放到被测溶液中，在极板的两端加上一定的电势（通常为正弦波电压），然后测量极板间流过的电流。根据欧姆定律，电导(G)是电阻(R)的倒数，是由导体本身决定的。

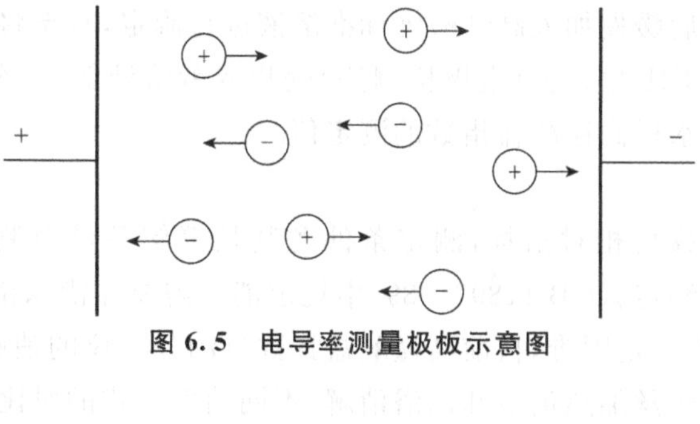

图 6.5 电导率测量极板示意图

六、高锰酸盐指数

高锰酸盐指数是指在一定条件下，用高锰酸钾氧化水样中的某些有机物及无机还原物质，由消耗的高锰酸钾量计算相当的氧量，表示单位为氧的毫克/升(O_2，mg/L)。在《地表水环境质量标准》(GB 3838—2002)中，高锰酸盐指数被列为地表水环境质量标准基本项目。

根据水体中氯离子含量不同，高锰酸盐指数测定分为酸性法和碱性法，常规地表水一般采用酸性法测定，当水样中氯离子浓度大于 300 mg/L 时，则需采用碱性法测定。

依据仪器的测定原理，高锰酸盐指数自动分析仪主要有两种类型，一种是程序式高锰酸盐指数自动分析仪，另一种是流动注射式高锰酸盐指数自动分析仪。程序式高锰酸盐指数自动分析仪，即将高锰酸盐指数标准测定方法操作过程程序化和自动化，又可以分为分光光度式高锰酸盐指数自动分析仪和电位滴定式高锰酸盐指数自动分析仪。它们都是基于以高锰酸钾溶液为氧化剂氧化水中的有机物等可氧化物质，通过高锰酸钾溶液消耗量计算出耗氧量(以 mg/L 为单位表示)，只是测量过程和测量方式有所不同。流动注射式高锰酸盐指数自动分析仪，是将水样和高锰酸钾溶液注入流通式毛细管，反应后进入测量池测量吸光度，并换算成高锰酸盐指数的仪器。

(一) 程序式高锰酸盐指数自动分析仪

1. 测定方法原理

电位滴定式高锰酸盐指数自动分析仪与程序式高锰酸盐指数自动分析仪测定程序相同，只是前者是用指示电极系统电位的变化指示滴定终点。电位滴定式高锰酸盐指数自动分析仪与程序式高锰酸盐指数自动分析仪的分析检测方法如图 6.6 所示。

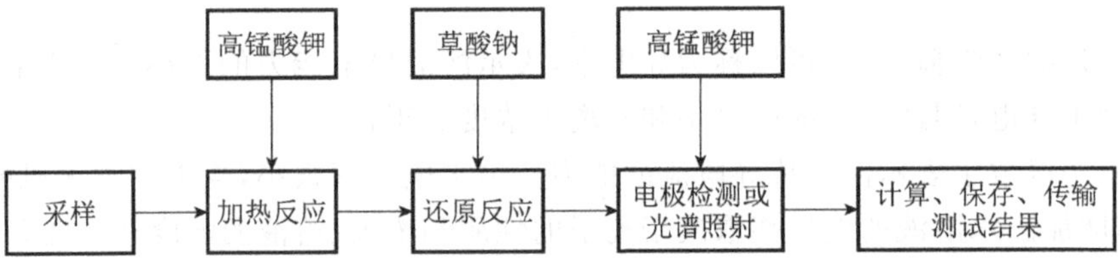

图 6.6　高锰酸盐指数分析流程示意图

水样进入仪器的反应室后，加入硫酸(碱性法测定时加入氢氧化钠)和定量的高锰酸钾，加热到一定温度进行消解，消解完成后加入过量草酸钠(碱性法测定时先加入硫酸酸化)还原剩余的高锰酸钾，然后缓慢加入高锰酸钾标准溶液进行滴定，直至将多余的草酸钠全部氧化。此时根据溶液的 ORP 电位值(电极检测法)变化或者溶液颜色(分光光度法)的变化来判定滴定终点，并计算水样高锰酸盐指数的测定值。

2. 消解方法

因为高锰酸盐指数是相对指标，测定条件尤其是消解条件对测量结果的影响极大，《水质高锰酸盐指数的测定》(GB 11892—89)中规定消解需要在沸水浴中消解 30 min，但是在自动分析仪上实现有一定困难，目前高锰酸盐指数自动分析仪的消解方法主要分为 3 种：溶液直接加热消解、电热丝加热消解和油浴消解，不同消解方式的对比见表 6.2。

表 6.2　高锰酸盐指数自动分析仪消解方法对比

消解方式	消解时长	消解效率	部件成本	维护成本	试剂量
直接加热	10 min	较高	低	低	高
电热丝加热	10 min	较高	较高	高	低
油浴消解	30 min	高	高	高	高

(1) 直接加热消解法:加热器安装在消解杯中,加热器外壳由耐高温、耐酸碱腐蚀的稀有金属组成,不对溶液的成分造成干扰,反应时发热部分没入溶液中直接加热,温度信号由温度传感器传输到中央控制器,据此控制加热器的工作状态,保证反应在设定的温度范围内进行。

在消解杯内放置磁力搅拌子,由消解杯底部的搅拌马达带动旋转搅拌,搅拌速度可以自由调节,保障溶液混合均匀,使反应及时快速地进行。

同时在消解杯上方有冷凝管,对蒸发的水样进行空气冷凝回流,以避免消解过程中由于样品挥发造成测量误差。

溶液直接加热消解效率较高,所以反应时间一般较短,水样进样量也与国标接近。同时,搅拌子直接搅拌的方式使滴定反应更快速和均匀。

(2) 电热丝消解:在消解杯的外部缠绕电热丝加热,温度信号由温度传感器控制。溶液反应时采用注入空气的方式进行搅拌。

一般采用电热丝消解时,水样的进样量比较小,否则加热温度波动会较大。

(3) 油浴消解:消解杯夹层中加入导热硅油,通过加热器对硅油加热并保持在设定的温度,温度传感器浸没于硅油中,用于导热硅油的温度控制。

油浴加热消解更接近于国标方法中规定的水浴加热消解,消解时间也较长,一般在30 min左右。

3. 滴定终点判定方式

高锰酸盐指数自动分析仪的滴定终点判定方式有两种,一种是比色法,另一种是ORP电极电位法。

(1) 比色法判定滴定终点:高锰酸钾溶液呈现明显的红色,在用高锰酸钾溶液滴定水样中过量的草酸钠时,一旦达到滴定终点,反应溶液由草酸钠过量转变为高锰酸钾过量,溶液也由无色转变为红色。

在消解杯上安装比色计,如图6.7所示。溶液颜色的变化引起光度计光度值的变化,从而判断达到滴定终点。

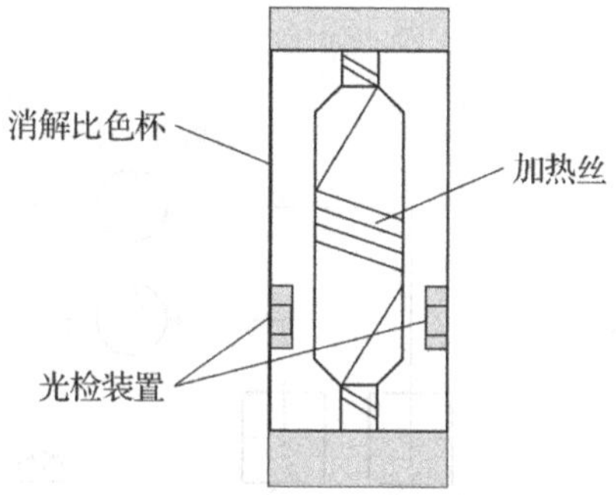

图6.7　比色法设备示意图

当水样比较混浊或者色度较高的时候,会对比色法造成干扰,使滴定终点的判断出现错误。

(2) ORP电极电位法判定滴定终点:ORP电极电位会随着溶液的氧化性强弱发生变化,而在高锰酸盐指数的测定中,当溶液中草酸钠过量时,溶液氧化性较弱,ORP电极的电位也会比较低,当达到滴定终点时,反应溶液由草酸钠过量转变为高锰酸钾过量,此时溶液的氧化性变强,ORP电极的电位会在此过程中产生突变,如图6.8所示。

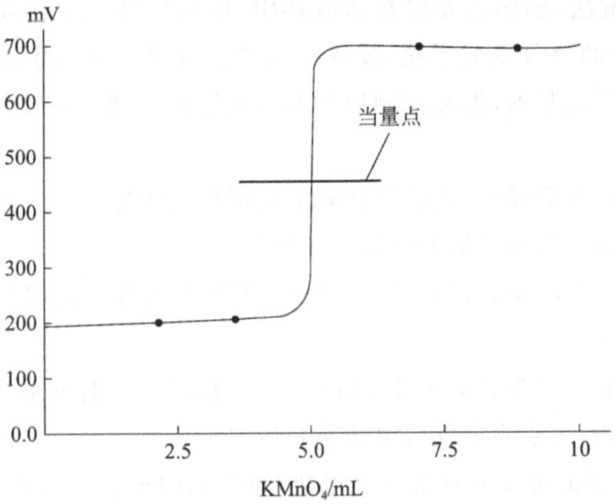

图 6.8　高锰酸盐滴定曲线

(二) 流动注射式高锰酸盐指数自动分析仪

流动注射式高锰酸盐指数自动分析仪的工作原理如图 6.9 所示。在自动控制系统的控制下,载流液由陶瓷恒流泵连续输送至反应管道中,当按照预定程序通过电磁阀将水样和高锰酸钾溶液切入反应管道(流通式毛细管)后,被载流液载带,并在向前流动过程中与载流液渐渐混合,在高温、高压条件下快速反应后,经过冷却,流过流通式比色池,由分光光度计测量液流中剩余高锰酸钾对 530 nm 波长光吸收后透过光强度的变化值,获得具有峰值的响应曲线,将其峰高与标准水样的峰高比较,自动计算出水样的高锰酸盐指数。完成一次测定后,用载流液清洗管道,再进行下一次测定。

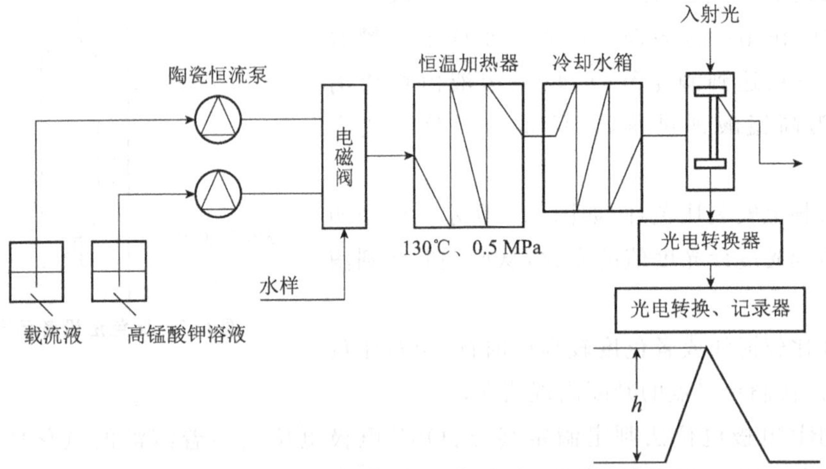

图 6.9　流动注射式高锰酸盐指数自动分析仪工作原理

七、氨氮

氨氮是指水中以游离氨(NH_3)和铵离子(NH_4^+)形式存在的氮,在《地表水环境质量标准》

(GB 3838—2002)中，氨氮是评价地表水和集中式生活饮用水地表水源地水质的基本项目。

依据仪器的测定原理，氨氮自动分析的方法主要有分光光度法、氨气敏电极法和滴定法。

(一) 分光光度法

分光光度法氨氮自动分析仪有两种类型。一种是将手工测定的标准方法(如水杨酸-次氯酸盐分光光度法或纳氏试剂分光光度法)操作程序化和自动化的氨氮自动分析仪，另一种是流动注射-分光光度式氨氮自动分析仪。

1. 纳氏试剂分光光度法

纳氏试剂分光光度法的原理为：水样经过预处理(蒸馏、过滤、吹脱)后，在碱性条件下，水中离子态铵转换为游离氨，然后加入一定量的纳氏试剂，游离态氨与纳氏试剂反应生成黄色络合物，分析仪器在 420 nm 波长处测定反应液吸光度 A，由 A 值查询标准工作曲线，计算氨氮含量。纳氏试剂分光光度法稳定性好、重现性好，试剂储存时间长，适用于生活污水、工业污染源、地表水中氨氮含量的测量。

纳氏试剂分光光度法氨氮自动分析仪工作原理如图 6.10 所示。氨氮自动分析仪通过计算机系统的控制，自动完成水样采集。水样进入反应室，经掩蔽剂消除干扰后水样中以游离态的氨(NH_3)或铵离子(NH_4^+)等形式存在的氨氮与反应液充分反应生成黄棕色络合物，该络合物的色度与氨氮的含量成正比。反应后的混合液进入比色室，运用光电比色法检测到与色度相关的电压，通过信号放大器放大后，传输给计算机系统。计算机系统经过数据处理后，显示氨氮浓度值并进行数据存储、处理与传输。

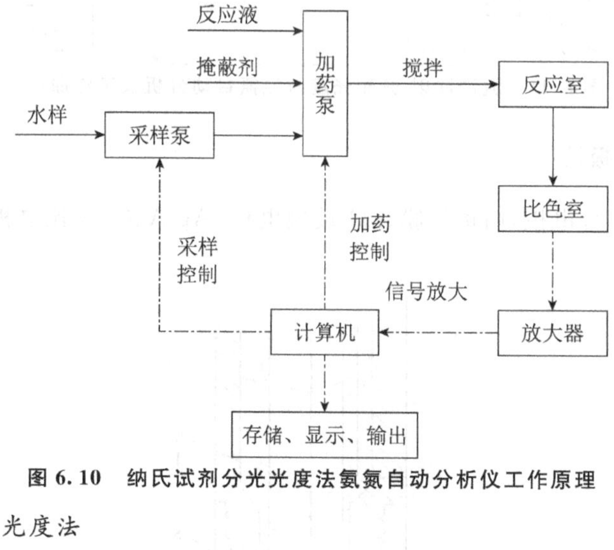

图 6.10　纳氏试剂分光光度法氨氮自动分析仪工作原理

2. 水杨酸分光光度法

水杨酸分光光度法的原理为：在硝普钠的存在下，样品中游离氨、铵离子与水杨酸盐以及次氯酸根离子反应生成蓝色化合物，在约 670 nm 处测定吸光度 A，由 A 查询标准工作曲线，计算出氨氮的含量。水杨酸分光光度法具有灵敏、稳定等优点，干扰情况和消除方法与纳氏试剂比色法相同，但试剂存放时间较短。

水杨酸分光光度法氨氮自动分析仪工作原理为：自动分析仪通过计算机系统的控制，自动完成水样采集。水样被导入一个样品池，与定量的 NaOH 混合，样品中所有的铵盐转换成为气态氨,气态氨扩散到一个装有定量指示剂(水杨酸)的比色池中,氨气再被溶解,生成 NH_4^+。加入 NH_4^+ 在强碱性介质中,与水杨酸盐和次氯酸离子反应,在硝普钠的催化下,生成水溶性的蓝色化合物,仪器内置双光束、双滤光片比色计,测量溶液颜色的改变(测定波长为 670 nm),从而得到氨氮的浓度。加入酒石酸钾掩蔽可除去阳离子(特别是钙、镁离子)的干扰。

3. 流动注射-分光光度法

流动注射-分光光度法氨氮自动分析仪的工作原理如图 6.11 所示。在自动控制系统的控制下,将水样注入由蠕动泵输送来的载流液(NaOH 溶液)中,在毛细管内混合并进行富集后,送入气液分离器的分离室,释放出氨气并透过透气膜,被由恒流泵输送至另一毛细管内的酸碱指示剂(溴百里酚蓝)溶液吸收,发生显色反应,将显色溶液送入分光光度计的流通比色池,用光电检测器测其对特征光的吸光度,获得吸收峰高,通过与标准溶液吸收峰高比较,自动计算出水样的氨氮浓度。

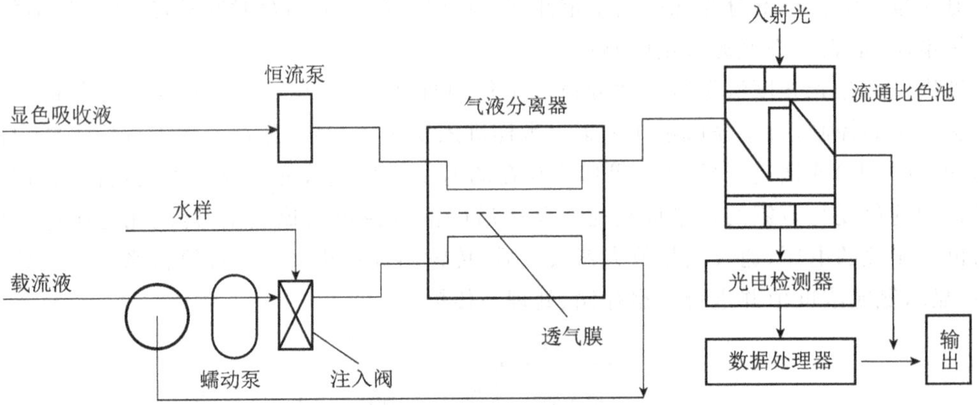

图 6.11 流动注射-分光光度法氨氮自动分析仪工作原理

(二) 氨气敏电极法

氨气敏电极为复合电极,由透气膜、pH 玻璃电极、Ag-AgCl 参比电极和内充液等组成,如图 6.12 所示。

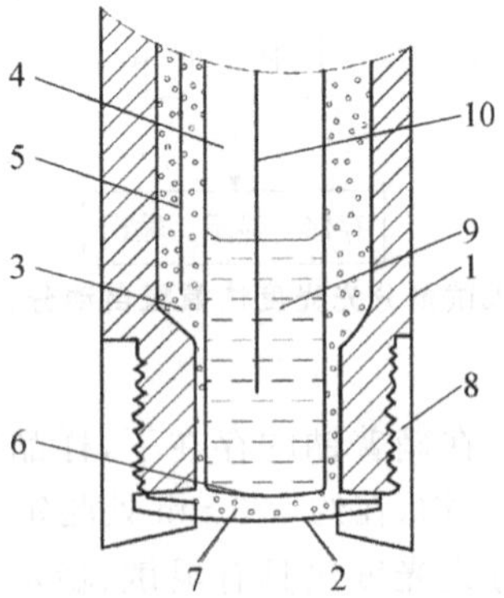

图 6.12 氨气敏电极示意图

1—电极管;2—透气膜;3—内充液(0.1 mol/L NH_4Cl 溶液);4—pH 玻璃电极;5—Ag-AgCl 参比电极;6—pH 玻璃电极敏感膜;7—内参比溶液薄层;8—可卸电极帽;9—pH 玻璃电极内参比溶液;10—pH 玻璃电极内参比电极

电极对放置于盛有 0.1 mol/L 的氯化铵内电解液的塑料管中，管端部紧贴指示剂，电极敏感膜处装有疏水半渗透膜，使内电解液与外部试液隔开，半透膜与 pH 玻璃电极之间有一层很薄的液膜。当水样中加入强碱溶液，将 pH 提高到 11 以上，使水样中的铵盐转化为氨，生成的氨由于扩散作用通过半渗透膜（水和其他粒子则不能通过），使氯化铵电解液膜层内氢离子浓度改变，由 pH 玻璃电极测得其变化，以标准电流信号输出，pH 的变化量正比于氨氮的浓度。

氨气敏电极式氨氮自动分析仪测定流程如图 6.13 所示。测定流程如下：

（1）水样先后经图中阀体 2、1 由计量泵进入测量池体。

（2）试剂经两位阀体 4 由计量泵进入测量池体，并与水样混合。

（3）清洗液经阀体 2、1 由计量泵进入测量池体。

（4）插入测量池体的氨气敏电极与反应样品接触时，氨气敏电极产生随被测离子浓度变化而成比例变化的电信号，此信号被数据处理单元接收处理，最后经显示单元将浓度值显示。

（5）测量后，测量池体中的样品经废水接口流入废水管线。

（6）在进行校准时，仪器不进样品，校准液依次通过电磁阀 3、1 由计量泵进入测量池体。

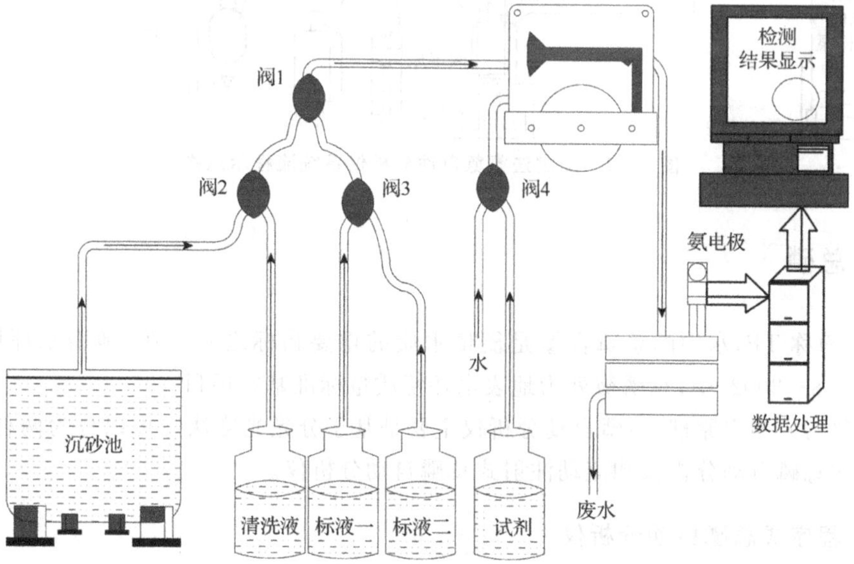

图 6.13　电极法氨氮自动分析仪流程示意图

（三）滴定法

滴定法的基本原理是水样中的氨在碱性条件下被逐出，吸收于弱酸溶液中，利用盐酸滴定吸收液，用电极判断滴定终点，通过滴入盐酸的量计算水样氨氮。

仪器工作原理为：测试样品在综合试剂存在（碱性）条件下，经加热蒸馏、吹脱，样品（水样）中的 NH_4^+ 转化为 NH_3，被冷凝吸收于硼酸溶液中；利用盐酸标准溶液自动进行电位滴定，利用滴定中溶液电位的突跃判定终点。根据滴定中盐酸标准溶液的用量（体积），计算出氨氮的含量，仪器自动显示、存储、打印出结果，并通过网络实现数据远传。滴定法氨氮自动分析仪系统流程如图 6.14 所示。

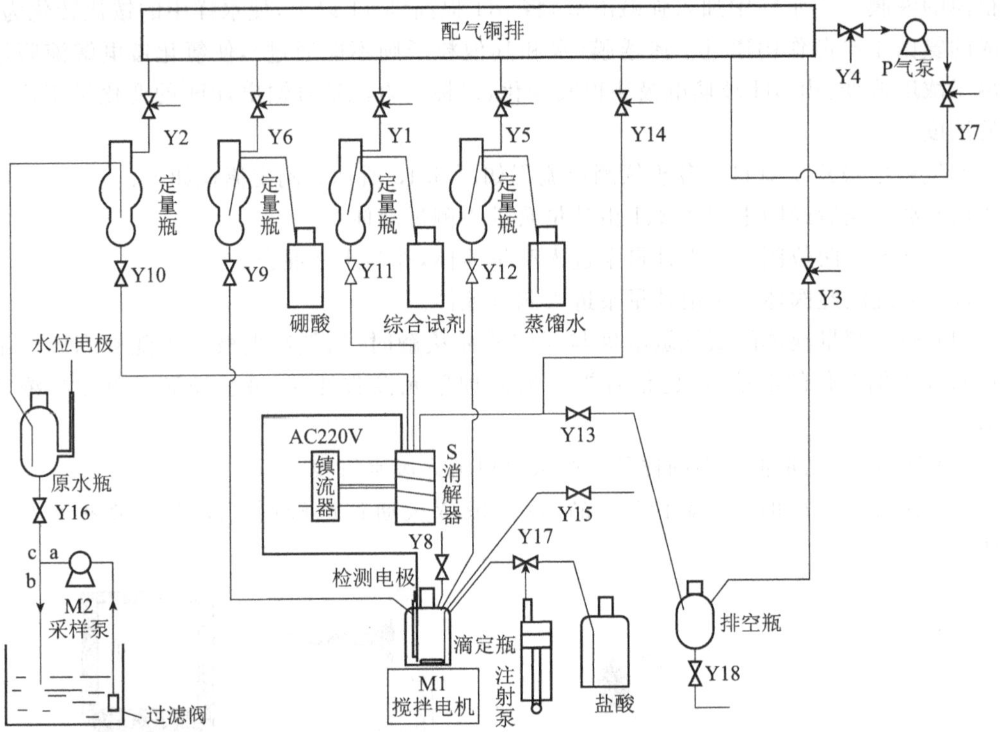

图 6.14　滴定法氨氮自动分析仪系统流程示意图

八、总磷

总磷，简称 TP，水中的总磷含量是衡量水质的重要指标之一。在《地表水环境质量标准》(GB 3838—2002)中，总磷被列为地表水环境质量标准基本项目。

依据仪器的测定原理，总磷自动分析仪主要是基于分光光度法。可以分为两种类型，分别为程序式总磷自动分析仪和流动注射式总磷自动分析仪。

(一) 程序式总磷自动分析仪

程序式总磷自动分析仪主要是基于过硫酸钾-钼酸铵分光光度法的原理，将总磷标准测定方法操作过程程序化和自动化。在中性条件下用过硫酸钾使试样消解，将所含磷全部氧化为正磷酸盐。在酸性介质中，正磷酸盐与钼酸铵反应，在锑盐存在下生成磷钼杂多酸后，立即被抗坏血酸还原，生成蓝色的络合物。该蓝色络合物在 700 nm 波长处有最大吸收。

程序式总磷自动分析仪主要由以下几个模块组成：

(1) 蠕动泵：注入排出泵，将试剂、水样和蒸储水注入和排出测定模块的装置。

(2) 液体传感器：检测玻璃管内是否有液体。

(3) 多位阀:液体方向切换阀,通过蠕动泵将不同试剂、水样和蒸馏水分别注入消解模块和测定模块里面,并排出液体。

(4) 消解池/测定模块:消解水样的装置/用来测定水样 TP 浓度的装置。包含消解池、PT100、高压阀、加热丝。

(5) 截止阀:用于精确控制蠕动泵的取液量。

(6) 电源开关:控制整机电源。

(7) 比色接收:检测消解比色模块比色光电信号强度。

(8) 参比接收:检测消解比色模块参比光电信号强度。

(9) 计量模块:计量模块包含蠕动泵、计量管和液体传感器。计量管:计量液体体积;液体传感器:检测计量玻璃管内是否有液体。

程序式总磷自动分析仪测量流程如图 6.15 所示,样品通过蠕动泵、光电开关组成的计量模块以及多通阀定量输送到消解池中,随后以同样的方式加入一定量的过硫酸钾,在密闭的消解池中加热消解,冷却后加入抗坏血酸和钼酸铵显色,最后以 700 nm(或 880 nm)波长测定吸光度,通过与已经标定完成的曲线对比计算水样中总磷的实际浓度。

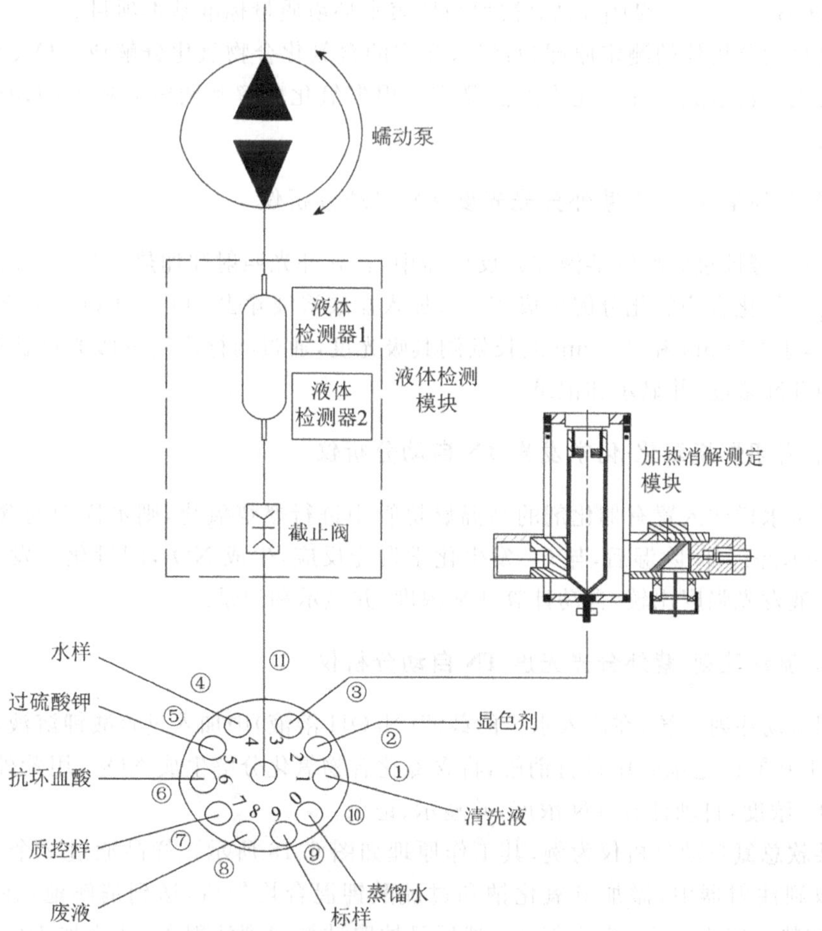

图 6.15　总磷自动分析仪测量流程示意图

（二）流动注射式总磷自动分析仪

流动注射-分光光度式总磷自动分析仪的工作原理与流动注射式高锰酸盐指数自动分析仪大同小异，即在自动控制系统的控制下，按照预定程序由载流液（H_2SO_4溶液）载带水样和过硫酸钾溶液进入毛细管，在150～160 ℃下消解，水样中各种含磷化合物被氧化分解，生成磷酸盐，和加入的酒石酸氧锑钾-钼酸铵溶液进入显色反应管，发生显色反应，生成黄色磷钼杂多酸，再加入抗坏血酸溶液，使之生成磷钼蓝，输送到流通式比色池，测定对700 nm（或880 nm）波长光的吸光度，由数据处理系统通过与标准溶液的吸光度比较，自动计算水样TP浓度，并显示、记录。

九、总氮

总氮，简称TN，水中的总氮含量是衡量水质的重要指标之一。总氮是水体中各种形态的有机和无机氮的总称，即硝酸盐氮、亚硝酸盐氮、氨氮与有机氮的总称。在《地表水环境质量标准》(GB 3838—2002)中，总氮被列为地表水环境质量标准基本项目。

总氮自动分析仪的测定原理为：将水样中的含氮化合物氧化分解成NO_2、NO或NO_3^-，用化学发光分析法或紫外分光光度法测定。根据氧化分解和测定方法不同，有3种TN自动分析仪。

（一）紫外氧化分解-紫外分光光度TN自动分析仪

将水样、碱性过硫酸钾溶液注入反应器中，在紫外光照射和加热至70 ℃条件下消解，则水样中的含氮化合物氧化分解生成NO_3^-；加入盐酸溶液除去CO_2和CO_3^-后，输送到紫外分光光度计，于220 nm和275 nm波长处测其吸光度，通过与标准溶液吸光度比较，自动计算出水样中TN浓度，并显示和记录。

（二）密闭燃烧氧化-化学发光TN自动分析仪

将微量水样注入置有催化剂的高温燃烧管中进行燃烧氧化，则水样中的含氮化合物分解生成NO，经冷却、除湿后，与O_3发生化学发光反应，生成NO_2，测量化学发光强度，通过与标准溶液发光强度比较，自动计算TN浓度，并显示和记录。

（三）流动注射-紫外分光光度TN自动分析仪

利用流动注射系统，在注入水样的载液（NaOH溶液）中加入过硫酸钾溶液，输送到加热至150～160 ℃的毛细管中进行消解，将含氮化合物氧化分解生成NO_3^-，用紫外分光光度法测定NO_3^-浓度，自动计算TN浓度，并显示、记录。

以某款总氮自动分析仪为例，其工作原理如图6.16所示。样品通过2个八通阀、注射器泵抽取到注射器中，添加氢氧化钠和过硫酸钾混合均匀后，送到消解池，在紫外光照射+70 ℃加热消解15 min，生成NO_3^-，然后又抽取试剂回到注射器，并添加HCl去除水中的CO_2和CO_3^{2-}，最后送到检测池在220 nm处测试样品的吸光度，并与满量程总氮标准液及蒸馏水(零点)的吸光度比较,计算后得出样品的总氮浓度。

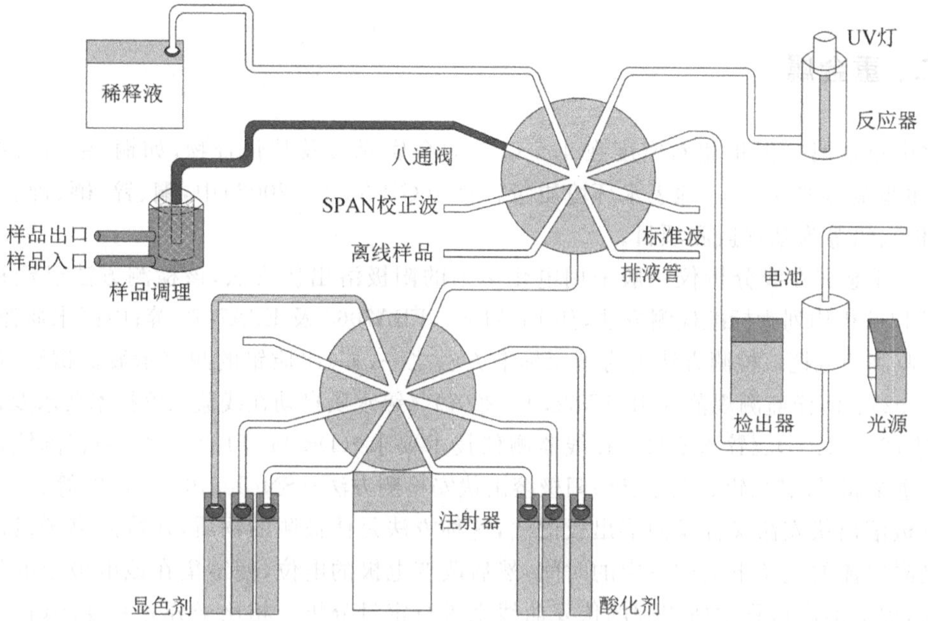

图 6.16　某总氮自动分析仪工作原理

第二节　特征监测指标

一、叶绿素 a/蓝绿藻

叶绿素 a 和蓝绿藻密度通常用来反应浮游植物和水体初级生产力。近年来,随着富营养化、水华和藻类(主要是蓝藻和绿藻)异常频发,危害到饮用水供应和渔业生产,人们对富营养化的关注越来越大。因此,人们对叶绿素 a 和蓝绿藻密度的检测也越来越重视。

叶绿素 a/蓝绿藻自动分析仪是专为水中的叶绿素 a 和蓝绿藻测量而设计的。该分析仪采用特定波长的高亮度 LED 激发水样中植物细胞内的叶绿素 a 或蓝绿藻发出荧光,传感器中的高灵敏度光电转换器会捕捉微弱的荧光信号从而转化为叶绿素 a 或蓝绿藻密度。

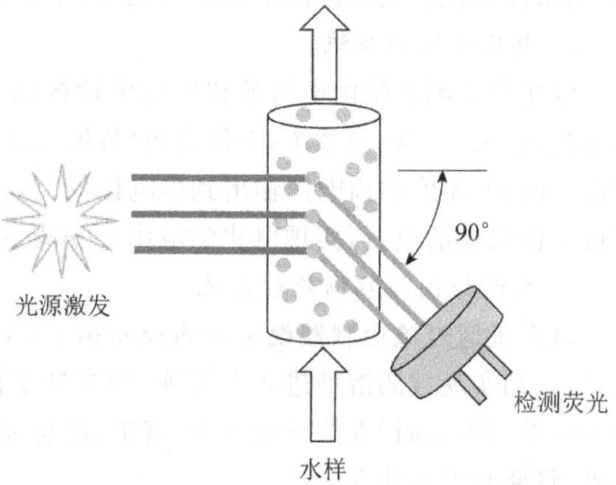

图 6.17　叶绿素 a/蓝绿藻自动分析仪工作原理

叶绿素 a/蓝绿藻自动分析仪原理如图 6.17 所示。不通过提取,直接将激发光照射水体(叶绿素 a 测定用 470 nm;蓝绿藻测定用 590 nm),水体中含叶绿素物质体内的叶绿素 a 或蓝绿藻体内藻青蛋白和衍生的藻蓝蛋白发射出荧光，通过检测荧光获取蓝绿藻的浓度(叶绿素 a 检测 680 nm;蓝绿藻检测 630 nm)。

二、重金属

水中重金属一般指相对密度在 4.5 以上的金属元素及其化合物，如铜、铅、锌、镍、铬、镉、汞和非金属砷等。在《地表水环境质量标准》(GB 3838—2002)中，铜、锌、硒、砷、汞、镉、铬(六价)、铅等为基本监测项目。

水质重金属在线分析仪一般采用电化学中的阳极溶出伏安法，该检测方法已经被美国 EPA 等权威机构列为标准检测方法，如 EPA1001、EPA7063 及 EPA7472 等;中国水质监测、海洋水质监测等也把该检测方法列为国家标准方法之一，如《水质铅的测定示波极谱法》(GB/T 13896—92)、《海洋监测规范》(GB 17378.4—2007)、《镉水质自动在线监测仪技术要求及检测方法》(HJ 763—2005)、《锌水质自动在线监测仪技术要求》(DB 44/T1823—2016)、《国境口岸饮用水中重金属(锌、镉、铅、铜、汞、砷)阳极溶出伏安检测方法》(SN/T 5104—2019)等。

阳极溶出伏安法又称反向溶出极谱法，这种方法是使被测的物质，在待测离子极谱分析产生极限电流的电位下电解一定的时间，然后改变电极的电位，使富集在该电极上的物质重新溶出，根据溶出过程中所得到的伏安曲线来进行定量分析。相比于分光光度法(比色法)，基于阳极溶出伏安法(电化学)的重金属检测仪有着诸多优势:(1)可以同时进行多参数的检测，比如一台仪器就可同时检测铅、镉、锌、铜等;(2)检测限低，仪器更适合地表水、地下水、饮用水以及经过处理的工业废水的监测应用;(3)对铅、镉、锌、铜等参数的检测有着较明显的优势。

阳极溶出伏安法水质重金属自动分析仪主要由试剂输送系统、电化学检测系统和自动控制与数据处理系统组成。

1. 试剂输送系统

试剂输送系统能够自动完成被测水样、蒸馏水、缓冲液及标准溶液的定量输送和电解池的清洗。由计量泵、电磁阀及输送管路构成，根据微控制器的控制指令，能够自动完成试剂(被测水样、蒸馏水、缓冲液及标准溶液)的定量输送和电解池的清洗。

2. 电化学检测系统

电化学检测系统由电解池和恒电位计构成，电解池是对重金属离子电解富集和阳极溶出的装置，采用三电极系统:工作电极(WE)、辅助电极(CE)和参比电极(RE)。微控制器根据设置的 D/A 值扫描电压输出到恒电位仪上，控制工作电极的电位，同时记录 A/D 测得的流过工作电极的电流，实现电化学溶出伏安测量。

3. 自动控制与数据处理系统

该系统通过微控制器设定好的控制指令，采用多线程步控，控制计量泵、电磁阀及恒电位计，自动实现被测溶液进入电解池，加缓冲溶液，加标准溶液前测量(富集、静息和溶出)，加入标准溶液，加标准溶液后测量(富集、静息和溶出)，测量结束后排出样液，进超纯水清洗电极、管路和电解池等。

根据微控制器设置的 D/A 值，扫描电压输出到恒电位仪上，同时记录 A/D 测得的流过工作电极的电流。由微控制器对上传的数据采用最小二乘法和 FIR 滤波技术进行数据预处理，画出相应的溶出峰电流曲线，系统对数据曲线进行微分，计算加入标准溶液前后的峰电流值，标准加入法可以有效地克服基体效应。微控制器根据测得的结果计算得出被测溶液中重金属的浓度，并将结果显示或通过互联网传输给平台。

三、VOCs

VOCs 是挥发性有机化合物（volatile organic compounds）的英文缩写。挥发性有机物（VOCs）包括脂肪烃、芳香烃、卤代烃、醛酮类、其他含氧类（醇、醚、酚、酯、环氧类等）及含氮类（胺、腈类）等多种复杂的污染物。VOCs 对人体健康有巨大影响。当 VOCs 达到一定浓度时，短时间内人们会感到头痛、恶心、呕吐、乏力等，严重时会出现抽搐、昏迷，并会伤害到人的肝脏、肾脏、大脑和神经系统，造成记忆力减退等严重后果。

挥发性有机物是我国自然水体环境中重点控制的污染物之一，《地表水环境质量标准》（GB 3838—2002）和《生活饮用水卫生标准》（GB 5749—2006）等标准中都对各挥发性有机物的标准限值做了明确的规定，因此水体中挥发性有机物的监控将成为水环境监测的重点。

水中 VOCs 的在线监测一般采用吹扫捕集萃取，采用气相色谱法或气相色谱-质谱法测定。将水样采集并加热送入吹扫装置内，高纯氦气（或氮气、氩气）将待测水样中 VOCs 组分吹出，通过除水装置去除吹脱混合气中的水分，再将除水后的 VOCs 组分在捕集阱中进行富集。然后将捕集管加热并以高纯氦气反吹进行解析，通过载气将解析后的 VOCs 组分带入气相色谱进行分离分析检测。通过与待测目标化合物保留时间和标准质谱图或特征离子相比较进行定性，内标法定量得出水中 VOCs 的浓度，并将结果显示或通过互联网传输给平台。

四、生物毒性

生物毒性又称生物有害性，一般是指外源化学物质与生命机体接触或进入生物活体体内后，能引起直接或间接损害作用的相对能力，或简称为损伤生物体的能力。2020 年 2 月生态环境部明确了在饮用水水源地常规监测的基础上，增加余氯和综合生物毒性预警系统等疫情防控特征指标的监测，发现异常情况时加密监测，并及时采取措施、查明原因、控制风险、消除影响。

生物毒性预警则通过判断特定的水生生物（如发光菌、水蚤、鱼等）的生物活性来监测水质是否有毒。由于水中含有的污染物质千差万别，理化指标仅可以反映其中很少一部分物质的含量，为了保证饮用水的水质安全，对源水进行生物毒性的监测就显得尤为重要。水生生物在遭遇有毒污染物或水质恶化时会自主改变其行为（如逃避、活动性下降，甚至死亡等），因此通过对水生生物活性进行监测可以有效实现对源水生物毒性的预警。

通常，水质生物毒性的监测对象有发光细菌、水蚤和鱼类。其中，发光细菌对重金属比较敏感，水蚤对所有毒物均十分敏感，甚至在低于地表水标准的暴露浓度下，行为也会出现异常。鱼的生态行为对有机有毒污染物和氰化物比较敏感。利用发光细菌进行检测需要相对比较专业的实验技能和条件，维护成本和维护工作量大；水蚤对毒性物质非常敏感，利用水蚤构建的生物传感器维护成本低，并且能够检测到低于地表水标准的有机磷农药的毒性，但是用水蚤构建的传感器对日常维护管理的要求比较高，维护工作量较大；使用标准鱼种的传感器日常维护成本和维护工作量均较低，同时鱼类是高等生物，对鱼类有影响的生物毒性通常也会对人类造成影响，因此，用来作为监测对象也是十分安全可靠的。

（一）发光菌法分析仪

发光菌法分析仪利用费舍尔弧菌(photobacterium phosphoreum)呼吸作用附带的发光作用。其发光强度取决于外部水体中的多个因素，包括：温度、pH、盐度和水中毒物的浓度。水体中的毒物影响发光菌的生物学作用、影响菌体细胞中酶的作用、能量的流动等，最终导致的结果就是抑制菌的发光强度，而且发光强度的减弱和水中毒物的浓度是成正比的。

（二）生物活性鱼法分析仪

生物活性鱼法分析仪基于水生生物(特种鱼类)回避行为反应与污染物毒性存在较好的剂量-反应关系，通过低压高频电信号传感器技术连续实时监测生物运动行为变化，结合生物毒性数据模型、环境胁迫阈值模型、生物毒性行为解析模型对水质变化进行智能监测预警，迅速判断污染爆发时间和污染物综合毒性。

五、粪大肠菌群

病原微生物污染是我国水体污染的主要原因之一。粪大肠杆菌来自人和其他温血动物的肠道，通过粪便排出。粪大肠杆菌在自然环境中的存活时间与病原菌接近，且以粪大肠杆菌在肠道中的数量最多。因此，粪大肠杆菌含量能较好地反映水体中肠道致病菌的含量，符合对水质进行粪便污染检测指示菌的要求。而且粪大肠杆菌在水中存活的时间、对消毒剂和水体中不良因素的抵抗力等都与病原菌相似，在实际工作中常以大肠杆菌为指示生物来评价水的卫生质量。在《地表水环境质量标准》(GB 3838—2002)中，粪大肠菌群为基本监测项目。

水中粪大肠菌群的在线监测可采用酶-底物法粪大肠菌群分析仪。该分析仪基于酶-底物法的原理，即：耐热(粪)大肠菌群可以在44.5 ℃生长，分解培养基中的邻硝基苯-β-D-吡喃半乳糖苷(ONPG)产生β-D-半乳糖苷酶(β-D-galactosidase)。β-D-半乳糖苷酶可水解不同的底物生成有色物质，从而完成对大肠菌群的快速检测。采用培养基能够与该酶生成黄色化合物，于一定波长处进行连续的分光光度测定，依据特定算法即可得出大肠菌群浓度。

第七章　地表水水质自动监测系统运维与质控

第一节　地表水水质自动监测系统运维

一、远程维护

运维人员应每天通过平台远程查看监测数据，对水站运行状态和数据有效性进行判断，对站点的运行维护情况及相关信息进行统计和评价。

（一）远程巡视

每日对水站运行条件及设备运行状况进行远程查看，具体工作如下：

（1）检查数据采集与传输状况，确认是否获取了水站全部仪器的监测数据和过程日志。

（2）根据仪器质控结果、过程日志判断仪器运行情况及数据的可靠性。

（3）对前一天监测数据有效性进行审核并对异常数据进行标记，形成监测数据审核日志。

（4）远程监视采水设施、水位以及站房内外情况，如发现异常，应及时上报。

（5）远程查看是否存在非法入侵行为。

（6）远程查看浮船站是否存在船体移位告警，如发现异常应及时上报。

（7）远程查看浮船站船体蓄电池电量，如电量过低应及时进行充电。

（二）远程控制

（1）通过远程控制，可对监测仪器进行校时、复位、水样/标样测试、校准、清洗等工作。

（2）当监测数据出现异常时，运维人员远程发送必要的质控测试命令，根据测试结果综合判断数据有效性。一旦确定水质发生重大变化或仪器设备故障，应及时赴现场处理。

二、现场维护

（一）例行巡检

（1）检查采水点水体颜色、嗅味、漂浮物、水位变化及杂物存在情况，并及时进行清理。

（2）检查站房空调及保温措施，保持温度稳定；检查站房内水泵及空压机固定情况，避免设备振动的影响；检查空压机、不间断电源(UPS)、除藻装置、纯水机等辅助设备运行状态，及时更换耗材。

(3) 检查水站电路系统是否正常，接地线路是否可靠，检查采样和排水管路是否有漏液或堵塞现象。

(4) 检查采配水单元是否正常，如采水浮筒固定情况、自吸泵、增压泵、空气泵等运行情况、手阀电动阀工作情况等；需要时应清洗采配水单元，包括采水头、泵体、沉降池、过滤头、水样杯、阀门及相关管路等，对于无法清洗干净的应及时更换。

(5) 检查控制单元运行状态是否正常，工控机操作系统及软件有无中毒现象。

(6) 检查上传至平台的数据与现场数据的一致性；检查仪器与控制单元的通信线路是否正常。

(7) 查看水质监测仪器及辅助设备的运行状态，判断运行是否正常；检查有无漏液。

(8) 检查试剂状况，是否需要添加或更换试剂，所用纯水和试剂须达到相关技术要求，更换周期不得超过规定的试剂保质期。

(9) 应及时清除站房周围的杂草和积水，检查站房是否有漏水现象、防雷设施是否可靠、站房外围的其他设施是否有损坏或被水淹没，在封冻期来临前做好采水管路和站房保温等维护工作。

(10) 整理站房及仪器，完成废液收集并按相关规定要求做好处置工作，且留档备查；保持站房及各仪器干净整洁，及时关闭门窗，避免日光直射仪器设备。

(11) 检查浮船站船体是否发生较大位移，如存在较大位移时应重新进行锚定。

(12) 检查浮船站供电是否正常。

(13) 检查浮船站温度传感器、警示灯、舱室漏水报警设备、防雷装置等辅助单元的运行状态。

(二) 定期养护

水站定期养护项目及最低频次不得低于表 7.1 要求。

表 7.1　定期养护内容及频次要求

工作内容		周	月	季度	半年	年	备注
站房	消防设施更换					√	
	防雷检测					√	
	空调及供暖设施维护			√			浮船站除外
	船体清洗				√		
采配水单元	潜水泵清洗		√				
	采水辅助设施			√			
	五参数检测池清洗	√					
	沉降池清洗		√				
	过滤器清洗	√					
	水样杯清洗	√					

续表

工作内容		周	月	季度	半年	年	备注
分析单元	试剂更换		√				可根据仪器要求执行
	耗材及配件更换				√		
	废液处置		√				
	保养检修		√				
	试剂贮存箱温度检查	√					
控制单元及数据采集传输单元	网络通信设备检查			√			
	工控机检查			√			
辅助设备	稳压电源检查		√				
	UPS 检查		√				
	空压机检查		√				
	纯水机滤芯维护			√			
	太阳能板检查		√				
	太阳能板清洁		√				
	风力发电机		√				
	蓄电池		√				
	船室漏水报警设备	√					
	警示灯					√	
	自动定位系统					√	
	视频设备检查		√				
自动采样器	每周维护						
数据备份		√					
备机维护		√					

1. 站房

(1) 定期对站房进行全面的养护。

(2) 保证站房内空调及供暖设施运行正常。

(3) 定期对站房内灭火装置进行维护。

(4) 每年需通过具有资质的专业机构对防雷设施进行检测、维护或更换,并出具报告。

2. 分析单元

(1) 定期按需对监测仪器进行校准。

(2) 应定期更换易耗品及备品备件。

(3) 定期清洗和更换仪器管路。

(4) 建立零配件库,根据不同零配件和易耗件的使用情况提前备货。

(5) 应根据试剂的更换周期定期更换试剂,试剂的更换周期不得超过配置的有效期;试剂更换后,应按需求进行仪器校准及标液核查,同时更换时应做好记录。

(6) 应根据使用寿命定期更换监测仪器的光源、电极、泵、阀、传感器等关键零部件；定期对监测仪器光路、液路、电路板和各种接头及插座等进行检查和清洁处理。

3. 控制单元及通信单元

(1) 定期复位工控机查看是否可以自动启动，并运行操作系统、加载现场监控软件，查看串口通信是否正常。

(2) 定期对网络通信设备进行重启，查看启动后是否通信正常。

(3) 每月检查开机过程中硬件自检过程是否有异常数据传输和报警。

(4) 每月对工控机操作系统及软件进行一次杀毒操作，保证软件正常运行。

4. 其他站辅助设备

(1) 定期检查稳压电源及 UPS 的输出是否符合技术要求，异常情况须及时排查处理。

(2) 每月至少检查一次空气压缩机气泵和清水增压泵的工作状况，并对空气过滤器进行放水。

(3) 定期检查并清洗自动留样器取样头滤网，检查采样泵、采样分配单元、低温冷藏模块、传感器等的工作状况是否正常，采样瓶是否清洁、是否破损。

(4) 定期检查摄像头是否破损，视频设备功能是否正常，包括摄像机、视频存储、云台控制等。

(5) 定期检查浮船站蓄电池工作状态，必要时采用发电机或外接电源进行充电。

(6) 定期检查舱室漏水报警设备工作状态。

(7) 定期检查救生设施工作状态。

5. 备机

每月对备用仪器进行一次标样核查，核查结果应符合地表水环境监测系统质控测试要求。

6. 数据备份

每月对监测数据进行一次备份，备份数据单独存储。

三、应急维护

(一) 数据异常处置

(1) 出现以下情况的可确认为数据异常：

①监测中断的数据。

②监测数据长时间不变或短时间突变。

③监测仪器设备状态参数异常、过程日志异常或监测仪器设备故障的监测数据。

④通过监测项目之间相关性分析、气象条件、水站所在地历史数据分析认为明显违背常理的监测数据。

(2) 发生数据异常情况时，根据现场情况应采取标样核查、现场排查、实际水样比对等措施进行排查，查明并分析原因，记录备案并上报。

当水质监测数据异常或水质下降至水质类别发生变化时应启动留样(浮船站除外)，留样后应按照应急维护要求执行。

①确认仪器通信存在障碍或仪器状态异常、仪器故障的，应尽快前往现场查明原因，进行故障处理。

②远程启动标样核查，核查未通过时应前往现场查明原因，进行故障处理。

(二) 水站系统异常处理

(1)当水站出现故障时，运维单位应在规定时间内响应并解决。

(2)对于在现场能够诊断明确且可通过更换备件解决的问题则在现场进行检修。

(3)对于其他不易诊断和检修的故障，或 48 h 内无法排除的仪器故障，应采用备用仪器替代发生故障的仪器，同时对备机开展标样核查。

(4)当浮船站确认遭遇了非法入侵、碰撞损坏、舱室渗水、GPS 位置大范围偏移、电量不足等情况时，应进行应急维护。

(三) 人工补测要求

(1) 水站日常监测的项目均为补测项目。

(2) 因给水故障、采水设施故障或采水点位无法正常采水导致水站停运，在保证自动监测仪器满足相关质控要求的前提下，运维单位可采取人工采水自动监测仪器补测的方式，保障水站仪器在停运 48 h 后每周上传至少 2 组有效数据，间隔 4 h，并保证自动仪器测试期间日质控合格，当月线性核查测试结果合格；也可人工取样送具有 CMA 资质的实验室分析，停运超过 48 h 后补测 1 组实验室分析数据，后续每周保证 2 组实验室分析数据直至水站恢复正常运行。

(3) 因供电故障或其他原因导致水站停运，超过 48 h 后需补测 1 组实验室分析数据，后续每周保证 2 组实验室分析数据直至水站恢复正常运行(两次补测间隔不得小于 2 d)。

(4) 当发生台风、暴风雪、地震、洪水、泥石流、塌方、断流、结/化冰期等不可抗力因素导致无法人工采样时的缺失数据将不进行补测。

四、运维档案与记录

(一) 技术档案和运维记录的基本要求

(1) 水站运行技术档案包括仪器的说明书、系统安装调试记录、试运行记录、验收监测记录、质控报告、仪器的适用性检测报告以及各类运行记录。

(2) 运行记录应清晰、完整、填报及时。

(二) 运维记录表要求

运维单位可根据实际需求及管理需要自行设计各类记录表，各记录表至少包含如下内容。

1. 水站基本情况信息表

需包含水站所在流域及水体名称、水站名称、水站地址、经纬度、上下游污染情况、支流汇入情况、水系图、运维单位、水站类型、站房面积、采水方式、取水口与岸边距离、取水口到站房距离、通信方式、投运时间、监测项目、设备型号及出厂编号、生产商、仪器分析原理、适用性检测报告编号、运维单位等信息。

2. 水站仪器关键参数设置及变更记录表

需包含水站名称、仪器名称及型号、测量原理及分析方法、测试周期、仪表关键参数(包括工作曲线斜率和截距、线性相关系数、消解温度及时间、显色温度及时间)、水样进样量、试剂用量等信息。还需记录关键参数变更后情况及变更原因说明。

3. 水站远程巡视记录表

需包含水站名称、巡视日期、天气情况、运维单位、巡视人员、各仪器工作状态、监测数据获取状况、24 h零点核查和跨度核查情况、视频监视情况和异常情况处理措施等信息。

4. 水站巡检维护记录表

需包含水站名称、维护日期、运维单位、维护人员、巡检内容及处理说明(包含采样单元检查、仪器设备检查、数据采集传输单元检查、辅助单元检查和异常情况处理)等。

5. 水站试剂及标准样品更换记录表

需包含水站名称、维护日期、运维单位、维护人员、仪器名称、试剂名称、标液浓度、试剂体积、试剂配置时间、试剂有效期、试剂更换时间等信息。

6. 监测仪器校准记录表

需包含水站名称、测试日期、运维单位、测试人员、仪器名称、本次校准及校准后标液核查情况(包含校准试剂、校准是否通过、核查时间、核查是否合格)等信息。

7. 仪器设备检修记录表

需包含水站名称、维护日期、运维单位、维护人员、故障仪器或设备型号及编号、故障情况及发生时间、检修情况说明、部件更换说明、修复后质控测试情况说明、正常投入使用时间等信息。

8. 易耗品和备品备件更换记录表

需包含水站名称、维护日期、运维单位、维护人员、易耗品或备品备件名称、规格型号、数量、更换日期、更换原因说明等信息。

9. 废液处置记录表

应记录废液处置时间、处置方式、处置量、处置经手人(运维人员)、处置单位等信息。

运维记录应适应地表水自动监测站的运维需求,可根据水站属性合理设置相关表格,并将运维检查情况、定期保养情况、质控测试过程和结果、异常处理、固定资产信息等其他与运维相关的服务内容记录备案。

第二节　地表水水质自动监测系统质控

一、总体目标及要求

(一) 总体目标

建立由日质控、周核查、月质控等多级质控措施以及仪器关键参数上传、远程控制等组成的多维度质控体系，以保证地表水水质自动监测站数据质量。

日质控是利用地表水自动监测系统的质控单元或仪器本身功能，采用每日整点定点测试仪器的零点（纯水）、仪器的量程内跨度核查，计算核查误差，并与前一日测试结果计算24 h零点漂移、24 h跨度核查漂移。其中，地表水自动监测常使用跨度值来确定仪器的零点、标液浓度，跨度值一般为当前监测参数水质类别限值的2倍，Ⅰ～Ⅱ类水为Ⅱ类水标准限值的2倍；零点浓度采用跨度值0～20％浓度，跨度核查标液浓度采用跨度值20％～80％浓度且不低于当前水样测试值。

周核查是通过采用各监测参数标准物质对监测参数每周进行标准物质核查的工作，所采用的标准物质必须为有资质的标准物质实验室提供，核查的参数一般为五参数（pH、溶解氧、电导率、浊度，水温只做记录不核查），其中高锰酸盐指数、氨氮、总磷、总氮等不具备日质控自动测试功能的，也应在每周进行标准物质核查工作。

月质控是每月对地表水自动监测站的仪器进行多点线性测试、集成干预测试、实际水样比对、加标回收测试等工作。

（二）总体要求

（1）当监测项目水体浓度连续超出仪器当前跨度值时，应重新确定跨度，并进行标样核查；当监测项目水质类别发生变化且未超出当前跨度值时，可继续使用当前跨度。

（2）当监测项目上一个月20 d以上为Ⅰ～Ⅱ类时，质控措施应按照Ⅰ～Ⅱ类水体的质控要求进行；否则质控措施应按照Ⅲ～劣Ⅴ类水体的质控要求进行。

（3）自动监测仪器零点核查、跨度核查、水样测试应使用同一量程或同一稀释流程（稀释倍数），所选跨度核查液浓度应大于当前水体浓度值。

（4）每周进行的质控措施，与前一次间隔时间不得小于4 d；每月开展的质控措施，与前一次间隔时间不得小于15 d。

（5）所有维护及质控测试均应形成记录。

二、质控措施及实施

（一）质控实施要求

水站应按照表7.2的质控项目及实施频次开展水站质控措施。

（1）针对所有水站，氨氮、高锰酸盐指数、总磷、总氮应每24 h至少进行1次零点核查和跨度核查；每月至少进行1次多点线性核查。

（2）针对Ⅲ～劣Ⅴ类水体，氨氮、高锰酸盐指数、总磷、总氮每月至少进行1次加标回收率自动测试（浮船站除外）。

（3）针对Ⅲ～劣Ⅴ类水体，氨氮、高锰酸盐指数、总磷、总氮每月至少进行1次实际水样比对，Ⅰ、Ⅱ类水体至少半年进行一次实际水样比对。

（4）针对Ⅲ～劣Ⅴ类水体，氨氮、高锰酸盐指数、总磷、总氮每月至少进行1次集成干预检查（浊度大于1 000 NTU可不进行集成干预检查）。

（5）常规五参数应每月进行一次实际水样比对；每周进行一次标样核查，浮船站如遇到天气原因无法登船的可延后进行。

（6）叶绿素 a/蓝绿藻密度应每月进行一次多点线性核查。

表 7.2　质控措施及实施频次

质控措施	水质类别		质控频次	实施对象
	Ⅰ、Ⅱ类水体	Ⅲ～劣Ⅴ类水体		
零点核查	√	√	每天	氨氮、高锰酸盐指数、总磷、总氮
24 h 零点漂移	√	√	每天	
跨度核查	√	√	每天	
24 h 跨度漂移	√	√	每天	
标样核查	√	√	每 7 天	常规五参数
多点线性核查	√	√	每月	氨氮、高锰酸盐指数、总磷、总氮、叶绿素 a、蓝绿藻密度
实际水样比对	/	√	每月	常规五参数、氨氮、高锰酸盐指数、总磷、总氮
集成干预检查	/	√	每月	氨氮、高锰酸盐指数、总磷、总氮（浮船站除外）
加标回收率自动测试	/	√	每月	

（二）维护后质控措施实施要求

（1）更换试剂（清洗水除外）后，应进行校准。

（2）当监测仪器关键部件更换后，应进行多点线性核查，必要时应开展实际水样比对。

（3）当监测仪器长时间停机恢复运行时应进行多点线性核查和集成干预检查。

（三）其他质控要求

（1）监测仪器不允许屏蔽负值。

（2）pH 选用 25 ℃时 pH 为 4.01、6.86、9.18 左右的标准 pH 缓冲溶液进行核查，每月至少应进行 2 个不同浓度标准溶液核查。

（3）溶解氧每月应进行无氧水核查和空气中饱和溶解氧核查。

（4）电导率和浊度每月应采用与监测断面水质监测项目浓度相接近的标准溶液及其 2 倍左右浓度标准溶液进行核查。

（5）当水站相关质控测试结果接近质控要求限值时应及时进行预防性维护。

（6）多点线性核查未通过时，维护后应先进行零点/跨度核查，通过后再进行多点线性核查。

（7）加标回收率、集成干预检查、实际水样比对未通过时，应进一步排查原因，直至核查通过。

（8）每月对备机进行一次标样核查，标样核查结果应上传平台。

（9）监测仪器斜率 k、截距 b、消解温度、消解时间等关键参数变更须通过运维单位审核，否则参数更改后的测试数据将视为无效数据。

三、质控措施技术要求

（一）氨氮、高锰酸盐指数、总磷、总氮质控措施技术要求

氨氮、高锰酸盐指数、总磷、总氮零点核查、24 h 零点漂移、跨度核查、24 h 跨度漂移、多点线性核查、加标回收率测试、集成干预检查、实际水样比对应满足表 7.3 要求。

表 7.3　氨氮、高锰酸盐指数、总磷、总氮质控措施技术要求

<table>
<tr><th colspan="2" rowspan="2">质控措施</th><th colspan="5">技术要求</th><th rowspan="2">备注</th></tr>
<tr><th colspan="2">高锰酸盐指数</th><th>氨氮</th><th>总磷</th><th>总氮</th></tr>
<tr><td rowspan="3">零点核查</td><td>Ⅰ～Ⅲ类水体</td><td colspan="2">±1.0 mg/L</td><td>±0.2 mg/L</td><td>±0.02 mg/L</td><td>± 0.3 mg/L</td><td></td></tr>
<tr><td>Ⅳ～劣Ⅴ类水体</td><td colspan="5">±5%F.S</td><td></td></tr>
<tr><td colspan="6">注：湖库总磷Ⅰ～Ⅳ类水体为±0.02 mg/L；Ⅴ～劣Ⅴ类水体为±5%F.S.</td><td></td></tr>
<tr><td colspan="2">24 h 零点漂移</td><td colspan="2">±10%</td><td colspan="3">±5%</td><td></td></tr>
<tr><td colspan="2">跨度核查</td><td>±10%
（非浮船站）</td><td>±15%
（浮船站）</td><td colspan="3">±10%</td><td></td></tr>
<tr><td colspan="2">24 h 跨度漂移</td><td>±10%
（非浮船站）</td><td>±15%
（浮船站）</td><td colspan="3">±10%</td><td></td></tr>
<tr><td rowspan="3">多点线性核查</td><td>相关系数 r</td><td colspan="5">>0.98</td><td rowspan="3">可使用当日日质控测试结果且在当日完成</td></tr>
<tr><td>示值误差
（浓度>20%F.S.）</td><td colspan="5">±10%</td></tr>
<tr><td>示值误差
（浓度≤20%F.S.）</td><td colspan="5">参照零点核查要求</td></tr>
<tr><td colspan="2" rowspan="4">实际水样比对</td><td colspan="2">$C_x>B_{Ⅳ}$</td><td colspan="3">相对误差≤20%</td><td rowspan="4"></td></tr>
<tr><td colspan="2">$B_{Ⅱ}<C_x\leqslant B_{Ⅳ}$</td><td colspan="3">相对误差≤30%</td></tr>
<tr><td colspan="2">$C_x\leqslant B_{Ⅱ}$</td><td colspan="3">相对误差≤40%</td></tr>
<tr><td colspan="5">除湖库总磷外，当自动监测结果和实验室分析结果均低于 $B_{Ⅱ}$ 时，认定比对实验结果合格。
当湖库总磷自动监测结果和实验室分析结果均低于 $B_{Ⅲ}$ 时，认定比对实验结果合格。
注：①C_x 为实验室分析结果；
②B 为《地表水环境质量标准》(GB 3838—2002)规定的水质类别限值；
③总氮河流无水质类别标准，可参考湖库标准</td></tr>
<tr><td colspan="2">加标回收率自动测试</td><td colspan="5">80%～120%</td><td></td></tr>
<tr><td colspan="2" rowspan="2">集成干预检查</td><td colspan="2">Ⅰ～Ⅱ类水体</td><td colspan="3">两者结果均低于 $B_{Ⅱ}$ 时，认定集成干预检查结果合格（湖库总磷两者结果均低于 $B_{Ⅲ}$ 时，认定比对实验结果合格）</td><td rowspan="2">浮船站除外</td></tr>
<tr><td colspan="2">Ⅲ～劣Ⅴ类水体</td><td colspan="3">±10%</td></tr>
</table>

注：F.S. 表示跨度值。

1. 零点核查方法

监测仪器测试浓度为跨度值0～20%的标准溶液，计算测试结果相对标准溶液浓度值的误差，以绝对误差(AE)表示，计算公式如下：

$$AE=x_i-c \tag{7.1}$$

式中：AE——绝对误差，mg/L；

x_i——仪器测定值，mg/L；

c——标准溶液浓度值，mg/L。

2. 24 h零点漂移方法

监测仪器采用跨度值0～20%的标准溶液以24 h为周期进行零点漂移测试，计算测试值24 h前后的变化，计算公式如下：

$$ZD=\frac{x_i-x_{i-1}}{S}\times 100\% \tag{7.2}$$

式中：ZD——24 h零点漂移；

x_i——当日仪器测定值，mg/L；

x_{i-1}——前一日仪器测定值，mg/L；

S——仪器跨度值，mg/L。

3. 跨度核查方法

监测仪器测试跨度值20%～80%的标准溶液对水质自动分析仪进行跨度核查，计算测试结果相对于标准溶液浓度值的误差，以相对误差(RE)表示，计算公式如下：

$$RE=\frac{x_i-c}{c}\times 100\% \tag{7.3}$$

式中：RE——相对误差；

x_i——仪器测定值，mg/L；

c——标准溶液浓度值，mg/L。

4. 24 h跨度漂移

监测仪器采用跨度值20%～80%的标准溶液，以24 h为周期进行跨度漂移测试，计算公式如下：

$$SD=\frac{x_i-x_{i-1}}{S}\times 100\% \tag{7.4}$$

式中：SD——24 h跨度漂移；

x_i——当日仪器测定值，mg/L；

x_{i-1}——前一日仪器测定值，mg/L；

S——仪器跨度值，mg/L。

5. 多点线性核查

多点线性核查指水质自动分析仪依次测试跨度范围内4个点(含零点、低、中、高4个浓度)的标准溶液，基于最小二乘法进行线性拟合，并计算每个点测试的示值误差和拟合曲线的线性相关系数。空白样测试的示值误差以绝对误差表示，其他三个浓度标准溶液测试的示值误差以相对误差表示。相关系数计算公式如下：

$$r=\frac{\sum_{i=1}^{4}(C_i-\overline{C})\times(x_i-\overline{x})}{\sqrt{\sum_{i=1}^{4}(C_i-\overline{C})^2\times\sum_{i=1}^{4}(x_i-\overline{x})^2}} \tag{7.5}$$

式中：r——线性相关系数；

x_i——不同浓度标准溶液仪器测定值，mg/L；

$\overline{x}$——不同浓度标准溶液仪器测定值的平均值，mg/L；

C_i——标准溶液浓度值，mg/L；

$\overline{C}$——标准溶液浓度值平均值，mg/L。

6. 加标回收率自动测定

仪器进行一次实际水样测定后，对同一样品加入一定量的标准溶液，仪器测试加标后样品以加标前后水样的测定值变化计算回收率。计算公式如下：

$$R=\frac{B-A}{\frac{V_1\times C}{V_2}}\times100\% \tag{7.6}$$

式中：R——加标回收率；

B——加标后水样测定值，mg/L；

A——样品测定值，mg/L；

V_1——加标体积，mL；

C——加标样浓度，mg/L；

V_2——加标后水样体积，mL。

注：当被测水样浓度低于分析仪器的 4 倍检出限时，加标量应为分析仪器 4 倍检出限左右浓度，否则加标量为水样浓度的 0.5～3 倍，加标量应尽量与样品待测物浓度相等或相近，加标体积不得超过样品体积的 1%；水样加标时应保证加标后的水样浓度测试时应与水样测试在同一量程。

7. 集成干预检查

系统开始采水时在采水头所在位置处人工采集水样，经预处理后取上清液摇匀直接经监测仪器测试，与系统自动监测的结果进行比对，用于检查系统集成对水样代表性的影响。仪器相对误差计算公式如下：

$$RE_i=\frac{A_1-A_2}{A_1+A_2}\times100\% \tag{7.7}$$

式中：RE_i——仪器相对偏差；

A_1——系统自动测试结果；

A_2——人工采样仪器测试结果。

8. 实际水样比对

自动监测系统采水时，在站房内人工采集源水，水样经预处理后取上清液送 CMA 实验室，实验室按照手工比对的分析方法开展实验室手工分析，计算自动监测的结果相对于实验室手工分析结果的误差。

现场采集的原水样品不得少于 10 L，如果沉降后不能满足取样量要求，应适当增加采样量。原水样品需要满足高锰酸盐指数、氨氮、总磷和总氮等 4 个项目的分析。实际水样比对采样时均需采集全程序空白样品和现场平行样品。

总磷预处理方式见表 7.4。除总磷外其他监测项目采集的水样应先经 63 μm 筛网过滤，然后沉降 30 min，最后采用虹吸方式取上清液按表 7.5 进行样品分装和保存。样品采集完成后，按照表 7.5 要求进行冷藏避光保存，且必须在样品保存有效期内完成分析。

表 7.4 总磷预处理方式

水体类型	样品浊度(NTU)	处理方式	具体技术要求
一般水体[如遇到藻类聚集，应先过 63 μm 的过滤筛(网)]	≤200	自然沉降	沉降 30 min，取上清液
	200～500	自然沉降	沉降 60 min，取上清液
	>500	离心	2 000 r/min，2 min，取上清液
感潮河段	≤200	自然沉降	沉降 30 min，取上清液
	>200	离心	2 000 r/min，1 min，取上清液

表 7.5 样品采集保存与运输要求

监测项目	采样瓶要求		运输及保存要求	固定剂及用量	保存有效期
	规格	容积			
高锰酸盐指数	棕色高硼硅玻璃	1 L	0～5 ℃，避光	加入浓硫酸，调节样品 pH≤2	2 d
总氮					7 d
氨氮					7 d
总磷	棕色高硼硅玻璃	500 mL	0～5 ℃，避光	不添加	24 h

注：硫酸至少应为分析纯。

(二) 常规五参数质控措施实施要求

常规五参数每周开展的标准溶液考核和每月开展的实际水样比对应满足表 7.6 要求。

1. 标样核查方法

使用标准溶液(购买标准溶液或自行配制)对自动监测仪器进行标样核查；标样核查结果以绝对误差或相对误差表示。

2. 实际水样比对

在站房内采集源水经过认证的便携式仪器或与 CMA 实验室进行实际水样比对，计算自动监测的结果相对于便携式仪器或实验室测试结果的误差，以绝对误差或相对误差表示。

表 7.6 常规五参数质控措施要求

检测项目	技术要求	
	标准溶液考核	实际水样对比
水温	/	±0.5 ℃
pH	±0.15	±0.5

续表

检测项目	技术要求			
	标准溶液考核		实际水样对比	
溶解氧	±0.3 mg/L		±0.5 mg/L	
			溶解氧过饱和时不考核	
电导率	标准溶液值>100 μS/cm	±5%	电导率>100 μS/cm	±10%
	标准溶液值≤100 μS/cm	±5 μS/cm	电导率≤100 μS/cm	±10 μS/cm
浊度	浊度≤30 NTU； 浊度≥1000 NTU	不考核	浊度≤30 NTU； 浊度≥1000 NTU	不考核
	30 NTU<浊度≤50 NTU	±15%	30 NTU<浊度≤50 NTU	±30%
	50 NTU<浊度<1000 NTU	±10%	50 NTU<浊度<1000 NTU	±20%

(三) 叶绿素 a、蓝绿藻密度

叶绿素 a、蓝绿藻密度多点线性核查每个浓度的示值误差、多点线性核查相关系数应满足表 7.7 要求。

表 7.7　叶绿素 a、蓝绿藻密度质控措施要求

监测项目	质控项目	技术要求
叶绿素 a	多点线性核查	零点绝对误差应≤3 倍检出限，其他点相对误差应≤±5%，线性相关系数应≥0.993。
蓝绿藻密度	多点线性核查	

叶绿素 a 采用浓度均匀分布跨度范围内 4 个标准溶液进行多点线性核查。当水体为贫营养、中营养时，叶绿素 a 跨度值为中营养标准限值的 2.5 倍，富营养值跨度值为标准限值的 2.5 倍；重富营养跨度值采用上一周的水质平均值的 2.5 倍。蓝绿藻密度浓度为采用 0、25000、50000、150000 cells/mL 附近的标准溶液进行多点线性核查。其中叶绿素 a 和蓝绿藻密度的标准溶液采用标准物质或等效物质配置。将测试结果与标准溶液浓度基于最小二乘法进行线性拟合，并计算每种标准溶液的示值误差和拟合曲线的线性相关系数，线性相关系数的计算参照公式(7.5)。

第三节　数据审核及发布

一、数据审核管理办法

(一) 基本要求

(1) 数据审核工作应按照相关技术要求，结合现场情况，以制定的“一站一策”原则开展。

(2) 数据审核员通过“水质自动综合监管平台”(以下简称平台)，按权限开展数据审核工作。

(3) 为保证数据审核工作的准确性和时效性,数据审核员应依据数据审核规则,在规定时间内完成审核工作。

(4) 数据审核员应具备数据综合分析能力,了解自动监测数据产生的全过程及质量控制体系,积极参加相关技术培训。

(二) 审核流程

审核流程一般分为自动预审和人工三级审核。

(1) 自动预审利用平台数据审核功能,按照相关技术规定对存疑数据、无效数据进行自动标记。

(2) 一级审核由运维单位对原始数据进行审核,结合水站现场运行情况,对系统自动预审的结果进行确认,对异常数据及时响应与核实,针对无效数据进行标记,并写明原因。

①因仪器设备故障导致的数据无效,须详细说明原因(如水泵故障、采水故障等),并提交相关佐证材料;对异常数据应及时进行确认,并提交相关佐证材料。

②若出现监测数据异常超标、超量程、突变等异常情况,运维人员须在规定时间内按照《地表水水质自动监测站运行维护技术要求(试行)》开展数据核实工作,并在规定时间内上报。

③数据审核员重点结合断面上下游、湖库点位间、监测指标间关系等对存疑或无效数据进行标记,并在规定时间内通过平台在线提交佐证材料。

④佐证材料需加盖公章,包括采样点及周边状况图片、上下游最近监测断面的水质监测数据或水量数据、相关说明。

(3) 各级数据审核员应在规定时间内完成数据审核及提交佐证材料。因电力、网络故障等原因未及时上传,导致无法在规定时间内完成审核的数据,需在月度数据结转前审核完毕。

①一级数据审核员每日 12 时前完成前一日监测数据的审核,于第 2 日 24 时前通过平台在线提交无效数据的佐证材料。如无法在规定时间内提交佐证材料,运维单位应在 72 h 内提交书面说明。

②二级数据审核员每日 12 时前完成前一日监测数据的审核。于每月 16 日、26 日、最后一日前分别通过平台在线提交当月 1—14 日、15—24 日、25 日至最后一日的佐证材料。逾期提交的材料不予受理。

③三级数据审核员在每月 1 日前必须完成对一、二级审核结果的复核,以及全部存疑数据的审核。

(三) 数据审核质量管理

(1) 各数据审核单位建立健全内部数据审核质量管理机制,对所提供佐证材料的真实性负责,保证数据审核质量。

(2) 采用定期检查与不定期抽查相结合的方式对各数据审核单位进行质量监督,并建立排名及通报机制。

(3) 数据审核期间，数据审核单位及人员实施或参与以下情形的，一经查实，将视情形给予扣款、约谈、通报批评、解除合同等处罚，违反法律法规的，将交由相关部门依法处理。

①存在篡改或者指使篡改数据行为的。

②实施或者强令、指使、授意他人干扰数据审核工作，致使监测数据有效性严重失真的。

③提供虚假佐证材料行为的。

④其他影响数据有效性判定结果的情形。

二、数据审核技术细则

(一) 自动预审

(1) 平台根据质控测试结果对数据有效性进行自动预判，并利用多元统计分析方法，依据时空关联特征等开展智能审核。

(2) 当监测数据出现以下情况时，平台自动标记为无效数据。

①水站停运或维护期间产生的数据。

②水质自动分析仪出现故障时产生的数据。

③带有仪器通信故障、仪器离线、维护调试、缺试剂、缺纯水、缺水样等非正常标识的数据。

④当零点核查、24 h 零点漂移、跨度核查、24 h 跨度漂移任意一项不满足考核指标要求时，前 24 h 内获取的监测数据。

⑤当常规五参数周质控结果不合格时，此次至上次核查期间内获取的监测数据。

⑥因电力、网络故障等原因在月度数据入库后上传的监测数据。

(3) 当监测数据出现以下情况时，平台自动标记为存疑数据。

①发生突变(大于上一次监测值的 3 倍及以上或小于上一次监测值的 1/3 倍及以下)或连续不变(单个指标的测量值连续三组无变化)的监测数据。

②为 0 值或负值的监测数据。

③低于仪器检出限的监测数据(氨氮、高锰酸盐指数、总磷和总氮的仪器检出限分别为 0.05 mg/L、0.5 mg/L、0.01 mg/L 和 0.1 mg/L)。

④超量程上限的监测数据。

⑤监测指标的关键参数(消解温度、消解时长、显色温度等)不在报备范围内所产生的监测数据。

⑥同时段氨氮大于总氮的监测数据。

(二) 人工审核

(1) 数据审核员结合自动预审结果、运维质控情况、水站周边情况、佐证材料等，开展人工审核，最终判定监测数据的有效性。

(2) 当监测数据出现以下情况时，判定为无效数据。

①水样测试值长期超过跨度核查标准样品浓度值的监测数据。

②仪器更换试剂后至校准完成前所产生的监测数据。

③高锰酸盐指数、氨氮、总磷、总氮在正常监测周期以外上传的监测数据。

④未报备而进行加密监测所产生的数据。

⑤由于仪器或工控机死机等原因导致连续多时段数据重复时，除第一组外的其他时段监测数据。

⑥其他不符合运维相关规范要求导致数据有效性严重失真的监测数据。

(3) 在质控合格及监测仪器正常运行时，若监测数据出现以下情况，可判定为有效数据。

①因背景因素(如高浊度、色度水体等)、自然因素(如降雨、台风、洪涝等)、人为因素(如施工、清淤、闸控等)等原因，且能够真实反映水体水质情况的监测数据。

②符合潮汐变化规律的感潮断面监测数据。

③受水生生物光合作用及呼吸作用影响，产生的 pII 及溶解氧监测数据。

④氨氮和总磷长期在检出限附近，且浓度分别大于－0.2 mg/L 和－0.02 mg/L 的监测数据。

(4) 除上述情况外，仍无法确定数据有效性时，应标记为存疑数据，需进行核实，必要时可组织专家研判。

(三) 自动监测数据用于水质评价认定

(1) pH、溶解氧、氨氮、高锰酸盐指数和总磷 5 项指标的自动监测数据，经审核认定为有效数据后，方可参与水质评价。

(2) 当受以下情况影响，无法客观真实反映水体水质状况时的监测数据，受影响指标可不参与水质评价，如现场预处理和仪器抗干扰能力较强，其数据可参与水质评价。

①浊度影响。

A. 一般水体浊度高于 500 NTU、感潮河段浊度高于 200 NTU 时段内的监测数据。

B. 浮船站所在水体浊度高于 20 NTU 或藻密度超过所在水体抗干扰阈值浓度时段内的监测数据。

C. 若仪器使用年限较长或抗干扰能力较差，可结合实际确定其抗浊度限值，限值以上时段内的监测数据。

②盐度影响。感潮河段或高盐水体电导率高于 3 000 μS/cm 时段内的监测数据。

③采水影响。

A. 采水管路：受采水管路(管路长度大于 100 m)或采水位置影响，且溶解氧原位比对结果不合格的监测数据，溶解氧的原位监测数据可用于水质评价。

B. 水位过低：采水点水深低于 0.5 m 的监测数据。

④溶解氧或 pH 受到影响。

A. 若仅受水生生物光合作用及呼吸作用影响，导致溶解氧或 pH 成为单独定类指标时，溶解氧或 pH 自动监测数据可不参与水质评价。

B. 高原地区溶解氧若受海拔高度影响，自动监测与手工监测水样代表性不一致的监测数据。

上述情况需省、市级有关职能部门提供相关证明材料。

⑤河水或湖水顶托影响。入河口或入湖口断面受到下游河水或湖水顶托导致水样代表性受到影响的监测数据。此情况需省、市级有关职能部门提供相关证明材料。

⑥通航影响。由于频繁通航搅动底泥导致异常的监测数据。此情况需省、市级有关职能部门提供相关证明材料。

⑦突发污染事故、自然灾害等。按照国家特别重大、重大突发公共事件分级标准，遇特别重大、重大水旱、气象、地震、地质等自然灾害时，或因城镇生活污水处理厂、工业污染治理设施、畜禽养殖粪污治理设施、生活垃圾渗滤液处理设施等受到自然灾害严重破坏而无法达标排放导致考核断面超标的监测数据。

上述情况需省、市级有关职能部门提供相关证明材料（如图片、水文资料、气象数据等）。

⑧施工影响。经生态环境部批复同意，受水站所在断面上游汇水范围内实施治污清淤等工程影响产生的监测数据。

A. 全月可用于评价的自动监测数据不足 6 条时，不使用自动监测数据评价。

B. 水站停运期间，数据使用情况如下：

因采水故障、供电故障、供水故障、站房搬迁、升级改造等原因导致水站停运超过一个月时，手工补测数据或移动监测车比对的数据可作为有效数据用于水质评价。

无特殊情况下，由于地方保障不力导致水站整月或长期停运，或因未在规定时间内完成站房搬迁，导致水站无法正常运行时，采用近一年内最差数据进行评价。

(3) 水质目标为Ⅰ类的断面，如部分监测指标在线监测仪器受仪器性能的限制，可使用实验室比对数据进行评价。

(4) 除上述情况外，仍无法确定自动监测数据是否可参与水质评价时，由专家对其是否参与水质评价进行综合研判。

三、数据发布

(一) 发布机构

中国环境监测总站。

(二) 发布范围和内容

1. 发布范围

已建成并正式投入运行的国家地表水水质自动监测站数据，因点位调整、断流、供电、设备更新等因素导致实际水站运行数量发生变化，具体发布数量以实际运行水站数量为准。

2. 发布指标

水温、pH、溶解氧、电导率、浊度、高锰酸盐指数、氨氮、总磷、总氮共 9 项监测指标；湖库水站增加叶绿素 a 和蓝绿藻密度。

3. 发布频次

每 4 h 发布一次。

4. 发布内容

实时数据。

5. 水质评价指标

地表水水质评价指标为《地表水环境质量标准》(GB 3838—2002)中表 1 中除水温、总氮、粪大肠菌群以外的 21 项指标。国控水站水质评价指标为 pH、溶解氧、高锰酸盐指数、氨氮、总磷 5 项指标。

(三) 发布平台

国家地表水水质自动监测实时数据发布系统。网址:https://106.37.208.243:8068/GJZ/Business/Publish/Main.html。

第八章　固定污染源烟气排放连续监测系统

第一节　固定污染源烟气排放连续监测系统组成和结构

一、系统的组成

固定污染源烟气排放连续监测系统(continuous emission monitoring systems,简称CEMS)能测量烟气中颗粒物浓度、气态污染物 SO_2 和(或)NO_x 浓度、烟气参数(温度、压力、流速或流量、湿度、含氧量等),同时计算烟气中污染物排放速率和排放量,显示(可支持打印)和记录各种数据和参数,形成相关图表,并通过数据、图文等方式传输至管理部门。

CEMS 由颗粒物监测单元和(或)气态污染物 SO_2 和(或)NO_x 监测单元、烟气参数监测单元、数据采集与处理单元组成,如图 8.1 所示。

(一) 颗粒物监测单元

颗粒物监测单元主要对烟气排放中的烟气颗粒物浓度进行实时测量,主要构成物为颗粒物测量仪(或称烟尘仪)及反吹、数据传输等辅助部件。

(二) 气态污染物监测单元

气态污染物监测单元主要对烟气排放中以气态方式存在的污染物进行监测。烟气中气态污染物主要包括二氧化硫(SO_2)、氮氧化物(NO_x)、一氧化碳(CO)、二氧化碳(CO_2)、氯化氢(HCl)、氟化氢(HF)、氨气(NH_3)、汞(Hg)以及挥发性有机污染物(VOCs)等。安装在火电行业的常规 CEMS 监测的气态污染物通常为 SO_2 和 NO_2。

(三) 烟气排放参数监测单元

烟气排放参数监测单元主要对烟气排放过程中的烟气温度、湿度、压力、流速(流量)以及含氧量等参数进行连续自动监测。烟气参数测量主要用于对污染物浓度状态的转换计算和排放速率以及排放量的计算。同时有些烟气参数测量数值的变化往往与污染物排放浓度也具有一定的相关性,可以构建数学模型进行模拟测量。

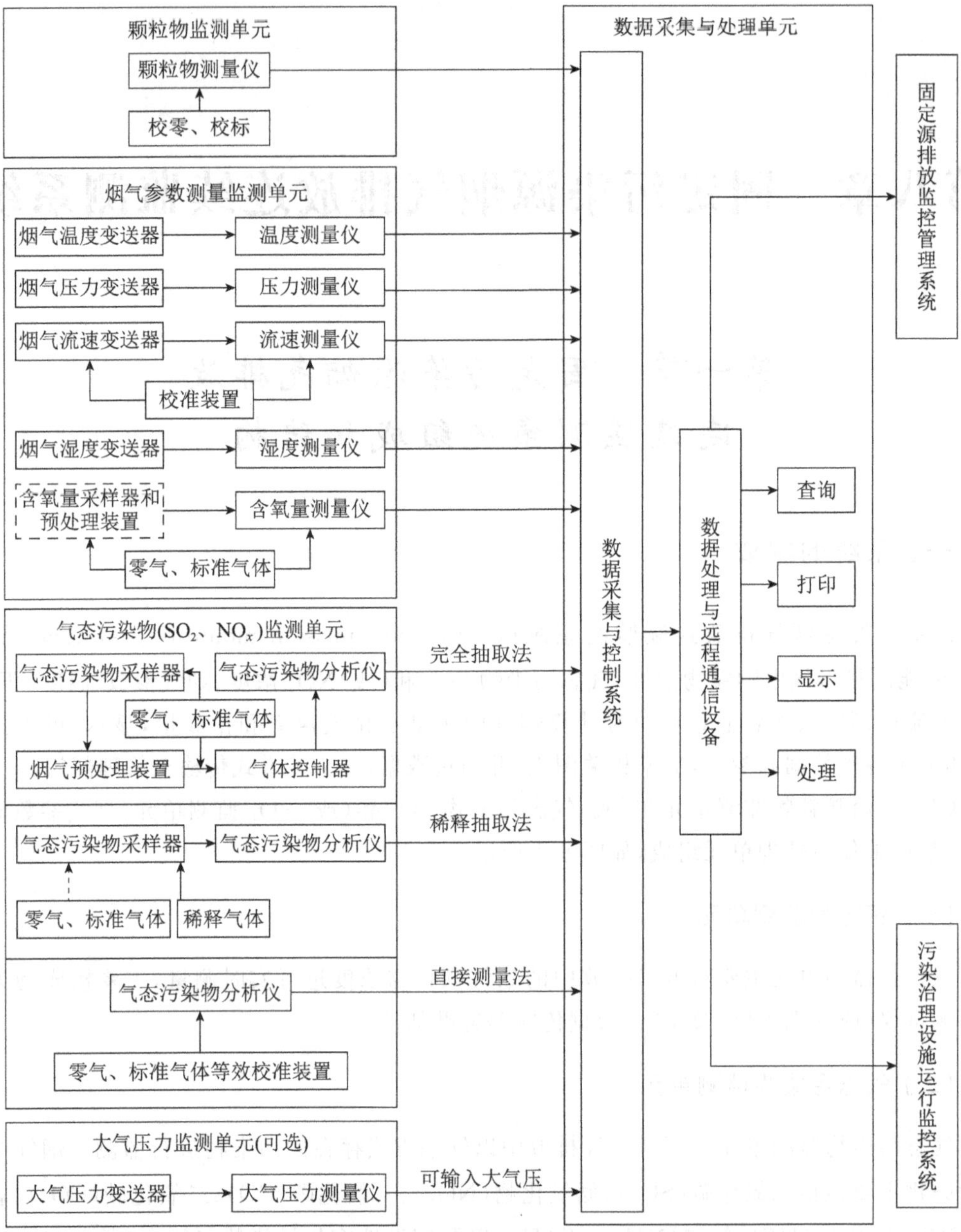

图 8.1　固定污染源烟气排放连续监测系统组成示意图

(四) 数据采集和处理单元

数据采集和处理单元负责采集现场的各种污染物监测数据、仪器工作状态,并将监测数据整理储存,通过某种通信手段,将数据传输到环保监控管理部门。对 CEMS 采样和分析单元测量的监测数据和系统状态参数进行采集和存储记录;通过相关软件对系统内部系统参数(日期、时间、大气压、污染源尺寸、截面积、污染物测量量程、超标报警值、手工输入湿度、皮托管系数以及反吹、维护间隔设置等参数)和过程参数(污染物调节因子、校准斜率、截距以及速度场系数等)的有效设置和编辑,同时整合测量的各类数据进行有效的计算、处理和分析、汇总;最后将需要的测试结果和数据以及 CEMS 运行状态参数等信息实时准确地传输到各级监控软件和平台。

CEMS 一般使用工控机作为数据采集和记录工具,其主要功能包括采集烟尘仪、气体监测仪、烟气参数仪等的一次测量数据,并记录仪器的各种工作状态,例如反吹、校准故障、维护、停机等。

二、系统的结构

CEMS 系统结构主要包括样品采集和传输装置、预处理设备、监测仪器、数据采集和传输设备以及其他辅助设备等。依据 CEMS 测量方式和原理的不同,CEMS 由上述全部或部分结构组成。

(一) 样品采集和传输装置

样品采集和传输装置主要包括采样探头、样品传输管线、流量控制设备和采样泵等,采样装置的材料和安装应不影响仪器测量。一般采用抽取测量方式的 CEMS 均具备样品采集和传输装置。

(二) 预处理设备

预处理设备主要包括样品过滤设备和除湿冷凝设备等;预处理设备的材料和安装应不影响仪器测量。部分采用抽取测量方式的 CEMS 具备预处理设备。

(三) 监测仪器

监测仪器用于对采集的污染源烟气样品进行测量分析。

(四) 数据采集和传输设备

数据采集和传输设备用于采集、处理和存储监测数据,并能按中心计算机指令传输监测数据和设备工作状态信息。

(五) 辅助设备

采用抽取测量方式的 CEMS,其辅助设备主要包括尾气排放装置、反吹净化及其控制装置、稀释零空气预处理装置以及冷凝液排放装置等;采用直接测量方式的 CEMS,其辅助设备主要包括气幕保护装置和标准气体流动等效校准装置等。

第二节　固定污染源烟气排放连续监测系统安装

一、安装位置一般要求

(一) 一般要求

(1) 位于固定污染源排放控制设备的下游和比对监测断面上游。

(2) 不受环境光线和电磁辐射的影响。

(3) 烟道振动幅度尽可能小。

(4) 安装位置应尽量避开烟气中水滴和水雾的干扰,如不能避开,应选用能够适用的检测探头及仪器。

(5) 安装位置不漏风。

(6) 安装 CEMS 的工作区域应设置一个防水低压配电箱,内设漏电保护器、不少于 2 个 10 A 插座,保证监测设备所需电力。

(7) 应合理布置采样平台与采样孔。

①采样或监测平台长度应≥2 m,宽度应≥2 m 或不小于采样枪长度外延 1 m,周围设置 1.2 m 以上的安全防护栏,有牢固并符合要求的安全措施,便于日常维护(清洁光学镜头、检查和调整光路准直、检测仪器性能和更换部件等)和比对监测。

②采样或监测平台应易于人员和监测仪器到达,当采样平台设置在离地面高度≥ 2 m 的位置时,应有通往平台的斜梯(或 Z 字梯、旋梯),宽度应≥0.9 m;当采样平台设置在离地面高度≥ 20 m 的位置时,应有通往平台的升降梯。

③当 CEMS 安装在矩形烟道上时,若烟道截面的高度>4 m,则不宜在烟道顶层开设参比方法采样孔;若烟道截面的宽度>4 m,则应在烟道两侧开设参比方法采样孔,并设置多层采样平台。

④在 CEMS 监测断面下游应预留参比方法采样孔,采样孔位置和数目按照 GB/T 16157 的要求确定。现有污染源参比方法采样孔内径应≥80 mm,新建或改建污染源参比方法采样孔内径应≥ 90 mm。在互不影响测量的前提下,参比方法采样孔应尽可能靠近 CEMS 监测断面。当烟道为正压烟道或有毒气时,应采用带闸板阀的密封采样孔。

(二) 具体要求

(1) 应优先选择在垂直管段和烟道负压区域,确保所采集样品的代表性。

(2) 测定位置应避开烟道弯头和断面急剧变化的部位。对于圆形烟道,颗粒物 CEMS 和流速 CMS,应设置在距弯头、阀门、变径管下游方向≥4 倍烟道直径,以及距上述部件上游方向≥2 倍烟道直径处;气态污染物 CEMS,应设置在距弯头、阀门、变径管下游方向≥2 倍烟道直径,以及距上述部件上游方向≥0.5 倍烟道直径处。对于矩形烟道,应以当量直径计,其当量直径按式(8.1)计算。

$$D=\frac{2AB}{A+B} \tag{8.1}$$

式中:D——当量直径;

A、B——边长。

(3) 对于新建排放源,采样平台应与排气装置同步设计、同步建设,确保采样断面满足上述的要求;对于现有排放源,当无法找到满足上述要求的采样位置时,应尽可能选择在气流稳定的断面安装 CEMS 采样或分析探头,并采取相应措施保证监测断面烟气分布相对均匀,断面无紊流。

对烟气分布均匀程度的判定采用相对均方根σ_r法，当$\sigma_r \leqslant 0.15$时视为烟气分布均匀，σ_r按式(8.2)计算。

$$\sigma_r = \sqrt{\frac{\sum_{i=1}^{n}(v_i - \bar{v})^2}{(n-1) \times \bar{v}^2}} \tag{8.2}$$

式中：σ_r——流速相对均方根；

v_i——测点烟气流速，m/s；

$\bar{v}$——截面烟气平均流速，m/s；

n——截面上的速度测点数目，测点的选择按照 GB/T 16157 执行。

(4) 为了便于颗粒物和流速参比方法的校验和比对监测，CEMS 不宜安装在烟道内烟气流速<5 m/s 的位置。

(5) 若一个固定污染源排气先通过多个烟道或管道后进入该固定污染源的总排气管时，应尽可能将 CEMS 安装在总排气管上，但要便于用参比方法校验 CEMS；不得只在其中的一个烟道或管道上安装 CEMS，并将测定值作为该源的排放结果；但允许在每个烟道或管道上安装 CEMS。

(6) 固定污染源烟气净化设备设置有旁路烟道时，应在旁路烟道内安装 CEMS 或烟温、流量 CMS。其安装、运行、维护、数据采集、记录和上传应符合标准要求。

二、安装施工要求

(1) CEMS 安装施工应符合 GB 50093—2013 和 GB 50168—2018 的规定。

(2) 施工单位应熟悉 CEMS 的原理、结构、性能，编制施工方案、施工技术流程图、设备技术文件、设计图样、监测设备及配件货物清单交接明细表、施工安全细则等有关文件。

(3) 设备技术文件应包括资料清单、产品合格证、机械结构、电气、仪表安装的技术说明书、装箱清单、配套件、外购件检验合格证和使用说明书等。

(4) 设计图样应符合技术制图、机械制图、电气制图、建筑结构制图等标准的规定。

(5) 设备安装前的清理、检查及保养应符合以下要求。

①按交货清单和安装图样明细表清点检查设备及零部件，缺损件应及时处理，更换补齐。

②运转部件如取样泵、压缩机、监测仪器等，滑动部位均需清洗、注油润滑防护。因运输造成变形的仪器、设备的结构件应校正，并重新涂刷防锈漆及表面油漆，保养完毕后应恢复原标记。

(6) 现场端连接材料（垫片、螺母、螺栓、短管、法兰等）为焊件组对成焊时，壁（板）的错边量应符合以下要求：

①管子或管件对口、内壁齐平，最大错边量≥1 mm。

②采样孔的法兰与连接法兰几何尺寸极限偏差不超过±5 mm，法兰端面的垂直度极限偏差≤0.2%。

③采用透射法原理颗粒物监测仪器发射单元和颗粒物监测仪反射单元，测量光束从发射孔的中心出射到对面中心线相叠合的极限偏差≤0.2%。

(7) 从探头到监测仪的整条采样管线的铺设应采用桥架或穿管等方式，保证整条管线具有良好的支撑。管线倾斜度≥5°，防止管线内积水，在每隔 4～5 m 处装线卡箍。当使用伴热管线时应具备稳定、均匀加热和保温的功能，其设置加热温度≥120 ℃，且应高于烟气露点温度 10 ℃以上，其实际温度值应能够在机柜或系统软件中显示查询。

(8) 电缆桥架安装应满足最大直径电缆的最小弯曲半径要求。电缆桥架的连接应采用连接片。配电套管应采用钢管和 PVC 管材质配线管，其弯曲半径应满足最小弯曲半径要求。

(9) 应将动力与信号电缆分开敷设，保证电缆通路及电缆保护管的密封，自控电缆应符合输入和输出分开、数字信号和模拟信号分开的配线和敷设的要求。

(10) 安装精度和连接部件坐标尺寸应符合技术文件和图样规定。监测站房仪器应排列整齐，监测仪器顶平直度和平面度应不大于 5 mm，监测仪器牢固固定，可靠接地。二次接线正确、牢固可靠，配导线的端部应标明回路编号。配线工艺整齐，绑扎牢固，绝缘性好。

(11) 各连接管路、法兰、阀门封口垫圈应牢固完整，均不得有漏气、漏水现象。保持所有管路畅通，保证气路阀门、排水系统安装后应畅通和启闭灵活。自动监测系统空载运行 24 h 后，管路不得出现脱落、渗漏、振动强烈现象。

(12) 反吹气应为干燥清洁气体，反吹系统应进行耐压强度试验，试验压力为常用工作压力的 1.5 倍。

(13) 电气控制和电气负载设备的外壳防护应符合 GB 4208—2008 的技术要求，户内达到防护等级 IP24 级，户外达到防护等级 IP54 级。

(14) 防雷、绝缘要求：

①系统仪器设备的工作电源应有良好的接地措施，接地电缆应采用大于 4 mm^2 的独芯护套电缆，接地电阻小于 4 Ω，且不能和避雷接地线共用。

②平台、监测站房、交流电源设备、机柜、仪表和设备金属外壳、管缆屏蔽层和套管的防雷接地，可利用厂内区域保护接地网，采用多点接地方式。厂区内不能提供接地线或提供的接地线达不到要求的，应在子站附近重做接地装置。

③监测站房的防雷系统应符合 GB 50057—2010 的规定。电源线和信号线设防雷装置。

④电源线、信号线与避雷线的平行净距离≥1 m，交叉净距离≥0.3 m。

⑤由烟囱或主烟道上数据柜引出的数据信号线要经过避雷器引入监测站房，应将避雷器接地端同站房保护地线可靠连接。

⑥信号线为屏蔽电缆线，屏蔽层应有良好绝缘，不可与机架、柜体发生摩擦、打火，屏蔽层两端及中间均需做接地连接。

第三节　固定污染源烟气排放连续监测系统验收

CEMS 在完成安装、调试检测并和主管部门联网后，应进行技术验收，包括 CEMS 技术指标验收和联网验收。

一、技术验收条件

CEMS在完成安装、调试检测并符合下列要求后，可组织实施技术验收工作。

(1) CEMS的安装位置及手工采样位置应符合固定污染源烟气排放连续监测系统安装要求。

(2) 数据采集和传输以及通信协议均应符合HJ/T 212—2005的要求，并提供一个月内数据采集和传输自检报告，报告应对数据传输标准的各项内容做出响应。

(3) 根据HJ 75—2017第8章的要求进行了72 h的调试检测，并提供调试检测合格报告及调试检测结果数据。

(4) 调试检测后至少稳定运行7 d。

二、CEMS技术指标验收

(一) 一般要求

(1) CEMS技术指标验收包括颗粒物CEMS、气态污染物CEMS、烟气参数CMS技术指标验收。

(2) 验收时间由排污单位与验收单位协商决定。

(3) 现场验收期间，生产设备应正常且稳定运行，可通过调节固定污染源烟气净化设备达到某一排放状况，该状况在测试期间应保持稳定。

(4) 日常运行中更换CEMS监测仪表或变动CEMS取样点位时，应分别满足固定污染源烟气排放连续监测系统安装位置要求和安装施工的要求，并进行再次验收。

(5) 现场验收时必须采用有证标准物质或标准样品，较低浓度的标准气体可以使用高浓度的标准气体采用等比例稀释方法获得，等比例稀释装置的精密度在1%以内。标准气体要求贮存在铝或不锈钢瓶中，不确定度不超过±2%。

(6) 对于光学法颗粒物CEMS，校准时须对实际测量光路进行全光路校准，确保发射光先经过出射镜片，再经过实际测量光路，到校准镜片后，再经过入射镜片到达接受单元，不得只对激光发射器和接收器进行校准。对于抽取式气态污染物CEMS，当对全系统进行零点校准和量程校准、示值误差和系统响应时间的检测时，零气和标准气体应通过预设管线输送至采样探头处，经由样品传输管线回到站房，经过全套预处理设施后进入气体监测仪。

(7) 验收前检查直接抽取式气态污染物采样伴热管的设置，应符合固定污染源烟气排放连续监测系统安装施工要求的规定。冷干法CEMS冷凝器的设置和实际控制温度应保持在2~6 ℃。

(二) 颗粒物CEMS技术指标验收

1. 验收内容

颗粒物CEMS技术指标验收包括颗粒物的零点漂移、量程漂移和准确度验收。

2. 颗粒物 CEMS 零点漂移、量程漂移

在验收开始时，人工或自动校准仪器零点和量程，测定和记录初始的零点、量程读数，待颗粒物 CEMS 准确度验收结束，且至少距离初始零点、量程测定 6 h 后再次测定（人工或自动）和记录一次零点、量程读数，随后校准零点和量程。按 HJ 75—2017 中附录 A 公式（A1）～（A4）计算零点漂移、量程漂移。

3. 颗粒物 CEMS 准确度

采用参比方法与 CEMS 同步测量测试断面烟气中颗粒物平均浓度，至少获取 5 对同时间区间且相同状态的测量结果，按以下方法计算颗粒物 CEMS 准确度：

绝对误差：

$$\overline{d}_i = \frac{1}{n}\sum_{i=1}^{n}(C_{\text{CEMS}} - C_i) \tag{8.3}$$

相对误差：

$$R_e = \frac{\overline{d}_i}{C_i} \times 100\% \tag{8.4}$$

式中：R_e——相对误差，%；

$\overline{d}_i$——绝对误差，mg/m^3；

n——测定次数（≥5）；

C_i——参比方法测定的第 i 个浓度，mg/m^3；

C_{CEMS}——CEMS 与参比方法同时段测定的浓度，mg/m^3。

（三）气态污染物 CEMS 和氧气 CMS 技术指标验收

1. 验收内容

气态污染物 CEMS 和氧气 CMS 技术指标验收包括零点漂移、量程漂移、示值误差、系统响应时间和准确度验收。现场验收时，先做示值误差和系统响应时间的验收测试，不符合技术要求的，可不再继续开展其余项目验收。

注：通入零气和标准气体时，均应通过 CEMS 系统，不得直接通入气体监测仪。

2. 气态污染物 CEMS 和氧气 CMS 示值误差、系统响应时间

(1) 示值误差：

①通入零气（经过滤的不含颗粒物、待测气体的清洁干空气或高纯氮气），调节仪器零点。

②通入高浓度（80%～100%的满量程值）标准气体，调整仪器显示浓度值与标准气体浓度值一致。

③仪器经上述校准后，按照零气、高浓度标准气体、零气、中浓度（50%～60%的满量程值）标准气体、零气、低浓度（20%～30%的满量程值）标准气体的顺序通入标准气体。若低浓度标准气体浓度高于排放限值，则还需通入浓度低于排放限值的标准气体，完成超低排放改造后的火电污染源还应通入浓度低于超低排放水平的标准气体。待显示浓度值稳定后读取测定结果。重复测定 3 次，取平均值。按 HJ 75—2017 中附录 A 公式（A19）和（A20）计算示值误差。

(2) 系统响应时间：

①待测 CEMS 运行稳定后，按照系统设定采样流量通入零点气体，待读数稳定后按照相同流量通入量程校准气体，同时用秒表开始计时。

②观察监测仪示值，至读数开始跃变止，记录并计算样气管路传输时间 T_1。

③继续观察并记录待测监测仪器显示值上升至标准气体浓度标称值90%时的仪表响应时间 T_2。

④系统响应时间为 T_1 和 T_2 之和。重复测定 3 次，取平均值。

3. 气态污染物 CEMS 和氧气 CMS 零点漂移、量程漂移

(1) 零点漂移：系统通入零气(经过滤的不含颗粒物、待测气体的清洁干空气或高纯氮气)，校准仪器至零点，测试并记录初始读数 Z_0。待气态污染物和氧气准确度验收结束，且至少距初始测试 6 h 后，再通入零气，待读数稳定后记录零点读数 Z_1。按 HJ 75—2017 附录 A 公式(A1)和(A2)计算零点漂移 Z_d。

(2) 量程漂移：系统通入高浓度(80%～100%的满量程值)标准气体，校准仪器至该标准气体的浓度值，测试并记录初始读数 S_0。待气态污染物和氧气准确度验收结束，且至少距初始测试 6 h 后，再通入同一标准气体，待读数稳定后记录标准气体读数 S_1。按 HJ 75—2017 附录 A 公式(A3)和(A4)计算量程漂移 S_d。

4. 气态污染物 CEMS 和氧气 CMS 准确度

参比方法与 CEMS 同步测量烟气中气态污染物和氧气浓度，至少获取 9 个数据对，每个数据对取 5～15 min 均值。绝对误差按公式(8.3)计算，相对误差按公式(8.4)计算，相对准确度按 HJ 75—2017 附录 A 公式(A21)～(A26)计算。

(四) 烟气参数 CMS 技术指标验收

(1) 验收内容：烟气参数指标验收包括流速、烟温、湿度准确度验收。

采用参比方法与流速、烟温、湿度 CMS 同步测量，至少获取 5 个同时段测试断面值数据对，分别计算流速、烟温、湿度 CMS 准确度。

(2) 流速准确度：烟气流速准确度计算方法如下。

绝对误差：

$$\bar{d}_{vi}=\frac{1}{n}\sum_{i=1}^{n}(V_{\text{CEMS}}-V_i) \tag{8.5}$$

相对误差：

$$R_{ev}=\frac{\bar{d}_{vi}}{V_i}\times 100\% \tag{8.6}$$

式中：$\bar{d}_{vi}$——流速绝对误差，m/s；

R_{ev}——流速相对误差，%；

n——测定次数(≥5)；

V_{CEMS}——流速 CEMS 与参比方法同时段测定的烟气平均流速，m/s；

V_i——参比方法测定的测试断面的烟气平均流速，m/s。

(3) 烟温准确度:烟温绝对误差计算方法如下。

$$\Delta T = \frac{1}{n}\sum_{i=1}^{n}(T_{\mathrm{CEMS}} - T_i) \tag{8.7}$$

式中:ΔT——烟温绝对误差,℃;

n——测定次数(≥5);

T_{CEMS}——烟温 CMS 与参比方法同时段测定的平均烟温,℃;

T_i——参比方法测定的平均烟温,℃(可与颗粒物参比方法测定同时进行)。

(4) 湿度准确度:湿度准确度计算方法如下。

绝对误差:

$$\Delta X_{\mathrm{SW}} = \frac{1}{n}\sum_{i=1}^{n}(X_{\mathrm{SWCMS}} - X_{\mathrm{SW}i}) \tag{8.8}$$

相对误差:

$$R_{\mathrm{es}} = \frac{\Delta X_{\mathrm{SW}}}{X_{\mathrm{SW}i}} \times 100\% \tag{8.9}$$

式中:ΔX_{SW}——烟气湿度绝对误差,%;

R_{es}——烟气湿度相对误差,%;

n——测定次数(≥5);

X_{SWCMS}——烟气湿度 CMS 与参比方法同时段测定的平均烟气湿度,%;

$X_{\mathrm{SW}i}$——参比方法测定的平均烟气湿度,%。

(5) 验收测试结果可参照 HJ 75—2017 中附录 D 中的表 D.1、表 D.3～表 D.5 和表 D.8 表格形式记录。

(6) 技术指标验收测试报告应包括以下信息(报告格式可参照 HJ 75—2017 附录 F):

①报告的标识-编号。

②检测日期和编制报告的日期。

③CEMS 标识-制造单位、型号和系列编号。

④安装 CEMS 的企业名称和安装位置所在的相关污染源名称。

⑤环境条件记录情况(大气压力、环境温度、环境湿度)。

⑥示值误差、系统响应时间、零点漂移和量程漂移验收引用的标准。

⑦准确度验收引用的标准。

⑧所用可溯源到国家标准的标准气体。

⑨参比方法所用的主要设备、仪器等。

⑩检测结果和结论。

⑪测试单位。

⑫三级审核签字。

⑬备注(技术验收单位认为与评估 CEMS 的性能相关的其他信息)。

(7) 示值误差、系统响应时间、零点漂移和量程漂移验收技术要求见表 8.1。

表 8.1 示值误差、系统响应时间、零点漂移和量程漂移验收技术要求

检测项目			技术要求
气态污染物 CEMS	SO_2	示值误差	当满量程≥100 μmol/mol(286 mg/m^3)时,示值误差不超过±5%(相对于标准气体标称值);当满量程<100 μmol/mol(286 mg/m^3)时,示值误差不超过±2.5%(相对于仪表满量程值)
		系统响应时间	≤200 s
		零点漂移、量程漂移	不超过±2.5%
	NO_x	示值误差	当满量程≥200 μmol/mol(410 mg/m^3)时,示值误差不超过±5%(相对于标准气体标称值);当满量程<200 μmol/mol(410 mg/m^3)时,示值误差不超过±2.5%(相对于仪表满量程值)
		系统响应时间	≤200 s
		零点漂移、量程漂移	不超过±2.5%
氧气 CMS	O_2	示值误差	±5%(相对于标准气体标称值)
		系统响应时间	≤200 s
		零点漂移、量程漂移	不超过±2.5%
颗粒物 CEMS	颗粒物	零点漂移、量程漂移	不超过±2.0%

注:氮氧化物以 NO_2 计。

(8)准确度验收技术要求见表 8.2。

表 8.2 准确度验收技术要求

检测项目			技术要求
气态污染物 CEMS	SO_2	准确度	排放浓度≥250 μmol/mol(715 mg/m^3)时,相对准确度≤15%
			50 μmol/mol(143 mg/m^3)≤排放浓度<250 μmol/mol(715 mg/m^3)时,绝对误差不超过±20 μmol/mol(57 mg/m^3)
			20 μmol/mol(57 mg/m^3)≤排放浓度<50 μmol/mol(143 mg/m^3)时,相对误差不超过±30%
			排放浓度<20 μmol/mol(57 mg/m^3)时,绝对误差不超过±6 μmol/mol(17 mg/m^3)
	NO_x	准确度	排放浓度≥250 μmol/mol(513 mg/m^3)时,相对准确度≤15 %
			50 μmol/mol(103 mg/m^3)≤排放浓度<250 μmol/mol(513 mg/m^3)时,绝对误差不超过±20 μmol/mol(41 mg/m^3)
			20 μmol/mol(41 mg/m^3)≤排放浓度<50 μmol/mol(103 mg/m^3)时,相对误差不超过±30%
			排放浓度<20 μmol/mol(41 mg/m^3)时,绝对误差不超过±6 μmol/mol(12 mg/m^3)
	其他气态污染物	准确度	相对准确度≤15%

续表

检测项目			技术要求
氧气 CMS	O_2	准确度	>5.0%时,相对准确度≤15%
			≤5.0%时,绝对误差不超过±1.0%
颗粒物 CEMS	颗粒物	准确度	排放浓度>200 mg/m³ 时,相对误差不超过±15%
			100 mg/m³<排放浓度≤200 mg/m³ 时,相对误差不超过±20%
			50 mg/m³<排放浓度≤100 mg/m³ 时,相对误差不超过±25%
			20 mg/m³<排放浓度≤50 mg/m³ 时,相对误差不超过±30%
			10 mg/m³<排放浓度≤20 mg/m³ 时,绝对误差不超过±6 mg/m³
			排放浓度≤10 mg/m³ 时,绝对误差不超过±5 mg/m³
流速 CMS	流速	准确度	流速>10 m/s 时,相对误差不超过±10%
			流速≤10 m/s 时,相对误差不超过±12%
温度 CMS	温度	准确度	绝对误差不超过±3 ℃
湿度 CMS	湿度	准确度	烟气湿度>5.0%时,相对误差不超过±25%
			烟气湿度≤5.0%时,绝对误差不超过±1.5%

注:氮氧化物以 NO_2 计,以上各参数区间划分以参比方法测量结果为准。

三、联网验收

联网验收由通信及数据传输验收、现场数据比对验收和联网稳定性验收 3 部分组成。

(一) 通信及数据传输验收

按照 HJ/T 212—2005 的规定检查通信协议的正确性。数据采集和处理子系统与监控中心之间的通信应稳定,不出现经常性的通信连接中断、报文丢失、报文不完整等通信问题。为保证监测数据在公共数据网上传输的安全性,所采用的数据采集和处理子系统应进行加密传输。监测数据在向监控系统传输的过程中,应由数据采集和处理子系统直接传输。

(二) 现场数据比对验收

数据采集和处理子系统稳定运行一个星期后,对数据进行抽样检查,对比上位机接收到的数据和现场机存储的数据是否一致,精确至一位小数。

(三) 联网稳定性验收

在连续一个月内,子系统能稳定运行,不出现除通信稳定性、通信协议正确性、数据传输正确性以外的其他联网问题。

(四) 联网验收技术指标要求

固定污染源烟气排放连续监测系统联网验收的技术指标见表 8.3。

表 8.3　联网验收技术指标

验收检测项目	考核指标
通信稳定性	(1)现场机在线率为 95%以上； (2)正常情况下，掉线后，应在 5 min 之内重新上线； (3)单台数据采集传输仪每日掉线次数在 3 次以内； (4)报文传输稳定性在 99%以上，当出现报文错误或丢失时，启动纠错逻辑，要求数据采集传输仪重新发送报文
数据传输安全性	(1)对所传输的数据应按照 HJ/T 212—2005 中规定的加密方法进行加密处理传输，保证数据传输的安全性； (2)服务器端对请求连接的客户端进行身份验证
通信协议正确性	现场机和上位机的通信协议应符合 HJ/T 212—2005 中的规定，正确率 100%
数据传输正确性	系统稳定运行一个星期后，对一星期的数据进行检查，对比接收的数据和现场的数据一致，精确至一位小数，抽查数据正确率 100%
联网稳定性	系统稳定运行一个月，不出现除通信稳定性、通信协议正确性数据传输正确性以外的其他联网问题

第九章　固定污染源烟气排放连续监测方法原理

第一节　烟气参数

根据《固定污染源烟气（SO_2、NO_X、颗粒物）排放连续监测系统技术要求及检测方法》（HJ 76—2017）的规定，烟气排放参数主要包括温度、压力、流速或流量、湿度、含氧量等。烟气温度、压力、流速和湿度的在线监测，主要目的是通过烟气各参数测量计算出标准状态下的干烟气流量，用以准确计算烟气污染物排放的实时质量浓度及排放总量；烟气氧含量的在线监测，主要目的是实测固定污染源烟气排放的空气过量系数，将监测的污染物排放浓度折算成环保标准规定的空气过量系数下的排放质量浓度。固定污染源烟气排放参数常用的监测方法见表 9.1。

表 9.1　烟气排放参数监测方法

测量项目	测量方法	安装位置
氧含量	氧化锆法	烟道、抽取
	磁氧法	直接抽取采样
	原电池法	直接抽取采样
流速	皮托管差压法	插入式
	热线法	插入式
	超声波法	对穿式
湿度	电容法	插入式
	干湿氧法	烟道和抽取
温度	热电偶	插入式
	热电阻	插入式
压力	压阻感应片	直接测量

一、氧含量

固定污染源烟气排放参数中氧含量在线监测的方法主要有氧化锆氧监测仪、顺磁式氧监测仪和燃料电池式氧监测仪。

(一) 氧化锆氧监测仪

氧化锆氧监测仪测定氧含量的原理为：利用 ZrO_2 在高温(600 ℃)时的电解催化作用，形成烟气一侧的电极与含有氧气的参考气体(通常为空气)接触的参考电极产生的点位的不同，从而测量出烟气中氧气浓度。

根据氧化锆探头结构形式和安装方式的不同，可把氧化锆氧监测仪分为直插式氧化锆氧监测仪和抽取式氧化锆氧监测仪。直接测量法即测量探头插在烟道中；烟道抽取式即采样探头插入烟道，测量池安装在烟道上离烟道一定距离的监测仪中(需要样品输送管路)。就使用数量而言，目前大量使用的是直插式氧化锆氧监测仪。

以直插定温式氧化锆探头为例，其结构如图 9.1 所示。被测气体(烟气)通过陶瓷过滤器进入氧化锆管的内侧，参比气体(空气)通过自然对流进入传感器的外侧，当锆管内外侧的氧浓度不同时，在氧化锆管内外侧产生氧浓差电势(在参比气体确定情况下，氧化锆输出的氧浓差电势与传感器的工作温度和被测气体浓度呈函数对应关系)，该氧浓差电势经显示仪表转化成与被测烟气含氧量呈线性关系的标准信号，供测氧仪的仪表显示和输出。

直插定温式系统是采用控温电炉加热方式使氧化锆管维持正常工作所需的恒定温度。温度控制器连接热电偶和加热器，用于控制氧浓差电池的温度，使之恒定在某一设定温度上。毫伏变送器接收探头输出的氧浓差电势信号，转换成标准电流信号，送给显示仪表进行显示。

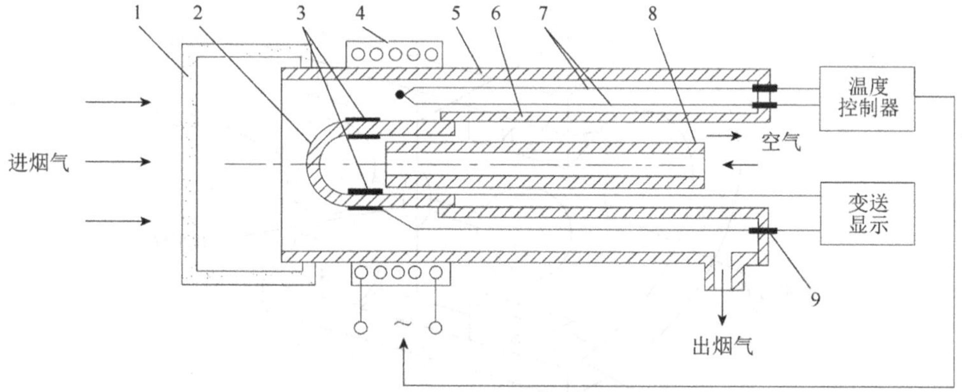

图 9.1　直插定温式氧化锆探头结构示意图

1—陶瓷过滤器；2—氧化锆管；3—内、外铂电极；4—恒温加热器(内为加热电阻丝)；
5,6,8—氧化铝陶瓷管(保护管、套管、导气管)；7—热电偶；9—内、外电极引线

(二) 顺磁式氧监测仪

顺磁式氧监测仪是利用氧气的顺磁性的特性测量氧含量。氧气的磁化率比一般气体高很多倍，因此对于氧气和其他一般气体如氮气的混合气体而言，气体的磁化率几乎是由氧气的含量来决定的，测定该气体的磁化率就能够确定其中的氧含量。顺磁式氧监测仪是通过氧气在磁场中产生相应的热磁对流、压力差和密度梯度，利用相关的感应元件进行检测得到

相对应的氧含量。根据检测原理的不同，它可分为热磁式、磁压力式和磁机械式3种类型。

1. 热磁式氧监测仪

热磁式氧监测仪的检测原理是利用未经加热的氧气与加热后的氧气在磁场的作用下形成的热磁对流。仪器内部的检测元件主要为一对热敏电阻。形成热磁对流的氧气先后作用于热敏电阻，因此两电阻的变化不同，放大器两相端的电压不等，分析输出电压就可以得出样气中的氧含量。

2. 磁压力式氧监测仪

磁压力式氧监测仪的检测原理是由于氧气分子具有强顺磁性，它会向磁场的增强方向移动，如果存在两种不同氧含量的气体，它们在同一磁场相遇时就会产生压力差，当其中一种气体的氧含量为已知时，检测该压力差可得出另一种气体的氧含量。

3. 磁机械式氧监测仪

我国常使用的顺磁式氧监测仪主要是磁机械式氧监测仪。磁机械式氧监测仪与磁压力式氧监测仪的检测原理都是利用两种不同氧含量的气体在磁场的作用下形成的压力差，而两者的区别在于磁机械式氧监测仪利用的是机械的原理。如图9.2所示，用一根灵敏度很高的张丝悬吊着哑铃球，两种不同氧含量的气体在磁场的作用下形成的压力差使它发生偏转，在偏转角度较小的情况下氧气的浓度与偏转角度成正比，由光源、反射镜和感光元件组成的单元能准确检测出该偏转角度，从而确定气体中的氧含量。

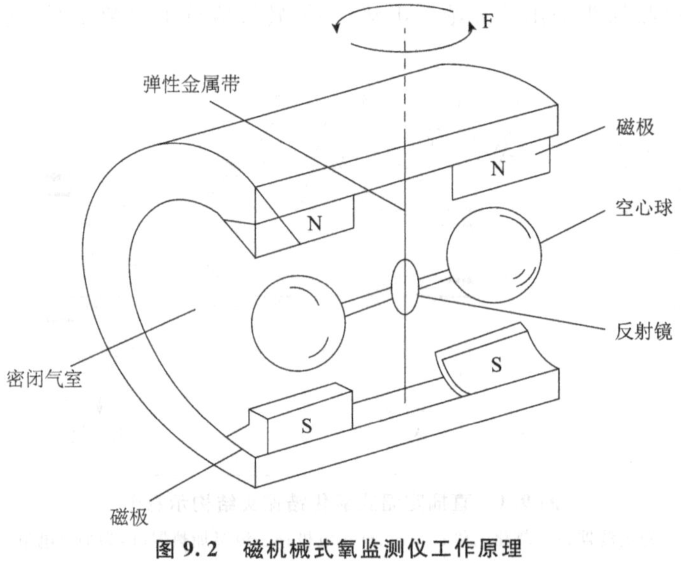

图9.2 磁机械式氧监测仪工作原理

(三) 燃烧电池式氧监测仪

燃料电池是原电池的一种，原电池氧监测仪的电化学反应可以自发进行，不需要外部供电，样品气中的氧和阳极的氧化反应生成阳极的氧化物，类似于氧的燃烧反应，所以这类原电池也被称为“燃料电池”。

燃料电池根据采用的电解质是液体电解液还是固体电解质(糊状电解液)可分为液体燃料电池和固体燃料电池。在液体燃料电池中，根据电解液的性质又分为碱性液体燃料电池和酸性液体燃料电池。由于烟气中含有 CO_2、SO_2 酸性成分，因此只能采用酸性液体燃料电池测量。

酸性液体燃料电池由金阴极＋铅阳极（或石墨阳极等）＋醋酸电解液组成，酸性燃料电池氧传感器的工作原理如图 9.3 所示。被测气体中的氧分子通过扩散膜进入燃料电池，在电极上发生电化学反应，反应生成的电流与氧含量成正比，通过测定电流以测量烟气中的氧含量。

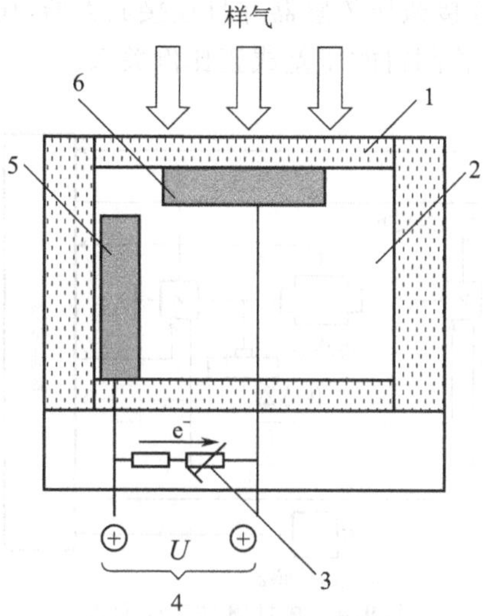

图 9.3　酸性燃料电池氧传感器工作原理

1—FEP 制成的氧扩散膜；2—电解液（乙酸）；3—用于温度补偿的热敏电阻和负载电阻；4—外电路信号输出；5—石墨阳极；6—金阴极

二、烟气流速

烟气流速是烟气参数的一个重要物理量，我国对 SO_2、NO_x 排放总量实施监控，需同时测定 SO_2、NO_x 浓度和烟气流量，而监测烟气流量首先要监测烟气流速，其测量精度直接影响污染物排放总量的精度。常用的烟气流速测量方法有压差法、热平衡法、超声波法等。

烟气流量测量又分为点测量和线测量：点测量是指在烟道或管道某一点上或沿着等于或小于断面直径 10%的路径上测量；线测量是指沿着大于烟道或管道断面直径 10%的路径上测量。无论是点测量或线测量都需要将测量点和测量线的烟气流速转换为测量断面的烟气流速，并通过建立流速测量与参比方法测量烟气平均流速的关系，即速度场系数或线性相关，实现将烟气点、线烟气平均流速转换为测量断面的烟气平均流速。

烟气流量监测的实质是测量烟气流速，然后根据实测的烟气平均流速与所测量的烟道横截面积相乘，计算得出湿烟气流量，再根据其他参数计算出标准状态下的干烟气流量。

（一）压差法

压差法流速测量主要分为 S 形皮托管法和平均压差均速管（又称阿牛巴管）法两

种。通常采用微差压变送器测量烟气动压，并根据烟气动压的平方根与流速成正比计算得到烟气流速。

1. S形皮托管法

S形皮托管测量原理如图9.4所示。S形皮托管由两根相同的金属管并联组成，测量端有方向相反的两个开口，一根管面正对气体流动方向测量全压，另一根管平行于气流或背向气流测量静压。皮托管两管连接微压传感器并且连接放大器，压差由微压传感器测得，经放大调制，输出电压与S形皮托管测得的压差成正比例关系。

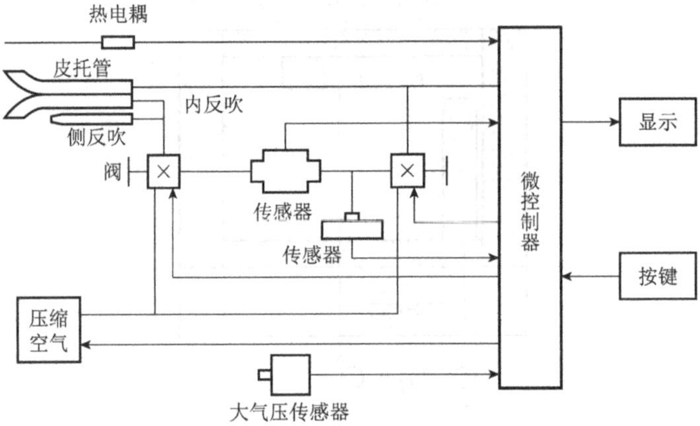

图9.4　皮托管法工作原理

S形皮托管只能测量烟道内某一点的流速，而烟道内的烟气流场大多呈层流分布，因此皮托管的测量点必须选择在具有代表性、烟气流场必须稳定的测量点，并要求测压孔开口与烟气流动方向垂直，否则会产生测量误差。由于不能校准气流与压差传感器系统探头碰撞的角度，因此安装时应避开有涡流的位置。

保持皮托管正对气流测孔表面的清洁是保证准确测量烟气流速的重要条件，需要采用高压反吹技术定期反吹皮托管。反吹时要注意反吹压力及时间，既要达到有效反吹效果，又要防止反吹气体冷却皮托管探头，造成烟气冷凝产生腐蚀。特别是皮托管用于湿法除尘、脱硫出口的烟气流速测量，由于烟温低烟气湿度大，需要对皮托管采取耐腐蚀措施，如采用耐腐蚀材料316不锈钢管，或喷涂耐温的聚四氟乙烯防腐层。

由于安装地点的温度变化、震动、电磁干扰静电等影响会造成流速仪的零点漂移，影响流速的准确测量，因此要定期自动校准仪器零点。

2. 平均压差均速管法

平均压差均速管(阿牛巴管)是皮托管的改进形式。阿牛巴管流速仪的测量原理如图9.5所示。管上开有4个或4个以上的孔，该测孔位置与圆形烟道截面同心圆中心线与直径线的焦点一致，或与矩形烟道截面上设置的手工方法测定(一个测孔)流速的测点一致，面对气流方向的测孔(高压测孔)，测出烟道直径范围内或测量线上烟气的平均碰撞压力(全压)；位于高压测孔后面的测孔，测得的烟气压力小于静压。

阿牛巴管仅能测定烟道一条直径线上烟气的平均流速，如果安装相互垂直的两个阿牛巴管，则能更准确地测量烟气流速。

阿牛巴管的测量孔与S形皮托管一样存在易受烟气颗粒物堵塞及腐蚀问题，需要采取

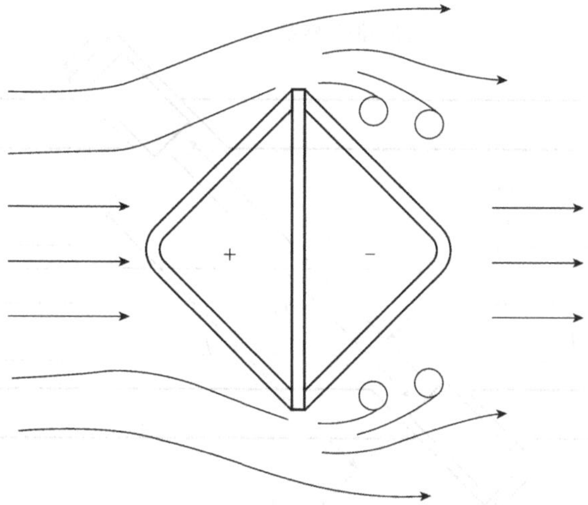

图 9.5　阿牛巴管流速测量仪工作原理

反吹清洁及防腐蚀措施。由于管上的开孔增多,需要保证反吹气体的压力,否则压力降低将会影响吹扫的效果,影响准确度。

在阿牛巴管中,由于面对气流的测孔的烟气压力不同,存在气体流动问题,会影响测量的准确度。另外,阿牛巴管测量管长度不宜过长,一般控制在 2 m 之内,防止长期使用后测量管可能发生形变,不利于维护和更换。

(二) 热平衡法

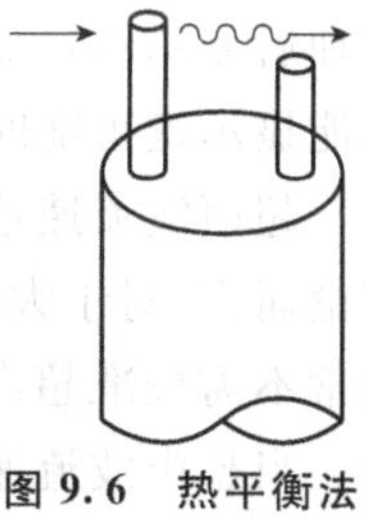

图 9.6　热平衡法流速仪工作原理

热平衡法流速测量仪测量原理如图 9.6 所示,通过把加热体的热传输给流动的烟气进行工作。气体借热空气对流从探头带走热,并导致探头冷却。气流流经探头的速度越快,探头冷却得越快。供给更多的电量维持传感器最初的温度,对于加热丝类型的传感器,气体的质量流量与供电量成正比例关系。

水滴将引起热传感系统的测量误差,因为附着在传感器上的水滴会带走热量,水蒸气造成的热损失被认为是气流带走的热损失,结果导致测量流量偏高。因此热传感系统不适合含有水滴的烟气流量的测定。

热传感系统会受到腐蚀和黏附颗粒。酸液会腐蚀探头金属结合处并造成灾难性的故障而不是系统误差。黏附的微粒在探头的温度传感器上形成绝缘层,将使仪器的响应时间变长,不能实时跟踪测量变化的流速。因此,应采用多种技术减少存在的这些问题。这些技术如:瞬时加热传感器或用清洁的空气吹扫掉探头上的沉积物或用机械的方法清除表面的黏污物,目前这些技术都得到了应用。

(三) 超声波法

超声波流速仪测量原理如图 9.7 所示。在烟道两侧各安装一个发射/接收器组成超声波流速连续测量系统,典型的角度为 30°～60°,通过超声波在流体中顺流和逆流方向传播时间差来计算出流速。

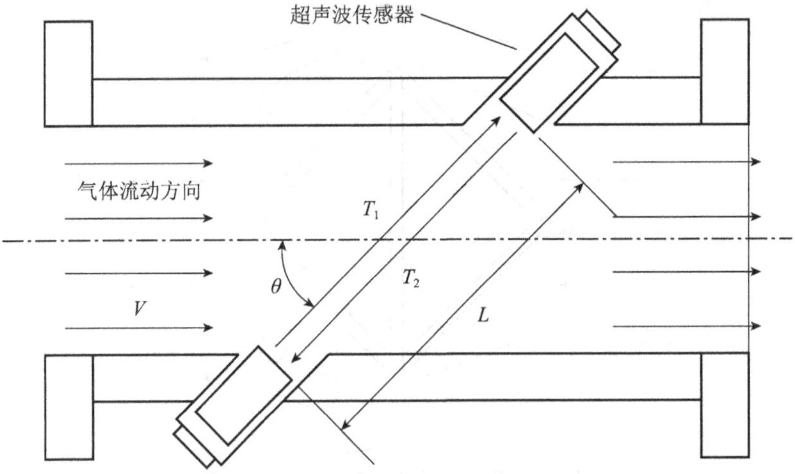

图 9.7 超声波法工作原理

V—气体流速；L—上游探头到下游探头长度；θ—声音传播与气体流动方向的夹角；
T_1—从上游探头到下游探头超声脉冲的传播时间；T_2—从下游探头到上游探头超声脉冲的传播时间

当超声波束在烟气中传播，气体的流动将使传播时间产生微小变化，并且其传播时间的变化 ΔT 正比于气体的流速 V。由于超声波在不同温度的液体内传播的时间略有变化，故仪器本身具有温度补偿的功能。由探头发射并接收超声波信号，通过转换、放大、运算、补偿处理后显示测量流量值，不同管道所需的不同参数均由仪器内计算机软件自动调整。通过功能显示键可随时显示介质流速、瞬时流量、累计流量、信号强度，从而监视仪表运转情况。

超声波流速连续测量系统测量的是一条线，得到线平均流速而不是面平均流速。因此，理论而言，对于大多数用手工方法测定烟道一条直径线的平均流速作为面平均流速的烟道，通常不需校准超声波流速连续测量系统的测定结果，可将测得的线平均流速作为面平均流速。当超声波流速连续测量系统安装在矩形烟道或者管道上时，仍需要利用场系数把线平均流速转换为面平均流速。

流速分层，测量位置出现涡流、轴流都会影响流速测定。所以测量系统应尽量避开安装在这样的位置。超声波技术能够测量低至 0.03 m/s 的气流流速。

各种烟气流速在线监测方法的比较见表 9.2。

表 9.2 流速(流量)测量技术的比较

序号	项目	流速(流量)测量系统		
1	类型	皮托管	超声波	热平衡
2	原理	压差	时间差	温度差
3	测量方式	点测量	线测量	点测量
4	安装	烟道一侧，容易安装	烟道两侧，两个发射/接收器应在一条线上，安装角度难掌握	烟道一侧，容易安装
5	漂移校准	自动校零点	自动校电学零点和量程点	自动校电学零点和量程点
6	烟气	接触	非接触	接触

续表

序号	项目	流速（流量）测量系统		
7	探头清洁	高压气体反吹，效果好	清洁空气在超声波发射探头形成空气幕，效果好	
8	防腐蚀	钛合金S形皮托管探头防腐蚀效果好	清洁空气在超声波发射探头形成空气幕，效果好	自动清洁探头难度大，效果欠佳
9	干扰及消除	探头开口沉积颗粒物，改变皮托管的校准系数，及时反吹和定时人工清理	超声波传感器探头沉积颗粒物干扰测定，保持形成气幕的空气的清洁和气幕压力大于烟气压力，特别是当仪器安装在烟气正压区时，定时人工清理	探头沉积颗粒物、烟气中水气饱和及存在水滴时，延长仪器的响应时间、水滴在探头蒸发造成测定流速不准
10	测定最低流速	2～3 m/s	0.03 m/s	0.05 m/s
11	重量	轻	重	轻
12	流速转换	点平均流速需转换为面平均流速	线平均流速可代表平均流速；安装在矩形烟道时，线平均流速需转换为面平均流速	点平均流速需转换为面平均流速
13	流速转换参比方法	S形皮托管法	S形皮托管法	S形皮托管法

三、烟气湿度

由于我国在计量污染物浓度和排放量时，实行的是标准干烟态下的计量标准，所以对于流量、颗粒物浓度、二氧化硫浓度、氮氧化物浓度、氧气浓度等数据需要根据测量的烟气湿度进行干烟态的修正。烟气湿度的测量主要有干湿氧法和湿度传感器法。

（一）干湿氧法

干湿氧法测量烟气湿度的方法是将烟气在除湿前、后通过氧传感器检测得到除湿前、后的氧含量，再根据公式计算烟气湿度。

干湿氧法测量烟气湿度的关键是氧传感器的一致性要好。测氧仪器大多采用氧化锆氧检测器，测量可靠，价格也不高。也有采用电化学传感器测量干湿氧的。

干湿氧法测量水分的方法是采用同一个氧传感器，测量同一取样点烟气的干湿氧。

（二）湿度传感器法

阻容式湿度传感器由高分子薄膜电容湿度敏感元件和铂电阻温度传感器组成。水蒸气穿过高分子薄膜电容湿敏元件的上部电极，到达高分子活性聚合物薄膜，烟气中的水蒸气被薄膜吸收的量取决于周围烟气中的水分高低，因为传感器尺寸小、聚合物薄膜很薄，所以传感器可以对周围环境的湿度变化做出快速反应。聚合物中吸收的水蒸气改变了传感器的电介质特性而使传感器的电容值改变；由于烟气中水分含量变化与电容变化成一定的函数关系，从而可以通过测量电路来解决高温烟气测量水分的问题。铂电阻温度传感器测量烟气温度变化，用于进行温度补偿。

阻容法湿度计采样探管材质为不锈钢，头部带有过滤器去除烟气中的颗粒物，采样探管直接插入烟道内，带有伴热和保温功能，防止烟气冷凝，阻容法湿度计测定烟气湿度如图 9.8 所示。

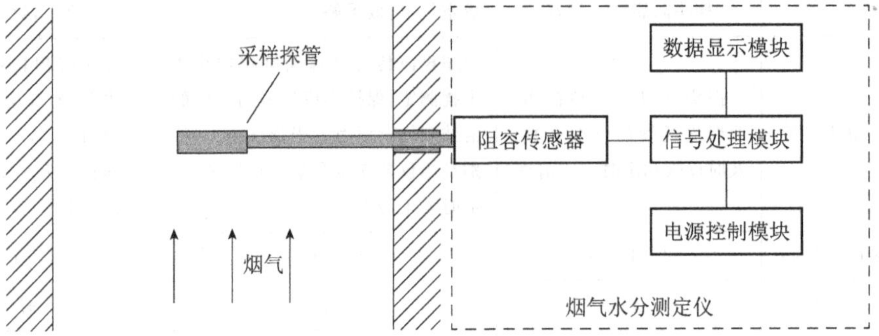

图 9.8　阻容法测定烟气湿度示意图

四、烟气温度

烟气温度是烟气重要的状态参数之一，它涉及烟气湿度、密度、流速、流量等几乎所有的计算，是必须测定的重要参数。烟气温度在烟道内横断面分布通常是均匀的，即使有偏差，对最终的结果影响也可忽略不计，因此烟气温度只在靠近烟道中心的一点测量。烟气温度通常采用热电耦或者热电阻原理的温度变送器测量。

（一）热电偶方法

热电耦是工业上最常用的温度检测元件之一，热电耦工作原理是基于塞贝克（Seeback）效应，即两种不同成分的导体两端连接成回路，如两连接端温度不同，则在回路内产生热电流的物理现象。

将两种不同材料的导体或半导体 A 和 B 焊接起来，构成一个闭合回路。当导体 A 和 B 的两个执着点 1 和 2 之间存在温差时，两者之间便产生电动势，因而在回路中形成一个大小的电流，这种现象称为热电效应。热电耦就是利用这一效应来工作的。

（二）热电阻方法

热电阻是中低温区最常用的一种温度检测器。它的主要特点是测量精度高，性能稳定。其中铂热电阻的测量精确度是最高的，它不仅广泛应用于工业测温，而且被制成标准的基准仪。

热电阻测温是基于金属导体的电阻值随温度的增加而增加这一特性来进行温度测量的。热电阻大都由纯金属材料制成，目前应用最多的是铂和铜，此外，现在已开始采用镍、锰和铑等材料制造热电阻。

五、烟气压力

烟气压力气体在管道中流动时所具有的能量，包括两部分：一部分能量体现在压强大小上，通常称为静压；另一部分体现在流速的大小上，通常称为动压。

静压是气体所具有的势能，是作用于管道比单位面积上的压力，这一压力表明烟道内部压力与大气压力之差。动压是气体所具有的动能，是使气体流动的压力，它与管道气体流速的平方成正比。由于动压仅作用于气体流动方向，动压恒为正值。静压和动压的代数和称为全压。烟气压力可用压力变送器测量。

第二节　烟气颗粒物

固定污染源烟气排放颗粒物连续监测技术主要有光透射法、光散射法、光闪烁法、β射线衰减法和接触电荷转移法等，按照取样方式的不同又可以分为原位（直接）测量式和抽取测量式两种，其中光透射法、光散射法、光闪烁法、接触电荷转移法主要采用原位测量，β射线法主要采用抽取测量，抽取测量主要是应用在高湿场合。

一、光透射法

光透射法基于朗伯-比尔定律测定烟气中颗粒物浓度，是一种普遍采用的颗粒物监测方法。根据朗伯-比尔定律，光穿过含尘气流时透过率随颗粒物浓度升高呈指数下降。与其他方法相比，光透射法的灵敏度要低一些，在颗粒物浓度较高的场所应用较多。透射法颗粒物监测仪是检测路径上颗粒物的平均浓度，当颗粒物在检测断面上分层比较严重时其测定结果比点式设备要好。

光透射法烟气颗粒物监测仪根据光路可以分为单光程烟气颗粒物监测仪和双光程烟气颗粒物监测仪。双光程光透射法烟气颗粒物监测仪原理如图9.9所示。光源和检测器组合件安装在烟囱的左侧，反光镜组合件安装在烟囱的右侧。当被斩光器调制的入射光束穿过烟气到达反光镜组合件时，被角反射镜反射后再次穿过烟气返回到检测器，根据用测定烟气颗粒物的标准方法对照确定的烟气颗粒物浓度与检测器输出信号间的关系，经仪器校准后即可显示、输出实测烟气颗粒物浓度。仪器配有空气清洗器，以保持与烟气接触的光学镜片（窗）清洁。仪器经过改进，调制、校准及光源的参比等功能用特种LCD材料来实现，使整个系统无运动部件，提高了稳定性。

二、光散射法

近年来，工业烟气颗粒物在排放之前基本上都经过了净化除尘，排放出的烟气颗粒物浓度大大降低，排放的烟气颗粒物颗粒尺寸基本上达到了微米量级，而直径小于2.5 μm的细颗粒物和小于10 μm的可吸入性颗粒物则能直接影响人类的身体健康。对于当前这种烟气

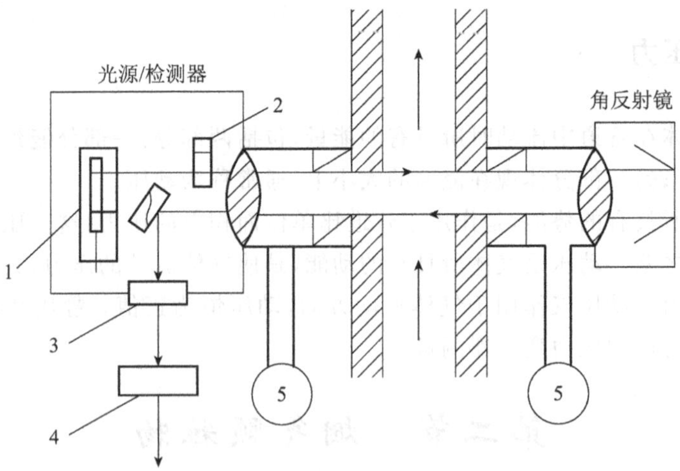

图 9.9　双光程光透射法烟气颗粒物监测仪工作原理

1—光源；2—斩光器；3—检测器；4—信号处理器；5—空气清洗器

颗粒物排放情况，传统的光学透射式测尘仪因其灵敏度和安装准直度方面的不足，较难满足监测要求。针对这种状况，光散射法越来越多地被应用于烟气颗粒物浓度监测中。

光散射法测量颗粒物浓度的原理是当激光光源发射的光束通过充满烟气颗粒物的烟道时，激光束照射在烟气颗粒物表面会偏离原有的入射方向而向空间四周散射。在光的散射过程中，散射光的光强与烟气颗粒物的浓度密切相关。基于光散射原理，在设计烟气颗粒物测量装置时将光电探测器安装在某一散射角的前进方向上，将接收到的散射光强信号进行光电转换后便可反演出烟气颗粒物浓度。光散射法烟气颗粒物测量仪表一般都设计成探头式的，只需要在烟道的一侧安装即可，不需要光源和探测器的光路对准，便于安装维护。

光散射法根据入射光散射角度不同可分为光前向散射法和光后向散射法。

光前向散射法是测量相对于光源入射方向、散射角小于 90°散射光的光强，其光探测器安装在激光发射头前方，测量原理如图 9.10 所示。

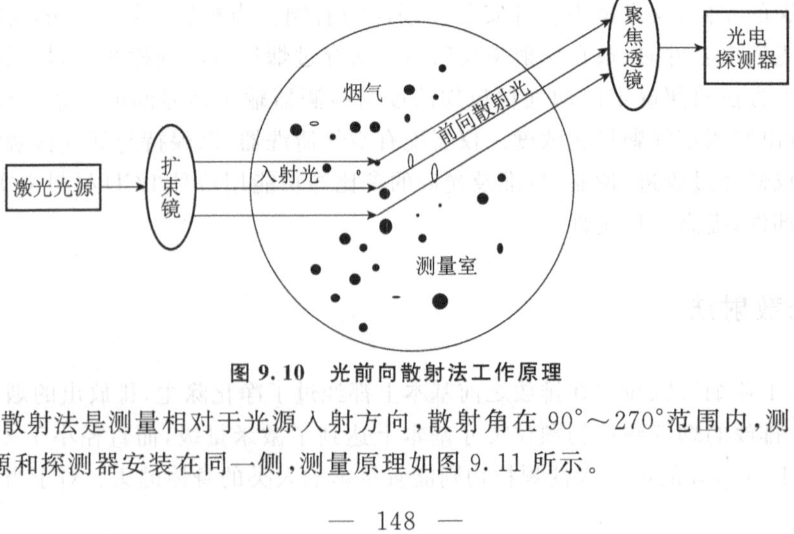

图 9.10　光前向散射法工作原理

光后向散射法是测量相对于光源入射方向，散射角在 90°～270°范围内，测量装置也比较简单，光源和探测器安装在同一侧，测量原理如图 9.11 所示。

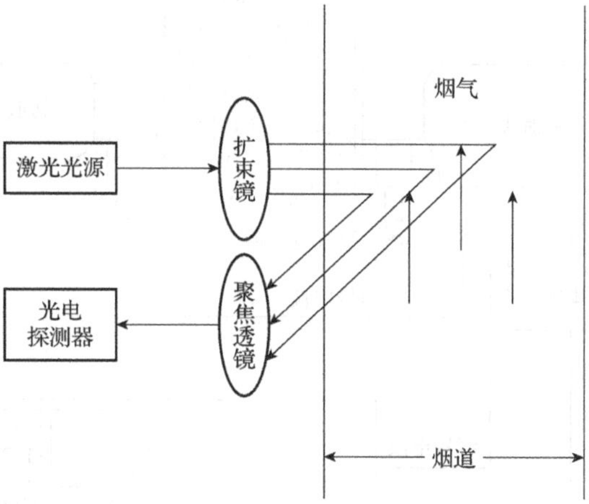

图 9.11　光后向散射法工作原理

光散射法在烟气颗粒物浓度测量方法中发展最快，以实时测量、结果准确且精度高等优点被广泛应用。光前向散射法相比于光后向散射法，在较低的烟气颗粒物浓度下，当颗粒物粒径与入射光波长信号处于同一数量级时，光电探测器接收到的光前向散射信号要比后向散射信号强度大。因此在低浓度烟气颗粒物情况下，大部分烟气颗粒物测量仪表选用光前向散射的形式。

三、光闪烁法

光闪烁法兼具光透射法和散射法的优点，获得高灵敏度的同时又能保证测量的颗粒物浓度是线平均浓度，克服了烟道粉尘分层时散射法的局部测量不具有代表性的不足。由于技术的可靠性和可监测高温烟气等特点，光闪烁烟气颗粒物监测仪在各领域都有着广泛的应用。

光闪烁法烟气颗粒物监测仪的传感系统由位于烟道两侧的发射探头和接收探头组成，如图 9.12 所示。发射探头中安装有高功率发光二极管，二极管发射出固定波长、固定频率的光脉冲，穿过烟道气体到达接收探头。烟道气体中的颗粒物经过发射探头与接收探头之间的光路时会引起光的闪烁(即光强度的增大和减小)，光的闪烁幅度(即光强度的变化幅度)与穿过光路的颗粒物浓度成正比，因此通过测量光的闪烁幅度即可得到烟道气体中的颗粒物浓度测量值。

光闪烁法比光透射法的灵敏度要高。光透射法在颗粒物浓度较低时，由于参比光的强度高，很难通过测量低强度光的变化准确检测颗粒物的浓度；而光闪烁法利用了含尘气流通过光束时对光强造成的高频波动(>1 Hz)，具有较高的灵敏度。

光闪烁法的测量结果是跨烟道的线浓度，当监测断面存在颗粒物分层时测定结果的代表性要比光散射法好。同时该方法不受镜面污染、光强衰减和检测器漂移的影响，但是烟气颗粒物粒径变化、组分变化、水滴对测量有影响，因此该方法适合烟气颗粒物粒径和组分变化不大、湿度低的场合。

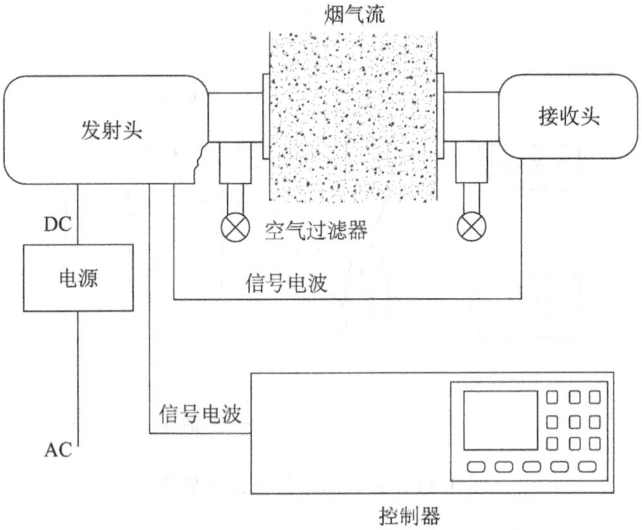

图 9.12　光闪烁法工作原理

四、β射线衰减法

β射线衰减法是基于抽取式的颗粒物监测技术，一般采用稀释抽取法，可用于高湿度场所。另外，其避免了前面介绍的光学法受颗粒物粒径分布等特性的影响。

β射线吸收颗粒物测量系统通常由采样单元和分析单元组成，如图 9.13 所示。采样单元由采样探头、稀释模块、流量控制模块和抽气泵等组成，其作用是将颗粒物从烟道中抽取出来，并稀释降低到露点以下后通入分析模块。分析模块包括运动模块和检测模块，颗粒物被截留在纸带上，通过测量纸带沉积颗粒物前后探测器的计数值得到颗粒物浓度。稀释气为经过净化的压缩空气，过量的稀释气最终又排回到烟道中。

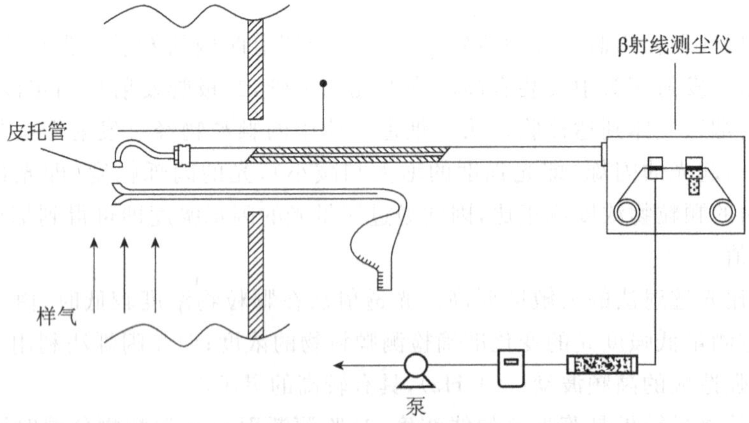

图 9.13　滤带式β射线吸收法测尘仪工作原理

β射线检测技术已经在空气质量监测领域有非常成熟的应用，与其他颗粒物测量技术相比，其测量结果不受颗粒物特性(粒径分布、折射系数等)影响，因此颗粒物粒径变化、组分变化、水滴对测量无影响；直接测量探头所在断面采样点的质量浓度，属于点测量，受颗粒物浓度分层影响。该方法需要等速采样，不适合烟气流速变化较大的场所。该方法适合湿度大、粉尘粒径和组分变化大但流速变化不大的场所，与稀释采样方法结合能够用于高湿度粉尘监测场所。

五、接触电荷转移法

任何两种不同的物质在动态状况下会互相之间产生静电荷。如果颗粒物互相碰撞，电子将从一种物质传导至另一种物质。这时，此静电荷会产生微弱电流，这就是我们熟悉的“摩擦生电”原理。如果颗粒物只是流经过一种材料（探头），两者之间会形成一种感应电荷。当流动中带正电荷的颗粒物接近探头的有效距离时，探针内的电子将被吸引到接近颗粒物的外层。当此颗粒物流过探头安装位置后，探针内的电子将被推移至远离颗粒物的一面。当颗粒物离开有效感应距离时，探针内电子将恢复原来的分布状况。这种电子群的移动现象也能形成一股可被探测到的微弱电流。这就是“电荷感应”原理。

电荷法监测设备就是利用探测各烟气颗粒物与探针之间所产生的静电荷，经过放大分析和处理，转换成一种电子信号并传送进监测系统。利用“摩擦生电”原理来获取信号的烟气颗粒物排放监测设备称为“直流耦合”技术；利用“电荷感应”原理来获取信号的烟气颗粒物排放监测设备称为“交流耦合”技术。烟气颗粒物排放量与“交流耦合”技术监测探头感应信号具有线性关系。

颗粒物 CEMS 不同测量技术之间的比较见表 9.3（仅供参考）。

表 9.3　颗粒物 CEMS 不同测量技术之间的比较

主要指标	光透射法	光前向散射法	光后向散射法	β射线衰减法	接触电荷转移法
最小量程	0～50 mg/m³	0～5 mg/m³	0～10 mg/m³	0～1 mg/m³	0～10 mg/m³
最大量程	0～10 mg/m³	0～200 mg/m³	0～300 mg/m³	0～1 g/m³	0～1 g/m³
测量精度	<±1%F.S.	<±2%F.S.	<±1%F.S.	<±5%F.S.	<±5%F.S.
烟道直径	0.5～15 m	>0.15 m	0.3～4 m	>0.5 m	
适用场所	高粉尘场所	低粉尘场所，烟尘直径小	中、低粉尘场所	非实时连续监测场所	布袋除尘的泄露检测

注：F.S. 表示满量程。

第三节　气态污染物

固定污染源烟气气态污染物监测按照采样和测量方式划分可分为完全抽取方式、稀释抽取方式和直接测量方式 3 类。其中，完全抽取方式又分为冷干方式和热湿方式；稀释抽取方式又分为烟道内稀释法和烟道外稀释法；直接测量方式又分为点测量法和线测量法或者内置式和外置式。

一、完全抽取式

完全抽取式是指直接从烟囱或烟道内抽取烟气,经过适当的预处理后将烟气送入监测仪进行检测的系统。

完全抽取法又可分为冷干抽取法和热湿抽取法。所谓冷干法和热湿法,是针对样气预处理步骤而言。烟气经抽取后全过程不除湿(保持烟气在露点温度以上),监测仪直接分析热湿态样气,称为热湿抽取法;样气在进入监测仪之前经冷却除湿系统除去水分变成干态后再分析则称为冷干抽取法。

热-湿采样系统适用于高温条件下测定的红外线或紫外光气体监测仪,其采样和预处理系统流程如图 9.14 所示。它由带过滤器的高温采样头、高温条件下运行的反吹清扫系统、校准系统及样气输送管路、采样泵、流量计等组成。仪器要求从采样探头到监测仪器之间所有与气体介质接触的组件采取加热、控温措施,保持高于烟气露点温度,以防止水蒸气冷凝,造成部件堵塞、腐蚀和监测仪器故障。压缩空气沿着与气流相反的方向反吹过滤器,把过滤器孔中滞留的颗粒物吹出来,避免堵塞。反吹周期视烟气中颗粒物的特性和浓度而定。

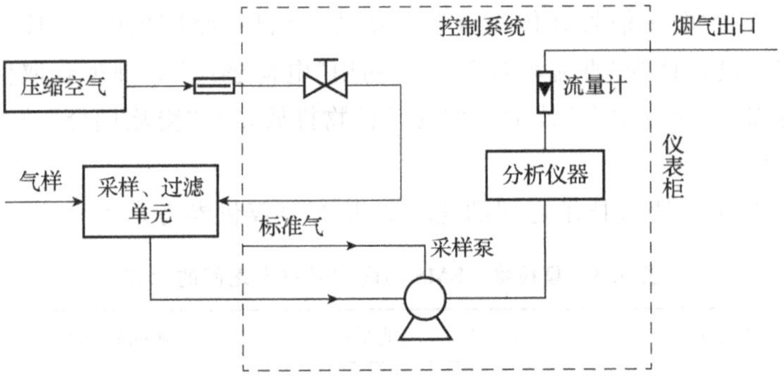

图 9.14　热-湿采样系统采样和预处理系统流程示意图

冷凝-干燥采样系统是在烟气进入监测仪器前进行除颗粒物、水蒸气等净化冷却和干燥处理。如果在采样探头后离烟囱或烟道尽可能近的位置安装处理装置,称为预处理采样法,具有输送管路不需要加热、能较灵活地选择监测仪器和按干烟气计算排放量等优点,但维护不够方便,且传输距离较远时仍然会使气样浓度发生变化。如果在进入监测仪器前,距离采样探头一定距离处安装处理装置,称为后处理采样法,具有维护方便、能更灵活地选择监测仪器和按干烟气计算排放量和污染物浓度等优点,但要求整个采样管路保持高于烟气露点温度,这种采样系统的采样流程如图 9.15 所示。

二、稀释抽取式

稀释抽取式是利用探头内的临界限流小孔,借助于文丘里管形成的负压作为采样动力,抽取烟气样品,用干燥气体稀释后送入监测仪器。有两种类型的稀释探头,一种是烟道内稀释探头,另一种是烟道外稀释探头。二者的工作原理相同,主要不同处在于:前者在位于烟道中的探头部分稀释烟气,输送管路不需要加热、保温;后者将临界限流小孔和文丘里管安

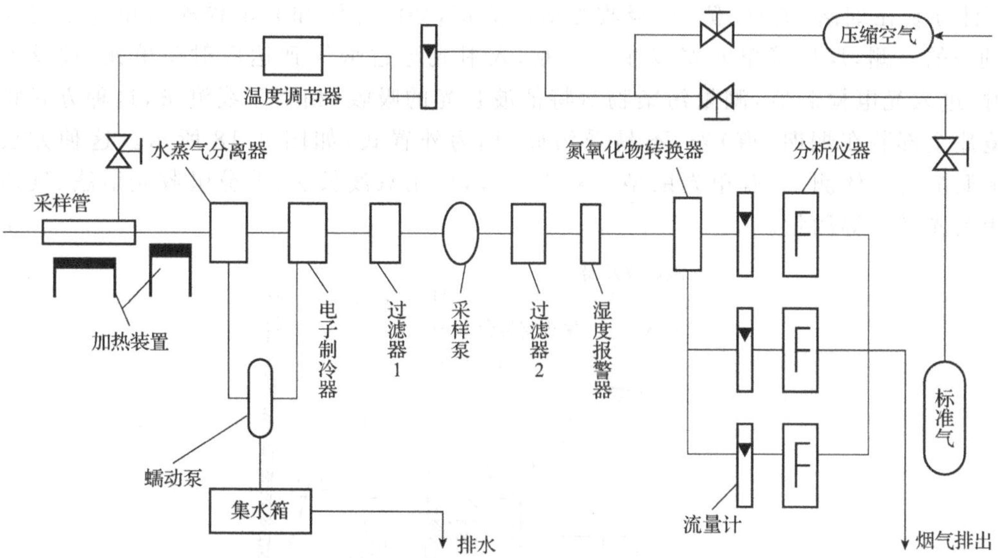

图 9.15　冷凝-干燥采样系统后处理采样法流程示意图

装在烟道外探头部分内，如果距离监测仪器较远，输送管路需要加热、保温。因为烟气样进入监测仪器前未经除湿，故测定结果为湿基浓度。

烟道内稀释探头的工作原理如图 9.16 所示。临界限流小孔的长度远远小于空腔内径，当小孔两端的压力差大于 0.46 倍时，气体流经小孔的速度与小孔两端的压力变化基本无关，通过小孔的气体流量恒定。

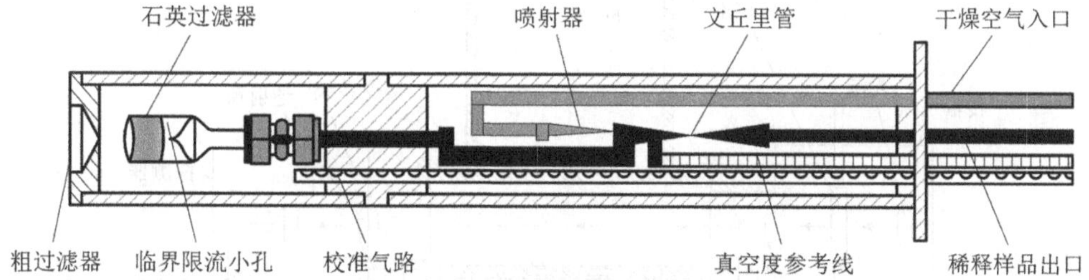

图 9.16　烟道内稀释探头工作原理

稀释抽取采样法的优点在于：烟气能以很低的流速进入探头的稀释系统，可以比完全抽取采样法的进气流量低两个数量级，如烟气流量 2～5 L/min，进入探头稀释系统的流量只有 20～50 mL/min，这就解决了完全抽取采样法需要过滤和调节处理大量烟气的问题。

三、直接测量式

直接测量式类似于测量烟气颗粒物，将测量探头和测量仪器安装在烟囱（道）上，直接测定烟气中的污染物。这种测量系统一般有两种类型，一种是将传感器安装在测量探头的端部，探头插入烟囱（道）内用电化学法或光电法测定，相当于在烟囱（道）中一个点上测量，称为内置式，如图 9.17 所示。例如用氧化锆氧量监测仪测定烟气含氧量。另一种是将测量仪器部件分装在烟囱(道)两侧，用吸收光谱法测定，如将光源和光电检测器单元安装在烟囱(道)的一侧，反射镜单元安装在另一侧，入射光穿过烟气到达反射镜单元，被反射镜反射，进入光电检测器，测量污染物对特征波长光的吸收，相当于线测量，这种方式将光学镜片全部装在烟囱(道)外，不易受污染，称为外置式，如图 9.18 所示。这种方法适用于低浓度气体测定，有单光束型和双光束型，可用双波长法、差分吸收光谱法、气体过滤相关光谱法等测量。

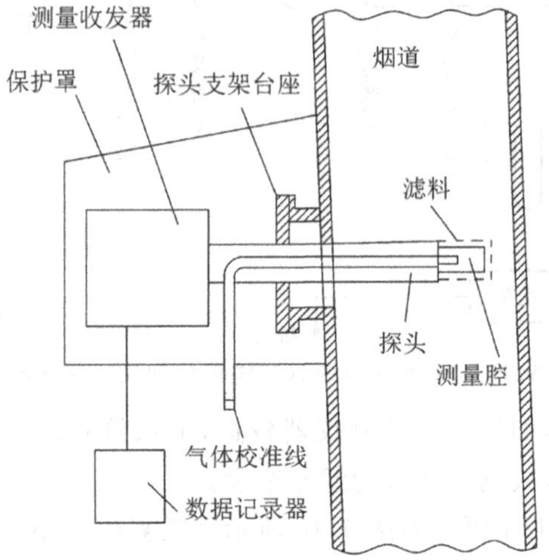

图 9.17　直接测量法内置式点测量工作原理

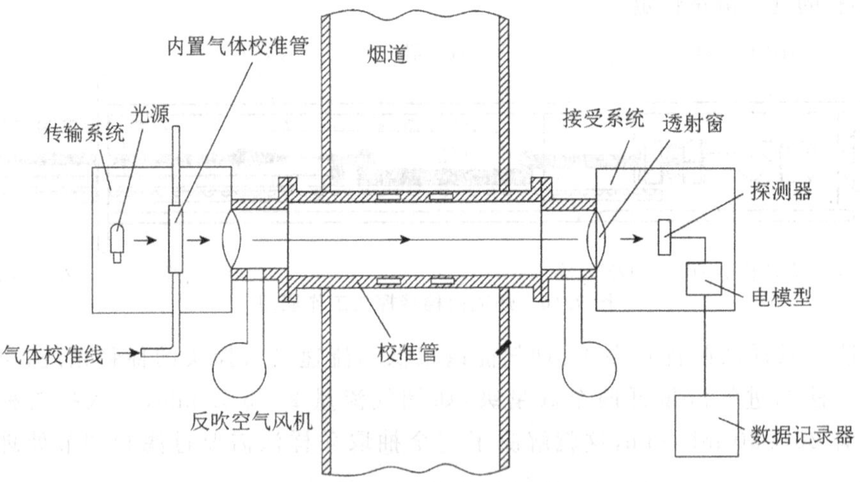

图 9.18　直接测量法外置式线测量工作原理

四、气态污染物 CEMS 测量技术

固定污染源烟气排放连续监测系统中主要的气态污染物有二氧化硫(SO_2)和氮氧化物(NO_x)。SO_2 和 NO_x 测量技术目前以光学技术为主，分为红外光谱、紫外光谱和荧光光谱 3 种类型。SO_2 和 NO_x 及其他气体吸收红外光和紫外光(例如：SO_2 吸收 7300 nm、NO 吸收

5300 nm 的红外光；SO_2 吸收 280～320 nm、NO_x 吸收 195～225 nm 的紫外光），利用污染物分子吸收特征波长光的特点，根据朗伯-比尔定律，能够检测出不同种类的污染物含量。

常用的 CEMS 气态污染物测量技术见表 9.4。

表 9.4　CEMS 气态污染物监测方法

监测参数	采样分析方式和监测方法		
	抽取测量方式		直接测量方式
	完全抽取式	稀释抽取式	
SO_2	非分散红外法、非分散紫外法、气体过滤相关法、紫外差分吸收法、傅里叶红外法	紫外荧光法	紫外差分吸收法、非分散红外法、气体过滤相关法
NO_x	非分散红外法、非分散紫外法、气体过滤相关法、紫外差分吸收法、傅里叶红外法、双池厚膜氧化锆传感器法	化学发光法	紫外差分吸收法、非分散红外法、气体过滤相关法

第十章　固定污染源烟气排放连续监测系统运维

第一节　运行维护

一、日常运行管理

CEMS 运维单位应根据 CEMS 使用说明书和国家标准的要求编制仪器运行管理规程，确定系统运行操作人员和管理维护人员的工作职责。运维人员应当熟练掌握烟气排放连续监测仪器设备的原理、使用和维护方法。CEMS 日常运行管理应包括日常巡检、日常维护保养、CEMS 的校准和校验。

（一）日常巡检

CEMS 运维单位应根据国家标准和仪器使用说明中的相关要求制定巡检规程，并严格按照规程开展日常巡检工作并做好记录。日常巡检记录应包括检查项目、检查日期、被检项目的运行状态等内容，每次巡检应记录并归档。CEMS 日常巡检时间间隔不超过 7 d。日常巡检可参照 HJ 75－2017 附录 G 中的表 G. 1～表 G. 3 格式记录。

（二）日常维护保养

应根据 CEMS 说明书的要求对 CEMS 系统保养内容、保养周期或耗材更换周期等做出明确规定，每次保养情况应记录并归档。每次进行备件或材料更换时，更换的备件或材料的品名、规格、数量等应记录并归档。如更换有证标准物质或标准样品，还需记录新标准物质或标准样品的来源、有效期和浓度等信息。对日常巡检或维护保养中发现的故障或问题，系统管理维护人员应及时处理并记录。CEMS 日常运行管理参照 HJ 75－2017 附录 G 中的格式记录。

（三）CEMS 的校准和校验

应根据 HJ 75—2017 中规定的方法制定 CEMS 系统的日常校准和校验操作规程。校准和校验记录应及时归档。

二、日常运行维护内容及频次

(一) 采样系统

1. 完全抽取法

完全抽取法 CEMS 采样系统运行维护内容主要包括：

(1) 检查采样探头、加热保温装置、滤芯、电磁阀、采样泵是否正常，稀释抽取法自动监测设备还应检查稀释气供应系统以及稀释组件是否正常。

(2) 检查采样管路气密性和采样流量是否符合要求。

(3) 检查反吹系统是否正常，反吹气源压力应在 0.4～0.6 MPa，定时自动反吹功能和电磁阀开关动作正常。

(4) 每 30 d 至少按照说明书要求保养一次采样系统，根据现场情况更换滤膜、滤芯、分子筛等易损件，清理采样探头、过滤器、采样管路、油雾分离器、流量计、采样泵等部件。

2. 直接测量法

直接测量法 CEMS 采样系统运行维护内容主要包括：

(1) 检查镜头净化装置的管路、风机、空气过滤滤芯等是否正常。

(2) 每 30 d 至少清洁一次分析探头角反射镜、前窗镜。

(二) 预处理系统

1. 冷干法

冷干法 CEMS 预处理系统运行维护内容主要包括：

(1) 检查温控器温度设置及采样管路伴热是否正常，温度不低于 120 ℃。

(2) 检查疏水、一级、二级过滤器是否正常，疏水过滤器内部应无积水，一级、二级过滤器过滤效果和气密性良好。

(3) 检查冷凝装置是否正常，冷凝管内应无积水、结冰现象，散热风扇运转正常；制冷器温度应在 2～5 ℃范围内，超出范围要及时维修或更换；排水装置运转正常，气密性良好，排水畅通。

(4) 每 30 d 至少按照说明书要求保养一次预处理系统，根据现场情况更换滤芯、泵管等易损件。

2. 热湿法

热湿法 CEMS 预处理系统运行维护内容主要包括：

(1) 检查温控器温度设置、采样管路和加热盒温度是否正常，垃圾焚烧及危险废物焚烧 CEMS 温度应不低于 180 ℃，其他不低于 120 ℃。

(2) 检查加热盒内气路连接是否正常，确保气密性良好。

(3) 每 30 d 至少按照说明书要求保养一次预处理系统，根据现场情况更换滤芯、泵管等易损件。

(三)分析系统

1. 颗粒物CEMS

颗粒物CEMS运行维护内容主要包括：

(1) 检查空气幕系统鼓风机、风管、过滤装置是否正常。

(2) 检查反吹气源压力是否正常，应在0.4～0.6 MPa。

(3) 检查管路、伴热装置、流量计、等速采样装置是否正常。

(4) 重量法的颗粒物CEMS，还应检查采样纸带是否完好充足，尘斑是否干燥，有无重叠现象。

(5) 每30 d至少按照说明书保养一次颗粒物CEMS，检查管路气密性，根据现场情况，清理采样探头、气体管路，校准光路偏差，清洁光学镜片并重新测试检测器的零点、跨度，清洗或者更换空气幕系统过滤装置。

2. 气态污染物(SO_2、NO_x、CO、HCl)CEMS

气态污染物(SO_2、NO_x、CO、HCl)CEMS运行维护内容主要包括：

(1) 检查监测仪表光源光强电压、电流、温度、光谱能量等参数是否在设备技术要求范围内。

(2) 热湿法监测仪还应检查气室压力是否符合要求，应不低于80 kPa。

(3) 稀释抽取法监测仪还应检查压比和稀释气压力是否符合要求，压比应为0.38～0.53，稀释气压力应在0.4～0.6 MPa。

3. 含氧量CMS

含氧量CMS运行维护内容主要包括：

(1) 检查氧传感器是否工作正常。

(2) 每年至少更换一次氧化锆锆头、电化学法氧传感器。

4. 流速CMS

(1) 皮托管法：

①检查压力传导管线是否正常，应连接良好，清洁、无存水，压力变送器运行正常。

②每30 d至少检查一次皮托管，确保反吹管路、控制阀工作正常，无松动、堵塞、腐蚀。

(2) 热平衡法：每30 d至少检查一次探头上的温度探针，确保无烟灰堆积。

(3) 超声波法：

①检查鼓风机、连接管路、过滤装置等部件是否运行正常，应及时清理更换。

②检查法兰孔是否堵塞，应及时进行清理。

③检查涡街法探头位置是否出现偏移，出现偏移应及时进行校正。

④检查超声波能量转换器套管，确保无积水，排水畅通。

⑤每90 d至少检查一次超声波能量转换器表面是否积垢并及时进行清理。

5. 烟温CMS

每90 d至少检查一次温度传感器是否积灰或被腐蚀，温度变送器测量接线是否松动，传感器电信号是否符合要求。

6. 湿度 CMS

湿度 CMS 运行维护内容主要包括：

(1) 检查湿度仪测量数据，数据应无异常变化。

(2) 通入空气检查湿度 CMS 零点，测量数据应在 1%左右。非在位式湿度 CMS 可通入氮气检查零点，测量数据应小于 0.2%。

(3) 检查湿度仪管路及连接状况，确保管路连接正常，密封良好，无积水、积灰、积垢。

7. 分析系统辅助设备

分析系统辅助设备运行维护内容主要包括：

(1) 检查标准气体，确保在有效期内，并保证标准气体余量充足。

(2) 检查压缩空气，保证气体无油、无水、无尘，压力在 0.4～0.6 MPa。

(3) 检查废气排气管线应无堵塞、不漏气，当环境温度低于 0 ℃时，可配套加热或伴热装置，确保排气畅通。

(四) 数据采集传输系统

检查数据采集传输系统运行状态，无欠费、死机、停机、传输中断现象，及时处理异常报警。

(五) 数据、测量参数和运行状态

抽查数据传输正确性，现场数据应与污染源自动监控平台接收的数据一致。检查测量参数是否在合理范围内，是否与验收、备案一致，如需修改调整，应注明原因并填写固定污染源烟气在线监测系统参数修改记录表。

检查监测设备运行状态是否正常，操作日志中有无异常操作记录，及时处理异常报警。

(六) 监测站房环境及辅助设施

检查站房环境及辅助设施，站房是否整洁、干净，站房温度、相对湿度、避雷、防震等是否符合 HJ 75—2017 相关要求。

检查不间断电源(UPS)、空调、视频门禁监控系统、给排水设施、避雷设施是否运行正常，灭火器是否在有效期内。

三、日常运行质量保证

(一) 一般要求

CEMS 日常运行质量保证是保障 CEMS 正常稳定运行、持续提供有质量保证监测数据的必要手段。当 CEMS 不能满足技术指标而失控时，应及时采取纠正措施，并应缩短下一次校准、维护和校验的间隔时间。

(二) 定期校准

CEMS 运行过程中的定期校准是质量保证中的一项重要工作，定期校准应做到：

(1) 具有自动校准功能的颗粒物 CEMS 和气态污染物 CEMS 每 24 h 至少自动校准一

次仪器零点和量程，同时测试并记录零点漂移和量程漂移。

(2) 无自动校准功能的颗粒物 CEMS 每 15 d 至少校准一次仪器的零点和量程，同时测试并记录零点漂移和量程漂移。

(3) 无自动校准功能的直接测量法气态污染物 CEMS 每 15 d 至少校准一次仪器的零点和量程，同时测试并记录零点漂移和量程漂移。

(4) 无自动校准功能的抽取式气态污染物 CEMS 每 7 d 至少校准一次仪器零点和量程，同时测试并记录零点漂移和量程漂移。

(5) 抽取式气态污染物 CEMS 每 3 个月至少进行一次全系统的校准，要求零气和标准气体从监测站房发出，经采样探头末端与样品气体通过的路径(应包括采样管路、过滤器、洗涤器、调节器、监测仪表等)一致，进行零点和量程漂移、示值误差和系统响应时间的检测。

(6) 具有自动校准功能的流速 CMS 每 24 h 至少进行一次零点校准，无自动校准功能的流速 CMS 每 30 d 至少进行一次零点校准。

(7) 校准技术指标应满足表 10.1 要求。定期校准记录按 HJ 75—2017 附录 G 中的表 G.4 格式记录。

(三) 定期维护

CEMS 运行过程中的定期维护是日常巡检的一项重要工作，维护频次按照 HJ 75—2017 附表 G.1～表 G.3 的说明进行，定期维护应做到：

(1) 污染源停运到开始生产前应及时到现场清洁光学镜面。

(2) 定期清洗隔离烟气与光学探头的玻璃视窗，检查仪器光路的准直情况；定期对清吹空气保护装置进行维护，检查空气压缩机或鼓风机、软管、过滤器等部件。

(3) 定期检查气态污染物 CEMS 的过滤器、采样探头和管路的结灰和冷凝水情况、气体冷却部件、转换器、泵膜老化状态。

(4) 定期检查流速探头的积灰和腐蚀情况、反吹泵和管路的工作状态。

(5) 定期维护记录按 HJ 75—2017 附录 G 中的表 G.1～表 G.3 格式记录。

(四) 定期校验

CEMS 投入使用后，燃料、除尘效率的变化、水分的影响、安装点的振动等都会对测量结果的准确性产生影响。定期校验应做到：

(1) 有自动校准功能的测试单元每 6 个月至少做一次校验，没有自动校准功能的测试单元每 3 个月至少做一次校验；校验用参比方法和 CEMS 同时段数据进行比对。

(2) 校验结果应符合表 10.1 要求，不符合时，则应扩展为对颗粒物 CEMS 的相关系数的校正或/和评估气态污染物 CEMS 的准确度或/和流速 CMS 的速度场系数(或相关性)的校正，方法见 HJ 75—2017 附录 A。

(3) 定期校验记录按 HJ 75—2017 附录 G 中的表 G.5 格式记录。

(五) 常见故障分析及排除

当 CEMS 发生故障时，系统管理维护人员应及时处理并记录。设备维修记录见 HJ 75—2017 附录 G 中的表 G.6。维修处理过程中，要注意以下几点：

(1) CEMS需要停用、拆除或者更换的，应当事先报经主管部门批准。

(2) 运行单位发现故障或接到故障通知，应在4 h内赶到现场进行处理。

(3) 对于一些容易诊断的故障，如电磁阀控制失灵、膜裂损、气路堵塞、数据采集仪死机等，可携带工具或者备件到现场进行针对性维修，此类故障维修时间不应超过8 h。

(4) 仪器经过维修后，在正常使用和运行之前应确保维修内容全部完成，性能通过检测程序，按标准对仪器进行校准检查。若监测仪器进行了更换，在正常使用和运行之前应对系统进行重新调试和验收。

(5) 若数据存储/控制仪发生故障，应在12 h内修复或更换，并保证已采集的数据不丢失。

(6) 监测设备因故障不能正常采集、传输数据时，应及时向主管部门报告，缺失数据按HJ 75—2017要求进行处理。

(六) CEMS定期校准校验技术指标要求及数据失控时段的判别与修约

(1) CEMS在定期校准、校验期间的技术指标要求及数据失控时段的判别标准见表10.1。

表10.1 CEMS定期校准校验技术指标要求及数据失控时段的判别

<table>
<tr><th>项目</th><th colspan="2">CEMS类型</th><th>校准功能</th><th>校准周期</th><th>技术指标</th><th>技术指标要求</th><th>失控指标</th></tr>
<tr><td rowspan="12">定期校准</td><td colspan="2" rowspan="4">颗粒物 CEMS</td><td rowspan="2">自动</td><td rowspan="2">24 h</td><td>零点漂移</td><td>不超过±2.0%</td><td>超过±8.0%</td></tr>
<tr><td>量程漂移</td><td>不超过±2.0%</td><td>超过±8.0%</td></tr>
<tr><td rowspan="2">手动</td><td rowspan="2">15 d</td><td>零点漂移</td><td>不超过±2.0%</td><td>超过±8.0%</td></tr>
<tr><td>量程漂移</td><td>不超过±2.0%</td><td>超过±8.0%</td></tr>
<tr><td rowspan="6">气态污染物CEMS</td><td rowspan="2">抽取测量或直接测量</td><td rowspan="2">自动</td><td rowspan="2">24 h</td><td>零点漂移</td><td>不超过±2.5%</td><td>超过±5.0%</td></tr>
<tr><td>量程漂移</td><td>不超过±2.5%</td><td>超过±10.0%</td></tr>
<tr><td rowspan="2">抽取测量</td><td rowspan="2">手动</td><td rowspan="2">7 d</td><td>零点漂移</td><td>不超过±2.5%</td><td>超过±5.0%</td></tr>
<tr><td>量程漂移</td><td>不超过±2.5%</td><td>超过±10.0%</td></tr>
<tr><td rowspan="2">直接测量</td><td rowspan="2">手动</td><td rowspan="2">15 d</td><td>零点漂移</td><td>不超过±2.5%</td><td>超过±5.0%</td></tr>
<tr><td>量程漂移</td><td>不超过±2.5%</td><td>超过±10.0%</td></tr>
<tr><td colspan="2" rowspan="2">流速 CMS</td><td>自动</td><td>24 h</td><td>零点漂移或绝对误差</td><td>零点漂移不超过±3.0%或绝对误差不超过±0.9 m/s</td><td>零点漂移超过±8.0%且绝对误差超过±1.8 m/s</td></tr>
<tr><td>手动</td><td>30 d</td><td>零点漂移或绝对误差</td><td>零点漂移不超过±3.0%或绝对误差不超过±0.9 m/s</td><td>零点漂移超过±8.0%且绝对误差超过±1.8 m/s</td></tr>
<tr><td rowspan="3">定期校验</td><td colspan="3">颗粒物 CEMS</td><td rowspan="3">3个月或6个月</td><td rowspan="3">准确度</td><td rowspan="3">满足表8.2</td><td rowspan="3">超过表8.2</td></tr>
<tr><td colspan="3">气态污染物 CEMS</td></tr>
<tr><td colspan="3">流速 CMS</td></tr>
</table>

(2) 当发现任一参数不满足技术指标要求时，应及时按照HJ 75—2017及仪器说明书等的相关要求，采取校准、调试乃至更换设备重新验收等纠正措施直至满足技术指标要求为止。当发现任一参数数据失控时，应记录失控时段(即从发现失控数据起到满足技术指标要

求后止的时间段)及失控参数，并按 HJ 75—2017 进行数据修约。

(七) CEMS 技术指标抽检

主管部门对部分或全部 CEMS 技术指标抽检时，检测结果应符合表 8.1 和表 8.2。对 CEMS 技术指标进行抽检时，可不对 CEMS 仪表的零点和量程进行校准。

用参比方法开展 CEMS 准确度抽检(即比对监测)时，颗粒物、流速、烟温、湿度至少获取 3 个平均值数据对，气态污染物和氧量至少获取 6 个数据对。

四、数据审核和处理

(一) CEMS 数据审核

(1) 固定污染源生产状况下，经验收合格的 CEMS 正常运行时段为 CEMS 数据有效时间段。CEMS 非正常运行时段(如 CEMS 故障期间、维修期间、超定期校准规定的期限未校准时段、失控时段以及有计划的维护保养、校准等时段)均为 CEMS 数据无效时间段。

(2) 污染源计划停运一个季度以内的，不得停运 CEMS，日常巡检和维护要求仍按前述日常运行管理及质量保证的要求执行；计划停运超过一个季度的，可停运 CEMS，但应报当地环保部门备案。污染源启运前，应提前启运 CEMS 系统，并进行校准，在污染源启运后的两周内进行校验，满足表 10.1 技术指标要求的，视为启运期间自动监测数据有效。

(3) 排污单位应在每个季度前 5 个工作日对上个季度的 CEMS 数据进行审核，确认上季度所有分钟、小时数据均按照 HJ 75—2017 中附录 H 的要求正确标记，计算本季度的污染源 CEMS 有效数据捕集率。上传至监控平台的污染源 CEMS 季度有效数据捕集率应达到 75%。

注：季度有效数据捕集率(%)=(季度小时数－数据无效时段小时数－污染源停运时段小时数)/(季度小时数－污染源停运时段小时数)。

(二) CEMS 数据无效时间段数据处理

(1) CEMS 因发生故障需停机进行维修时，其维修期间的数据替代按表 10.2 处理；亦可以用参比方法监测的数据替代，频次不低于一天一次，直至 CEMS 技术指标调试到符合表 8.1 和表 8.2 时为止。如使用参比方法监测的数据替代，则监测过程应按照 GB/T 16157—1996 和 HJ/T 397—2007 要求进行，替代数据包括污染物浓度、烟气参数和污染物排放量。

表 10.2　维护期间和其他异常导致的数据无效时段的处理方法

季度有效数据捕集率 α	连续无效小时数 N(h)	修约参数	选取值
$\alpha \geqslant 90\%$	$N \leqslant 24$	SO_2、NO_x、颗粒物的排放量	失效前 180 个有效小时排放量最大值
	$N > 24$		失效前 720 个有效小时排放量最大值
$75\% \leqslant \alpha < 90\%$	—		失效前 2 160 个有效小时排放量最大值

(2) CEMS 系统数据失控时段污染物排放量按照表 10.3 进行修约，污染物浓度和烟气参数不修约。CEMS 系统超期未校准的时段视为数据失控时段，污染物排放量按照表 10.3 进行修约，污染物浓度和烟气参数不修约。

表 10.3　失控时段的数据处理方法

季度有效数据捕集率 α	连续无效小时数 N(h)	修约参数	选取值
$\alpha \geqslant 90\%$	$N \leqslant 24$	SO_2、NO_x、颗粒物的排放量	上次校准前 180 个有效小时排放量最大值
	$N > 24$		上次校准前 720 个有效小时排放量最大值
$75\% \leqslant \alpha < 90\%$	—		上次校准前 2 160 个有效小时排放量最大值

(3) CEMS 系统有计划(质量保证/质量控制)的维护保养、校准及其他异常导致的数据无效时段，该时段污染物排放量按照表 10.2 处理，污染物浓度和烟气参数不修约。

(三) 数据记录与报表

1. 记录

按 HJ 75—2017 中附录 D 的表格形式记录监测结果。

2. 报表

按 HJ 75—2017 中附录 D(表 D.9、表 D.10、表 D.11、表 D.12)的表格形式定期将 CEMS 监测数据上报，报表中应给出最大值、最小值、平均值、排放累计量以及参与统计的样本数。

第二节　固定污染源烟气自动监测设备比对监测

一、比对监测内容及频次

(一) 比对监测内容

1. 比对监测项目

气态污染物(SO_2、NO_x)实测干基浓度、颗粒物实测干基浓度、烟气流速和烟气参数(烟气温度、氧量)。

2. 核查参数

过剩空气系数、烟气流量、污染物折算浓度、污染物排放速率、烟气含湿量、标准曲线参数、速度场系数和皮托管系数。

(二) 比对监测频次

对国家重点监控企业安装的固定污染源烟气 CEMS 的比对监测每年至少 4 次，每季度至少 1 次。

二、比对监测方法

(一) 比对监测遵循原则

(1) 监测期间,生产设备要正常稳定运行。

(2) 监测前,首先要核准烟尘采样器、烟气监测仪、烟气 CEMS 等相关仪器的显示时间并保持一致。

(3) 参比方法测定湿法脱硫后的烟气,使用的烟气监测仪必须配有符合国家标准规定的烟气前处理装置(如加热采样枪和快速冷却装置等)。

(4) 监测前,参比方法使用的烟气监测仪必须现场使用标准气体检查准确度,并记录现场校验值。

(5) 每个监测项目的数据需记录采样起止时间。

(6) 比对监测期间不允许在线监测设备运营单位调试仪器。

(二) 比对监测参比方法

参比方法采用国家标准、行业标准、《空气和废气监测分析方法(第四版)》(原国家环境保护总局)或相关国际标准中所列方法,详见表 10.4。

表 10.4 参比监测项目分析方法一览表

序号	监测分析项目	监测分析方法	方法标准编号
1	颗粒物	重量法	GB/T 16157—1996
2	O_2	电化学法、氧化锆法、热磁式氧分析法	《空气和废气监测分析方法(第四版)》
3	SO_2	非分散红外吸收法	《空气和废气监测分析方法(第四版)》
		碘量法	HJ/T 56—2017
		定电位电解法	HJ/T 57—2017
4	NO_x	非分散红外吸收法	《空气和废气监测分析方法(第四版)》
		定电位电解法	
		紫外分光光度法	HJ/T 42—1999
		盐酸萘乙二胺分光光度法	HJ/T 43—1999
5	烟气流速	皮托管法	GB/T 16157—1996
6	烟气温度	热电偶法、电阻温度计	GB/T 16157—1996

(三) 比对测试方法

(1) 颗粒物、气态污染物参比方法采样位置按照 GB/T 16157—1996 和 HJ/T 397—2007 等要求设置。气态污染物参比方法采样位置与 CEMS 测定位置靠近但不干扰 CEMS 正常取样,不能从 CEMS 排气装置处直接采样监测,手工和自动同步采样。

(2) 对颗粒物浓度、烟气流速、烟温参比方法至少获取 3 个测试断面的平均值，气态污染物(SO_2、NO_x)和氧量至少获取 6 个数据(其中仪器法可选取不小于 2 倍自动监测设备响应时间期间的平均值为 1 个数据，化学法以一个样品的采样时间段监测值为 1 个数据)。

(四) 核查参数

1. 过剩空气系数

进入烟气 CEMS 系统设置，检查标准过剩空气系数设置以及过剩空气系数计算公式是否正确。

小于 65 t/h 的燃煤锅炉烟气颗粒物初始排放浓度标准规定的过剩空气系数 $\alpha=1.7$，烟气颗粒物、SO_2 排放浓度 $\alpha=1.8$，燃油和燃气锅炉烟气颗粒物、SO_2、NO_x 排放浓度 $\alpha=1.2$；工业炉窑 $\alpha=1.7$；电厂燃煤锅炉 $\alpha=1.4$，燃油锅炉 $\alpha=1.2$，燃气锅炉 $\alpha=3.5$。

过剩空气系数按下式计算得出：

$$\alpha=\frac{21}{21-X_{O_2}} \tag{10.1}$$

式中：α——过剩空气系数；

X_{O_2}——实际测得氧的体积百分数。

2. 烟气流量

进入烟气 CEMS 系统设置，检查标态干烟气流量计算公式是否正确。标态干烟气流量按下式计算得出：

$$Q_{sn}=Q_s\times\frac{273}{273+t_s}\times\frac{B_a+P_s}{101\ 325}\times(1-X_{sw}) \tag{10.2}$$

$$Q_s=3\ 600\times F\times\overline{V}_s \tag{10.3}$$

式中：Q_{sn}——标态干烟气流量，Nm^3/h；

Q_s——工况下湿烟气流量，m^3/h；

t_s——烟气温度，℃；

P_s——烟气静压，Pa；

X_{sw}——烟气中水分含量体积百分比，%；

F——测定断面面积，m^2；

$\overline{V}_s$——测定断面的湿烟气流速，m/s。

B_a——大气压力，Pa

3. 污染物折算浓度

进入烟气 CEMS 系统设置，检查污染物折算浓度计算公式是否正确。污染物折算浓度按下式计算得出：

$$\bar{c}=c'\times\frac{\alpha'}{\alpha} \tag{10.4}$$

式中：$\bar{c}$——污染物折算浓度，mg/Nm^3；

c'——污染物实测浓度，mg/Nm^3；

α'——实测过剩空气系数；

α——排放标准中规定的过剩空气系数；

4. 污染物排放速率

进入烟气 CEMS 系统设置，检查污染物排放速率计算公式是否正确。污染物排放速率按下式计算得出：

$$G=c'\times Q_{sn}\times 10^{-6} \tag{10.5}$$

式中：G——污染物排放速率，kg/h；

c'——污染物实测浓度，mg/Nm^3；

Q_{sn}——标态干烟气流量，Nm^3/h。

5. 烟气含湿量

进入烟气 CEMS 系统设置，检查烟气含湿量设置是否符合现场实际情况。

6. 标准曲线参数和速度场系数

对照 CEMS 的调试报告或验收报告中的标准曲线参数和速度场系数与 CEMS 管理系统参数设置中标准曲线参数和速度场系数是否一致。

7. 皮托管系数

对照皮托管的检定证书或校准证书中的皮托管系数 K 值与 CEMS 管理系统参数设置的皮托管系数是否一致。

三、比对监测结果评价

(一) 评价标准

参照《固定污染源烟气排放连续监测技术规范》(HJ/T 75—2017)要求，烟气温度、烟气流速、氧含量和污染物实测浓度(颗粒物、SO_2、NO_x)需满足表 8.2 技术指标要求。

(二) 评价方法

1. 颗粒物

(1) 颗粒物浓度绝对误差按下式计算：

$$\Delta C=\frac{1}{n}\sum_{i=1}^{n}\mathrm{CEMS}_i-\frac{1}{n}\sum_{i=1}^{n}\mathrm{RM}_i \tag{10.6}$$

式中：ΔC——颗粒物浓度测定绝对误差，mg/m^3；

n——参比方法测定次数；

RM_i——第 i 次参比方法测定结果，mg/m^3；

CEMS_i——颗粒物 CEMS 第 i 次与参比方法同时段测定结果，mg/m^3。

(2) 颗粒物浓度相对误差按下式计算：

$$\mathrm{RE}=\frac{\frac{1}{n}\sum_{i=1}^{n}\mathrm{CEMS}_i-\frac{1}{n}\sum_{i=1}^{n}\mathrm{RM}_i}{\frac{1}{n}\sum_{i=1}^{n}\mathrm{RM}_i}\times 100\% \tag{10.7}$$

式中：RE——颗粒物浓度测定相对误差，%；其他参数含义同公式(10.6)。

2. 气态污染物(SO_2、NO_x)

(1) 绝对误差和相对误差计算:参照颗粒物评价计算方法。

(2) 相对准确度按下式计算:

$$RA = \frac{\left| \frac{1}{n}\sum_{i=1}^{n}(RM_i - CEMS_i) \right| + |cc|}{\frac{1}{n}\sum_{i=1}^{n} RM_i} \times 100\% \tag{10.8}$$

式中:RA——气态污染物测定相对准确度,%;

n——数据对的个数;

RM_i——第 i 个数据对中的参比方法测定值;

$CEMS_i$——第 i 个数据对中的 CEMS 测定值;

cc——置信系数。

3. 氧含量

参照气态污染物的评价方法计算相对准确度。

4. 烟气流速

参照颗粒物评价方法计算相对误差。

5. 烟气温度

参照颗粒物评价方法计算绝对误差。

四、质量保证

(一) 比对监测仪器的质量保证措施

(1) 比对测试中使用的仪器必须经有关计量检定单位检定合格,且在检定期限内。

(2) 烟气温度测量仪表、空盒大气压力计、皮托管、真空压力表(压力计)、转子流量计、干式累积流量计、采样管加热温度等,至少半年自行校正一次,确保其准确性。

(3) 参比方法测定湿法脱硫后的烟气,使用的烟气监测仪必须配有符合国家标准规定的烟气前处理装置(如加热采样枪和快速冷却装置等)。

(4) 参比方法使用的烟气监测仪必须每次现场使用标准气体检查准确度,并记录现场校验值,若仪器校正示值偏差不高于±5%,则为合格。

(5) 定电位电解法烟气测定仪和测氧仪的电化学传感器,当性能不满足测定要求时,必须及时更换传感器,送有关计量检定单位检定合格后方可使用。

(二) 现场比对监测的质量保证措施

(1) 按照等速采样的方法,应使用微电脑自动跟踪采样仪,以保证等速采样精度。进行多点采样时,每点采样时间不少于 3 min。各点采样时间应相等或每个固定污染源测定时所采集样品累计的总采气量不少于 1 m^3。

(2) 使用微电脑自动跟踪采样仪进行颗粒物及流速测定时,采样枪口和皮托管必须正对烟气流向，偏差不得超过10°。当采集完毕或更换测试孔时，必须立即封闭采样管路，防止负压反抽样品。

(3) 当采集高浓度颗粒物时，发现测压孔或采样嘴被尘粒沾堵时，应及时清除。

(4) 滤筒处理和称重：用铅笔编号，在105～110 ℃烘烤1 h，取出放入干燥器中冷却至室温，用感量0.1 mg天平称重，两次重量之差不超过0.5 mg。当测试400 ℃以上烟气时，应预先在400 ℃烘烤1 h，取出放入干燥器中冷却至室温，称至恒重。

(5) 采用碘量法测定 SO_2 时，吸收瓶用冰浴或冷水浴控制吸收液温度，以保证吸收效率。

(6) 用烟气监测仪对烟气 SO_2、NO_x 等测试。测定结束时，应将仪器置于干净的环境中，继续抽气吹扫传感器，直至仪器示值符合说明书要求后再关机；下次测定时，必须用洁净的空气校准仪器零点。

(7) 在现有采样管的技术条件下，如果烟道截面高度大于4 m，则应在侧面开设采样孔；如宽度大于4 m，则应在两侧开设采样孔，并设置符合要求的多层采样平台。以两侧测得的颗粒物平均浓度代表这一截面的颗粒物平均浓度。

五、比对监测报告

比对监测报告应包括以下主要信息：

(1) 报告的标识-编号。

(2) 检测日期和编制报告的日期。

(3) 烟气CEMS标识-制造单位、型号和系列编号。

(4) 安装烟气CEMS的企业名称和安装位置所在的相关污染源名称。

(5) 参比方法引用的标准。

(6) 所用可溯源到国家标准的标准气体。

(7) 参比方法所用的主要设备、仪器等。

(8) 检测结果和结论。

(9) 测试单位。

(10) 备注。

第十一章　水污染源在线监测系统

第一节　水污染源在线监测系统建设

一、水污染源在线监测系统组成

水污染源在线监测系统主要由四部分组成：流量监测单元、水质自动采样单元、水污染源在线监测仪器（pH 水质自动分析仪、温度计、COD_{Cr} 水质自动分析仪/TOC 水质自动分析仪、NH_3-N 水质自动分析仪、TP 水质自动分析仪、TN 水质自动分析仪等）、数据控制单元以及相应的建筑设施等，系统组成如图 11.1 所示。

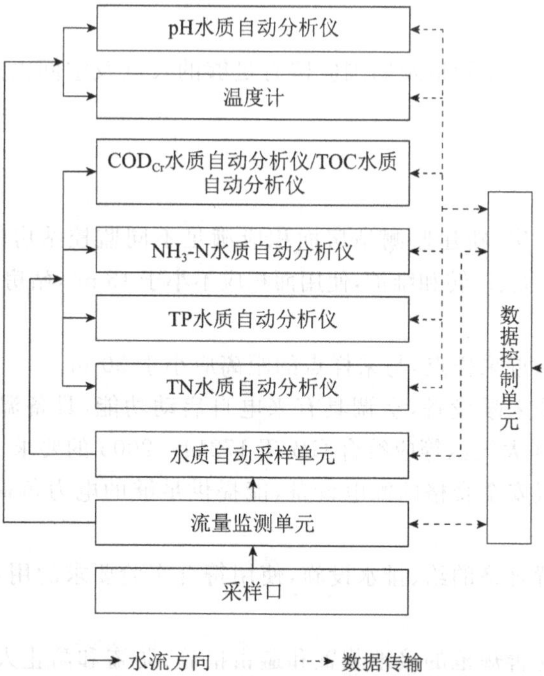

图 11.1　水污染源在线监测系统组成示意图

注：根据污染源现场排放水样的不同，COD_{Cr} 参数的测定可以选择 COD_{Cr} 水质自动分析仪或 TOC 水质自动分析仪，TOC 水质自动分析仪通过转换系数报 COD_{Cr} 的监测值，并参照 COD_{Cr} 水质自动分析仪的方法进行安装、调试、试运行、运行维护等。

二、水污染源在线监测系统建设要求

(一)水污染源排放口

(1)按照 HJ 91.1—2019 中的布设原则选择水污染源排放口位置。

(2)排放口依照 GB 15562.1—1995 的要求设置环境保护图形标志牌。

(3)排放口应能满足流量监测单元建设要求。

(4)排放口应能满足水质自动采样单元建设要求。

(5)用暗管或暗渠排污的,需设置能满足人工采样条件的竖井或修建一段明渠,污水面在地面以下超过 1 m 的,应配建采样台阶或梯架。压力管道式排放口应安装满足人工采样条件的取样阀门。

(二)流量监测单元

(1)需测定流量的排污单位,根据地形和排水方式及排水量大小,应在其排放口上游能包含全部污水束流的位置,修建一段特殊渠(管)道的测流段,以满足测量流量、流速的要求。

(2)一般可安装三角形薄壁堰、矩形薄壁堰、巴歇尔槽等标准化计量堰(槽)。

(3)标准化计量堰(槽)的建设应能够清除堰板附近堆积物,能够进行明渠流量计比对工作。

(4)管道流量计的建设应使管道及周围应留有足够的长度及空间以满足管道流量计的计量检定和手工比对。

(三)监测站房

(1)应建有专用监测站房,新建监测站房面积应满足不同监控站房的功能需要并保证水污染源在线监测系统的摆放、运转和维护,使用面积应不小于 15 m^2,站房高度不低于 2.8 m,推荐方案如图 11.2 所示。

(2)监测站房应尽量靠近采样点,与采样点的距离应小于 50 m。

(3)应安装空调和冬季采暖设备,空调具有来电自启动功能,具备温湿度计,保证室内清洁,环境温度、相对湿度和大气压等应符合 GB/T 17214—2005 的要求。

(4)监测站房内应配置安全合格的配电设备,能提供足够的电力负荷,功率≥5 kW,站房内应配置稳压电源。

(5)监测站房内应配置合格的给、排水设施,使用符合实验要求的用水清洗仪器及有关装置。

(6)监测站房应配置完善规范的接地装置和避雷措施、防盗和防止人为破坏的设施,接地装置安装工程的施工应满足 GB 50169—2016 的相关要求,建筑物防雷设计应满足 GB 50057—2010的相关要求。

(7)监测站房应配备灭火器箱、手提式二氧化碳灭火器、干粉灭火器或沙桶等,按消防相关要求布置。

(8) 监测站房不应位于通信盲区，应能够实现数据传输。

(9) 监测站房的设置应避免对企业安全生产和环境造成影响。

(10) 监测站房内、采样口等区域应安装视频监控设备。

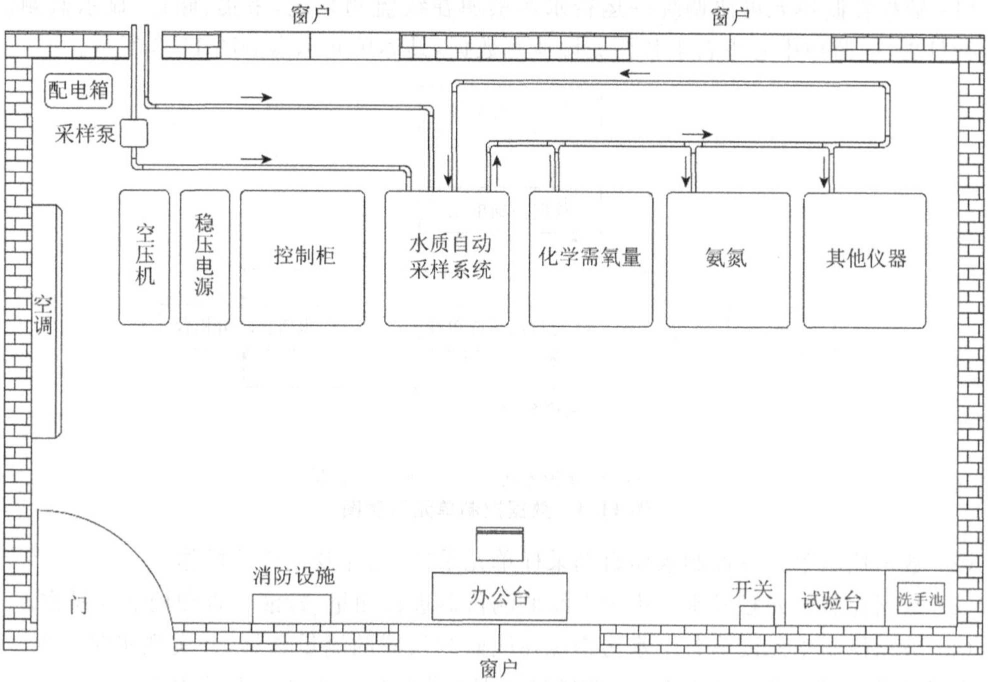

图 11.2　监测站房布局推荐方案

(四) 水质自动采样单元

(1) 水质自动采样单元具有采集瞬时水样及混合水样、混匀及暂存水样、自动润洗及排空混匀桶，以及留样功能。

(2) pH 水质自动分析仪和温度计应原位测量或测量瞬时水样。

(3) COD_{Cr}、TOC、NH_3-N、TP、TN 水质自动分析仪应测量混合水样。

(4) 水质自动采样单元的构造应保证将水样不变质地输送到各水质分析仪，应有必要的防冻和防腐设施。

(5) 水质自动采样单元应设置混合水样的人工比对采样口。

(6) 水质自动采样单元的管路宜设置为明管，并标注水流方向。

(7) 水质自动采样单元的管材应采用优质的聚氯乙烯(PVC)、三型聚丙烯(PPR)等不影响分析结果的硬管。

(8) 采用明渠流量计测量流量时，水质自动采样单元的采水口应设置在堰槽前方，合流后充分混合的场所，并尽量设在流量监测单元标准化计量堰(槽)取水口头部的流路中央，采水口朝向与水流的方向一致，减少采水部前端的堵塞。采水装置宜设置成可随水面的涨落而上下移动的形式。

(9) 采样泵应根据采样流量、水质自动采样单元的水头损失及水位差合理选择。应使用寿命长、易维护的，并且对水质参数没有影响的采样泵，安装位置应便于采样泵的维护。

（五）数据控制单元

（1）数据控制单元可协调统一运行水污染源在线监测系统，采集、储存、显示监测数据及运行日志，向监控中心平台上传污染源监测数据，具体单元示意如图 11.3 所示。

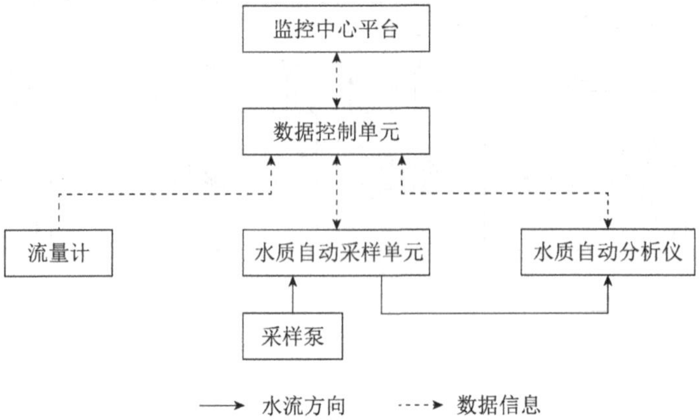

图 11.3　数据控制单元示意图

（2）数据控制单元可控制水质自动采样单元采样、送样及留样等操作。

（3）数据控制单元触发水污染源在线监测仪器进行测量、标液核查和校准等操作。

（4）数据控制单元读取各个水污染源在线监测仪器的测量数据，并实现实时数据、小时均值和日均值等项目的查询与显示，并通过数据采集传输仪上传至监控中心平台。

（5）数据控制单元记录并上传的污染源监测数据，上报数据应带有时间和数据状态标识，具体参照 HJ 355—2019 中 6.2 条款。

（6）数据控制单元可生成、显示各水污染源在线监测仪器监测数据的日统计表、月统计表和年统计表，具体格式参照 HJ 353—2019 中附录 C。

三、水污染源在线监测系统仪表安装要求

（一）基本要求

（1）工作电压为单相 220±22 V，频率为 50±0.5 Hz。

（2）遵循 RS—232、RS—485，具体要求按照 HJ 212—2017 的规定。

（3）水污染源在线监测系统中所采用的仪器设备应符合国家有关标准和技术要求（见表 11.1）。

表 11.1　水污染源在线监测仪器技术要求

序号	水污染源在线监测仪器	技术要求
1	超声波明渠污水流量计	HJ 15—2019
2	电磁流量计	HJ/T 367—2016

续表

序号	水污染源在线监测仪器	技术要求
3	化学需氧量(COD_{Cr})水质自动分析仪	HJ 377—2019
4	氨氮(NH_3-N)水质自动分析仪	HJ 101—2019
5	总氮(TN)水质自动分析仪	HJ/T 102—2018
6	总磷(TP)水质自动分析仪	HJ/T 103—2017
7	pH 水质自动分析仪	HJ/T 96—2018
8	水质自动采样器	HJ/T 372—2007
9	数据采集传输仪	HJ 477—2009

(二) 其他要求

(1) 水污染源在线监测仪器的各种电缆和管路应加保护管,保护管应在地下铺设或空中架设,空中架设的电缆应附着在牢固的桥架上,并在电缆、管路以及电缆和管路的两端设立明显标识。电缆线路的施工应满足GB 50168—2018 的相关要求。

(2) 各仪器应落地或壁挂式安装,有必要的防震措施,保证设备安装牢固稳定。在仪器周围应留有足够空间,方便仪器维护。其他要求参照仪器说明书相关内容,应满足GB 50093—2013 的相关要求。

(3) 必要时(如南方的雷电多发区),仪器和电源应设置防雷设施。

(三) 流量计

(1) 采用明渠流量计测定流量,应按照 JJG 711—1990、CJ/T 3008.1—1993、CJ/T 3008.2—1993、CJ/T 3008.3—1993 等技术要求修建或安装标准化计量堰(槽),并通过计量部门检定。主要流量堰槽的安装规范参照 HJ 353—2019 中附录 D。

(2) 应根据测量流量范围选择合适的标准化计量堰(槽),根据计量堰(槽)的类型确定明渠流量计的安装点位,具体要求见表 11.2。

表 11.2　计量堰(槽)的选型及流量计安装点位

序号	堰槽类型	测量流量范围(m^3/s)	流量计安装点位
1	巴歇尔槽	$0.1\times10^{-3}\sim93$	应位于堰槽入口段(收缩段)1/3 处
2	三角形薄壁堰	$0.2\times10^{-3}\sim1.8$	应位于堰板上游(3～4)倍最大液位处
3	矩形薄壁堰	$1.4\times10^{-3}\sim49$	应位于堰板上游(3～4)倍最大液位处

(3) 采用管道电磁流量计测定流量,应按照 HJ/T 367—2007 等技术要求进行选型、设计和安装,并通过计量部门检定。

(4) 电磁流量计在垂直管道上安装时,被测流体的流向应自下而上,在水平管道上安装时,两个测量电极不应在管道的正上方和正下方位置。流量计上游直管段长度和安装支撑方式应符合设计文件要求。管道设计应保证流量计测量部分管道水流时刻满管。

(5) 流量计应安装牢固稳定,有必要的防震措施。仪器周围应留有足够空间,方便仪器维护与比对。

(四) 水质自动采样器

(1) 水质自动采样器具有采集瞬时水样和混合水样、冷藏保存水样的功能。

(2) 水质自动采样器具有远程启动采样、留样及平行监测功能,记录瓶号、时间、平行监测等信息。

(3) 水质自动采样器采集的水样量应满足各类水质自动分析仪润洗、分析需求。

(五) 水质自动分析仪

(1) 应根据企业废水实际情况选择合适的水质自动分析仪。应根据 HJ 353—2019 附录 E 所登记的企业实际排放废水浓度选择合适的水质自动分析仪现场工作量程,具体设置方法参照 HJ 355—2019。

(2) 安装高温加热装置的水质自动分析仪,应避开可燃物和严禁烟火的场所。

(3) 水质自动分析仪与数据控制系统的电缆连接应可靠稳定,并尽量缩短信号传输距离,减少信号损失。

(4) 水质自动分析仪工作所必需的高压气体钢瓶,应稳固固定,防止钢瓶跌倒,有条件的站房可以设置钢瓶间。

(5) COD_{Cr}、TOC、NH_3-N、TP、TN 水质自动分析仪可自动调节零点和校准量程值,两次校准时间间隔不小于 24 h。

(6) 根据企业排放废水实际情况,水质自动分析仪可安装过滤等前处理装置,前处理装置应防止过度过滤,过滤后实际水样比对结果应满足表 11.3 要求。

表 11.3　水污染源在线监测仪器调试期性能指标

仪器类型	调试项目		指标限值
明渠流量计	液位比对误差		12 mm
	流量比对误差		±10%
水质自动采样器	采样量误差		±10%
	温度控制误差		±2 ℃
COD_{Cr}水质自动分析仪/TOC 水质自动分析仪	24 h 漂移	20%量程上限值	±5% F. S.
		80%量程上限值	±10% F. S.
	重复性		≤10%
	示值误差		±10%
	实际水样比对	COD_{Cr}<30 mg/L(用浓度为 20～25 mg/L 的标准样品替代实际水样进行试验)	±5 mg/L
		30 mg/L≤实际水样 COD_{Cr}<60 mg/L	±30%
		60 mg/L≤实际水样 COD_{Cr}<100 mg/L	±20%
		实际水样 COD_{Cr}≥100 mg/L	±15%

续表

仪器类型	调试项目		指标限值
NH_3-N 水质自动分析仪	24 h 漂移	20%量程上限值	±5% F.S.
		80%量程上限值	±10% F.S.
	重复性		≤10%
	示值误差		±10%
	实际水样比对	实际水样氨氮<2 mg/L(用浓度为 1.5 mg/L 的标准样品替代实际水样进行试验)	±0.3 mg/L
		实际水样总氮≥2 mg/L	±15%
TP 水质自动分析仪	24 h 漂移	20%量程上限值	±5% F.S.
		80%量程上限值	±10% F.S.
	重复性		≤10%
	示值误差		±10%
	实际水样比对	实际水样总磷<0.4 mg/L(用浓度为0.3 mg/L的标准样品替代实际水样进行试验)	±0.06 mg/L
		实际水样总氮≥0.4 mg/L	±15%
TN 水质自动分析仪	24 h 漂移	20%量程上限值	±5% F.S.
		80%量程上限值	±10% F.S.
	重复性		≤10%
	示值误差		±10%
	实际水样比对	实际水样总氮<2 mg/L(用浓度为 1.5 mg/L 的标准样品替代实际水样进行试验)	±0.3 mg/L
		实际水样总氮≥2 mg/L	±15%
pH 水质自动分析仪	示值误差		±0.5
	24 h 漂移		±0.5
	实际水样比对		±0.5

注：F.S. 表示满量程。

四、水污染源在线监测系统调试要求

（一）基本要求

（1）在完成水污染源在线监测系统的建设之后，需要对流量计、水质自动采样器、水质自动分析仪进行调试，并联网上报数据。

（2）数据控制单元的显示结果应与测量仪表一致，可方便查阅标准中规定的各种报表。

（3）明渠流量计采用 HJ 354—2019 中 6.3 章节规定的方法进行流量比对误差和液位

比对误差测试。

(4) 水质自动采样器采用 HJ 354—2019 中 6.3 章节规定的方法进行采样量误差和温度控制误差测试。

(5) 水质自动分析仪应根据排污企业排放浓度选择量程，并在该量程下按照 HJ 353—2019 中 7.2 章节规定的调试方法进行 24 h 漂移、重复性和示值误差的测试，按照 HJ 354—2019 中 6.3 章节规定的方法进行实际水样比对测试。

(二) 调试指标

(1) 各水污染源在线监测仪器指标符合表 11.3 要求的调试效果，TOC 水质自动分析仪参照 COD_{Cr} 水质自动分析仪执行。

(2) 编制水污染源在线监测系统调试报告，格式参照 HJ 353—2019 中附录 F。

五、水污染源在线监测系统试运行要求

(1) 应根据实际水污染源排放特点及建设情况，编制水污染源在线监测系统运行与维护方案以及相应的记录表格。

(2) 试运行期间应按照所制订的运行与维护方案及 HJ 355—2019 相关要求进行作业。

(3) 试运行期间应保持对水污染源在线监测系统连续供电，连续正常运行 30 d。

(4) 因排放源故障或在线监测系统故障等造成运行中断，在排放源或在线监测系统恢复正常后，重新开始试运行。

(5) 试运行期间数据传输率应不小于 90%。

(6) 数据控制系统已经和水污染源在线监测仪器正确连接，并开始向监控中心平台发送数据。

(7) 编制水污染源在线监测系统试运行报告，格式参照 HJ 353—2019 中附录 G。

第二节　水污染源在线监测系统验收

一、验收条件及内容

(一) 验收条件

(1) 提供水污染源在线监测系统的选型、工程设计、施工、安装调试及性能等相关技术资料。

(2) 水污染源在线监测系统已依据 HJ 353—2019 完成安装、调试与试运行，各指标符合 HJ 353—2019 中表 3 的要求，并提交运行调试报告与试运行报告。

(3) 提供流量计、标准计量堰(槽)的检定证书，水污染源在线监测仪器符合 HJ 353—2019 表 1 中技术要求的证明材料。

(4) 水污染源在线监测系统所采用基础通信网络和基础通信协议应符合 HJ 212—2017 的相关要求，对通信规范的各项内容做出响应，并提供相关的自检报告。同时提供环境保护主管部门出具的联网证明。

(5) 水质自动采样单元已稳定运行一个月，可采集瞬时水样和具有代表性的混合水样供水污染源在线监测仪器分析使用，可进行留样并报警。

(6) 验收过程供电不间断。

(7) 数据控制单元已稳定运行一个月，向监控中心平台及时发送数据，其间设备运转率应大于 90%；数据传输率应大于 90%。

(二) 验收内容

水污染源在线监测系统在完成安装、调试及试运行，并和环境保护主管部门联网后，应进行建设验收、仪器设备验收、联网验收及运行与维护方案验收。

二、建设验收要求

(一) 污染源排放口

(1) 污染源排放口的布设符合 HJ 91.1—2019 要求。

(2) 污染源排放口具有符合 GB/T 15562.1—1995 要求的环境保护图形标志牌。

(3) 污染源排放口应设置具备水质自动采样单元和流量监测单元安装条件的采样口。

(4) 污染源排放口应设置人工采样口。

(二) 流量监测单元

(1) 三角堰和矩形堰后端设置有清淤工作平台，可方便实现对堰槽后端堆积物的清理。

(2) 流量计安装处设置有超声波探头检修和比对的工作平台，可方便实现对流量计的检修和比对工作。

(3) 工作平台的所有敞开边缘设置有防护栏杆，采水口临空、临高的部位应设置防护栏杆和钢平台，各平台边缘应具有防止杂物落入采水口的装置。

(4) 维护和采样平台的安装施工应全部符合要求。

(5) 防护栏杆的安装应全部符合要求。

(三) 监测站房

(1) 监测站房专室专用。

(2) 监测站房密闭，安装有冷暖空调和排风扇，空调具有来电自启动功能。

(3) 新建监测站房面积应不小于 15 m^2，站房高度不低于 2.8 m，各仪器设备安放合理，可方便进行维护维修。

（4）监测站房与采样点的距离不大于50 m。

（5）监测站房的基础荷载强度、面积、空间高度、地面标高均符合要求。

（6）监测站房内有安全合格的配电设备，提供的电力负荷不小于5 kW，配置有稳压电源。

（7）监测站房电源引入线使用照明电源；电源进线有浪涌保护器；电源应有明显标志；接地线牢固并有明显标志。

（8）监测站房电源设有总开关，每台仪器设有独立控制开关。

（9）监测站房内有合格的给、排水设施，能使用自来水清洗仪器及有关装置。

（10）监测站房有完善规范的接地装置和避雷措施，防盗、防止人为破坏以及消防设施。

（11）监测站房不位于通信盲区，应能够实现数据传输。

（12）监测站房内、采样口等区域应有视频监控。

（四）水质自动采样单元

（1）实现采集瞬时水样和混合水样、混匀及暂存水样、自动润洗及排空混匀桶的功能。

（2）实现混合水样和瞬时水样的留样功能。

（3）实现pH水质自动分析仪、温度计原位测量或测量瞬时水样功能。

（4）COD_{Cr}、TOC、NH_3-N、TP、TN水质自动分析仪测量混合水样功能。

（5）需具备必要的防冻或防腐设施。

（6）设置有混合水样的人工比对采样口。

（7）水质自动采样单元的管路为明管，并标注有水流方向。

（8）管材应采用优质的聚氯乙烯(PVC)、三型聚丙烯(PPR)等不影响分析结果的硬管。

（9）采样口设在流量监测系统标准化计量堰(槽)取水口头部的流路中央，采水口朝向与水流的方向一致；测量合流排水时，应在合流后充分混合的场所采水。

（10）采样泵选择合理，安装位置便于泵的维护。

（五）数据控制单元

（1）数据控制单元可协调统一运行水污染源在线监测系统，采集、储存、显示监测数据及运行日志，向监控中心平台上传污染源监测数据。

（2）可接收监控中心平台命令，实现对水污染源在线监测系统的控制。如触发水质自动采样单元采样，水污染源在线监测仪器进行测量、标液核查、校准等操作。

（3）可读取并显示各水污染源在线监测仪器的实时测量数据。

（4）可查询并显示：pH的小时变化范围、日变化范围，流量的小时累积流量、日累积流量，温度的小时均值、日均值，COD_{Cr}、NH_3-N、TP、TN的小时值、日均值，并通过数据采集传输仪上传至监控中心平台。

（5）上传的污染源监测数据带有时间和数据状态标识，符合HJ 355—2019中6.2条款。

（6）可生成、显示各水污染源在线监测仪器监测数据的日统计表、月统计表、年统计表。

三、水污染源在线监测仪器验收要求

(一) 基本验收要求

(1) 水污染源在线监测仪器的各种电缆和管路应加保护管地下铺设或空中架设，空中架设的电缆应附着在牢固的桥架上，并在电缆、管路以及电缆和管路的两端设置明显标识。电缆线路的施工应满足 GB/T 50168—2018 的相关要求。

(2) 必要时(如南方的雷电多发区)，仪器设备和电源应设防雷设施。

(3) 各仪器设备采用落地或壁挂式安装，有必要的防震措施，保证设备安装牢固稳定。

(4) 仪器周围留有足够空间，方便仪器维护。

(5) 此处未提及的要求参照仪器相应说明书相关内容，应满足 GB/T 50093—2013 的相关要求。

(二) 功能验收要求

(1) 具有时间设定、校对、显示功能。

(2) 具有自动零点校准(正)功能和量程校准(正)功能，且有校准记录。校准记录中应包括校准时间、校准浓度、校准前后的主要参数等。

(3) 应具有测试数据显示、存储和输出功能。

(4) 应能够设置三级系统登录密码及相应的操作权限。

(5) 意外断电且再度上电时，应能自动排出系统内残存的试样、试剂等，并自动清洗，自动复位到重新开始测定的状态。

(6) 应具有故障报警、显示和诊断功能，并具有自动保护功能，并且能够将故障报警信号输出到远程控制网。

(7) 应具有限值报警和报警信号输出功能。

(8) 应具有接收远程控制网的外部触发命令、启动分析等操作的功能。

(三) 性能验收方法

性能验收方法包括液位比对误差、流量比对误差、采样量误差、温度控制误差、24 h 漂移、准确度、实际水样比对等。具体性能验收方法参照 HJ 354—2019 中 6.3 章节的性能验收方法。

(四) 性能验收内容及指标

性能验收内容及指标见表 11.4。

表 11.4　水污染源在线监测仪器验收项目及指标

仪器类型	验收项目	指标限值
明渠流量计	液位比对误差	12 mm
	流量比对误差	±10%

续表

仪器类型	验收项目		指标限值
水质自动采样器	采样量误差		±10%
	温度控制误差		±2 ℃
COD_{Cr}水质自动分析仪/TOC水质自动分析仪	24 h漂移(80%量程上限值)		±10% F.S.
	准确度	有证标准溶液浓度<30 mg/L	±5 mg/L
		有证标准溶液浓度≥30 mg/L	±10 %
	实际水样比对	COD_{Cr}<30 mg/L(用浓度为20～25 mg/L的标准样品替代实际水样进行试验)	±5 mg/L
		30 mg/L≤实际水样COD_{Cr}<60mg/L	±30%
		60 mg/L≤实际水样COD_{Cr}<100 mg/L	±20%
		实际水样COD_{Cr}≥100 mg/L	±15%
NH_3-N水质自动分析仪	24 h漂移(80%量程上限值)		±10% F.S.
	准确度	有证标准溶液浓度<2 mg/L	±0.3 mg/L
		有证标准溶液浓度≥2 mg/L	±15%
	实际水样比对	实际水样氨氮<2 mg/L(用浓度为1.5 mg/L的标准样品替代实际水样进行试验)	±0.3 mg/L
		实际水样总氮≥2 mg/L	±15%
TP水质自动分析仪	24 h漂移(80%量程上限值)		±10% F.S.
	准确度	有证标准溶液浓度<0.4 mg/L	±0.06 mg/L
		有证标准溶液浓度≥0.4 mg/L	±15%
	实际水样比对	实际水样总磷<0.4 mg/L(用浓度为0.3 mg/L的标准样品替代实际水样进行试验)	±0.06 mg/L
		实际水样总氮≥0.4 mg/L	±15%
TN水质自动分析仪	24 h漂移(80%量程上限值)		±10% F.S.
	准确度	有证标准溶液浓度<2 mg/L	±0.3 mg/L
		有证标准溶液浓度≥2 mg/L	±15%
	实际水样比对	实际水样总氮<2 mg/L(用浓度为1.5 mg/L的标准样品替代实际水样进行试验)	±0.3 mg/L
		实际水样总氮≥2 mg/L	±15 %
pH水质自动分析仪	24 h漂移		±0.5
	准确度		±0.5
	实际水样比对		±0.5

注：F.S.表示满量程。

四、联网验收要求

(一) 通信稳定性

数据控制单元和监控中心平台之间通信稳定，不应出现经常性的通信连接中断、数据丢失、数据不完整等通信问题。

数据控制单元在线率为90%以上，正常情况下，掉线后应在5 min之内重新上线。数据采集传输仪每日掉线次数在5次以内。数据传输稳定性在99%以上，当出现数据错误或丢失时，启动纠错逻辑，要求数据采集传输仪重新发送数据。

(二) 数据传输安全性

为了保证监测数据在公共数据网上传输的安全性，所采用的数据采集传输仪，在需要时可按照HJ 212—2017中规定的加密方法进行加密处理传输，保证数据传输的安全性。一端请求连接另一端应进行身份验证。

(三) 通信协议正确性

采用的通信协议应完全符合HJ 212—2017的相关要求。

(四) 数据传输正确性

系统稳定运行一个月后，任取其中不少于连续7 d的数据进行检查，要求监控中心平台接收的数据和数据控制单元采集和存储的数据完全一致；同时检查水污染源在线连续自动分析仪器存储的测定值、数据控制单元所采集并存储的数据和监控中心平台接收的数据，这3个环节的实时数据误差小于1%。

(五) 联网稳定性

在连续一个月内，系统能稳定运行，不出现除通信稳定性、通信协议正确性、数据传输正确性以外的其他联网问题。

(六) 现场故障模拟恢复试验要求

在水污染源在线连续自动监测系统现场验收过程中，人为模拟现场断电、断水和断气等故障，在恢复供电等外部条件后，水污染源在线连续自动监测系统应能正常自启动和远程控制启动。在数据控制单元中保存故障前完整分析的结果，并在故障过程中不被丢失。数据控制系统完整记录所有故障信息。

(七) 测量频次和测量结果报表

能够按照规定要求自动生成日统计表、月统计表和年统计表。报表格式参照HJ 353—2019附录C。

五、运行与维护方案验收要求

(1) 运行与维护方案应包含水污染源在线监测系统情况说明、运行与维护作业指导书及记录表格，并形成书面文件进行有效管理。

(2) 水污染源在线监测系统情况说明应至少包含如下内容：排污单位基本情况，水污染在线监测系统构成图，水质自动采样系统流路图，数据控制系统构成图，所安装的水污染源在线监测仪器方法原理、选定量程、主要参数、所用试剂，以及按照 HJ 355—2019 中规定建立的各组成部分的维护要点及维护程序。

(3) 运行与维护作业指导书内容应至少包含：水污染在线监测系统各组成部分的维护方法、所安装的水污染源在线监测仪器的操作方法、试剂配制方法、维护方法、流量监测单元、水样自动采集单元及数据控制单元维护方法。

(4) 记录表格应满足运行与维护作业指导书中的设定要求。

六、验收报告编制要求

(1) 验收报告格式，见 HJ 354—2019 附录 A。

(2) 比对监测报告格式，见 HJ 354—2019 附录 B。

(3) 验收报告应附验收比对监测报告、联网证明和安装调试报告。

(4) 当验收报告内容全部合格或符合后，方可通过验收。

第三节　水污染源在线监测方法原理

水污染源在线监测仪器中氨氮、总磷、总氮和 pH 的监测原理参考地表水环境自动监测系统，本节主要介绍化学需氧量(COD_{Cr})自动分析仪、总有机碳(TOC)自动分析仪、紫外吸收值(UVA)自动分析仪和流量计的原理。

一、化学需氧量(COD_{Cr})

(一) 组成结构

化学需氧量(COD_{Cr})水质在线自动分析仪的仪器基本组成单元如图 11.4 所示，主要包含以下单元：

(1) 进样/计量单元：包括试样、标准溶液、试剂等导入部分(含试样水样通道和标准溶液通道)及计量部分。

(2) 试剂储存单元：存放各种标准溶液、试剂的功能单元，确保各种标准溶液和试剂存放安全和质量。

(3) 消解单元：采用合适的消解方式和强氧化剂，将水样中的有机物和无机还原性物质氧化到相应要求的功能单元。

(4) 分析及检测单元：由反应模块和检测模块组成，通过控制单元完成对待测物质的自动在线分析，并将测定值转换成电信号输出的部分。

(5) 控制单元：包括系统控制硬件和软件，实现进样、消解和排液等操作的部分。具有数据采集、处理、显示存储、安全管理、数据和运行日志查询输出等功能，同时具备输出留样、触发采样等功能，控制单元实现以上功能时均能提供对应的通信协议，且通信协议满足 HJ 212—2017 的要求。

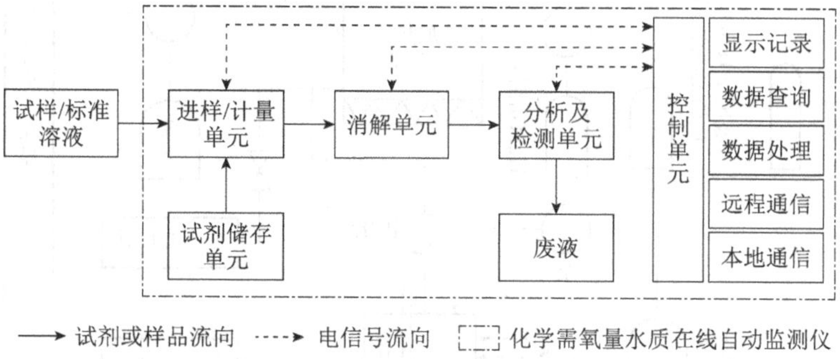

图 11.4　化学需氧量(COD_{Cr})水质在线自动分析仪基本组成结构

(二) 分析方法及原理

根据检测方法的不同可分为光度比色法、库仑滴定法、电化学氧化法和相关系数法等。

1. 光度比色法

在强酸性介质中，水样中的还原性物质被重铬酸钾氧化后，根据朗伯-比尔定律进行比色分析。

光度比色法的仪器还可再分为程序式和流动注射分析式两类。

(1) 程序式：程序式 COD_{Cr} 自动分析仪基于在酸性介质中，加入过量的重铬酸钾标准溶液氧化水样中的有机物和无机还原性物质，用分光光度法测定剩余的重铬酸钾量，计算出水样消耗重铬酸钾量和 COD_{Cr}。仪器利用微型计算机或程序控制器将量取水样、加液、加热氧化、测定及数据处理等操作自动进行。程序式 COD_{Cr} 自动分析仪工作原理如图 11.5 所示。

(2) 流动注射式：流动注射-分光光度式 COD_{Cr} 自动分析仪工作原理与流动注射式高锰酸盐指数自动分析仪类似，其原理如图 11.6 所示。在自动控制系统的控制下，载流液由陶瓷恒流泵连续输送至反应管道中，当按照预定程序通过电磁阀将水样和重铬酸钾溶液切入反应管道(流通式毛细管)后，被载流液载带，并在向前流动过程中与载流液渐渐混合，在高温、高压条件下快速反应后，经过冷却，流过流通式比色池，由分光光度计测量液流中剩余重铬酸钾对 380 nm 波长光吸收后透过光强度的变化值，获得具有峰值的响应曲线，将其峰高与标准水样的峰高比较，自动计算出水样的 COD_{Cr} 值。完成一次测定后，用载流液清洗管道，再进行下一次测定。流动注射-分光光度式 COD_{Cr} 自动分析仪是相对比较法，只要测定样品时的测量条件和标定时的测量条件一致，都可得到准确的测量结果。该分析技术运用于水样中 COD_{Cr} 值的测定，分析速度快、频率高、进样量少、精密度高，并且载流液可以循环利用，降低了方法的二次污染。

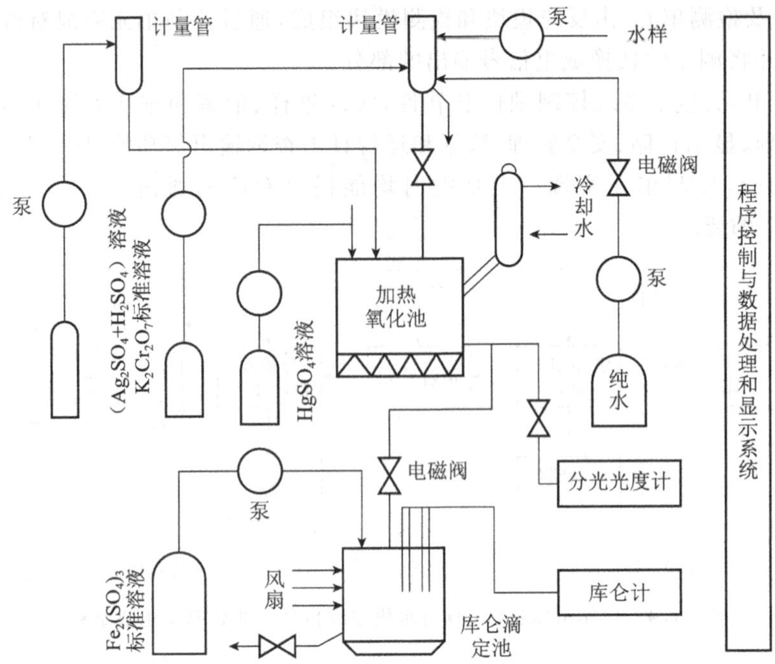

图 11.5　程序式 COD_{Cr} 自动分析仪和恒电流库仑滴定式 COD_{Cr} 自动分析仪工作原理

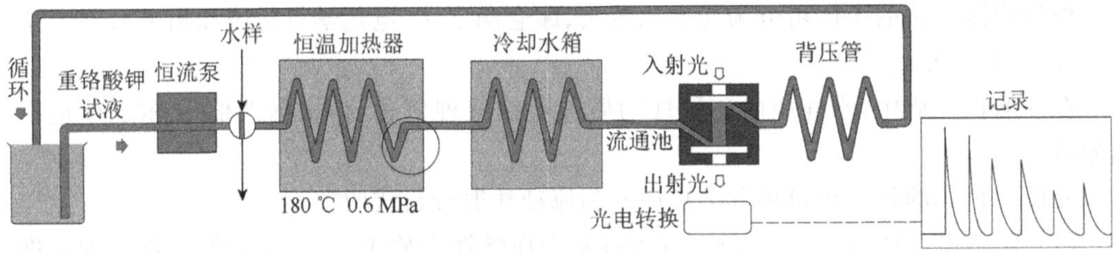

图 11.6　流动注射-分光光度式 COD_{Cr} 自动分析仪工作原理

2. 库仑滴定法

恒电流库仑滴定式 COD_{Cr} 自动分析仪与程序式 COD_{Cr} 自动分析仪的前处理方式类似，也是利用微型计算机将各项操作按预定程序自动进行，只是将氧化水样后剩余的重铬酸钾用硫酸亚铁标准溶液返滴定，然后用库仑滴定法测定。根据消耗电荷量与加入的重铬酸钾总量所消耗的电荷量之差，计算出水样的 COD_{Cr}。工作原理如图 11.5 所示。

3. 电化学氧化法

基本原理是利用氢氧基作为氧化剂，用工作电极测量氧化时消耗的工作电流，然后计算水样中的 COD_{Cr} 值。

利用过氧化铅涂层在过电压条件下，有过氧化铅镀层的工作电极将发生电解反应产生氢氧基。氢氧基的氧化电位比其他氧化剂（如 O_3 或 $KCrO_4$）高。因而可以氧化难以氧化的水中组分。

待测溶液中的有机物消耗电极周围的氢氧基，新氢氧基的形成将在电极系统中产生电流。由于氧化电极（工作电极）的电位保持恒定，则每秒电负荷与有机物浓度和它们在氧化电极的氧化剂消耗量相关。电化学氧化法 COD_{Cr} 分析仪工作原理如图 11.7 所示。

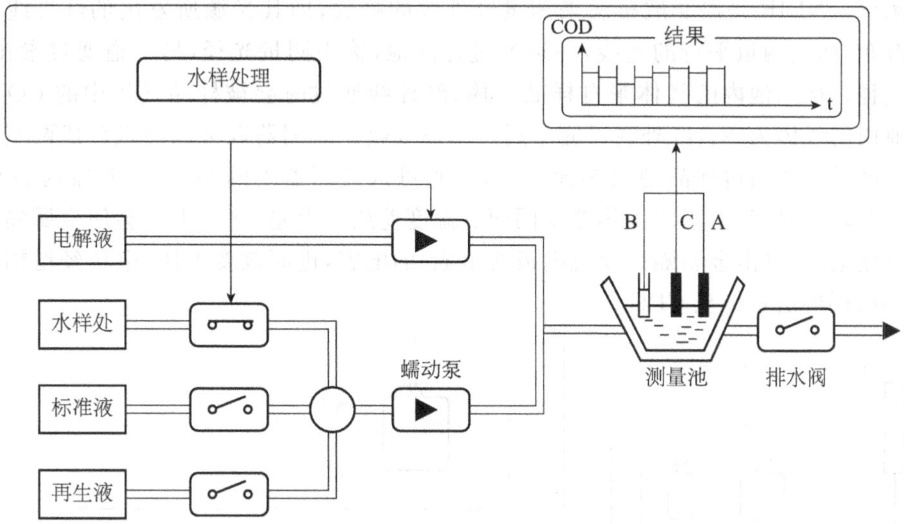

图 11.7　电化学氧化法 COD_{Cr} 分析仪工作原理

A—工作电极(氧化);B—参比电极;C—负极

电化学氧化法 COD_{Cr} 分析仪采用了反重力的取样方法，样品是从样品流中间反方向抽取;所以，可以排除大的颗粒，采集到更小的固体颗粒。因此，保证了样品的代表性。较大的管道尺寸避免了管路的堵塞。

4. 相关系数法

相关系数法是指利用水样的其他物理、化学性质与 COD_{Cr} 含量之间的相关性，通过检测例如吸光度、TOC(总有机碳)等指标，间接测量水样的 COD_{Cr}，常见的如 UV 法、TOC 法等。

相关系数法的基础在于其测量指标与 COD_{Cr} 之间的相关性，一旦水样成分等发生较大变化时，其相关性发生变化，则分析结果易出现较大的偏差，因此该方法多见于实验室研究或某些行业水质监测研究中，仪器多为紫外可见分光光度计或 TOC 仪。

二、总有机碳(TOC)

总有机碳(TOC)自动分析仪一般分为干法和湿法两种。

(一) 干法

干法主要基于燃烧氧化-非分散红外线吸收法，其原理为:样品通过注射器泵注射到燃烧管中，在催化条件高温(680～900 ℃)燃烧氧化，生成 CO_2 和 H_2O，在载气推动下导入电子冷凝器分离出水分，CO_2 则送入非分散红外线检测器(NDIR)中检测 CO_2 的量，从而换算水样中 TOC 浓度。该方法测量速度快、试剂用量少。

某款燃烧氧化-非分散红外线吸收法 TOC 自动分析仪的工作原理如图 11.8 所示。样品通过八通阀、注射器泵注射到燃烧管中，供给纯氮气并以 680 ℃的温度燃烧氧化，生成 CO_2 和 H_2O，导入电子冷凝器分离出水分，CO_2 则送入 NDIR 中检测 CO_2 的量。根据朗伯-

比尔定律，CO_2 吸收红外线的量与其浓度成正比，故测量 CO_2 吸收红外线的量即可得知 CO_2 的浓度。NDIR 是以非散布法来测量红外线的吸收，即其光源所发出的红外线并非如光谱般散布，而是两道平行的光线，一道通过样品池，称为测量光径，另一道通过参比池，称为参比光径。样品池内的气体来自样品气体，红外线通过时会被样品气体中的 CO_2 吸收；而参比池内的气体为 N_2，红外线可完全通过不被吸收。监测器以金属隔板分成两室。光源所发出的两道光线通过样品池及参比池后，分别进入监测器内的两室，监测器内的 CO_2 吸收红外线并转为热能，由于两室热能不同而有温度差或压力差，此压力差会使金属隔板产生变形而改变电容器（由金属隔板及抗电极所组成）的电容，进而改变电压，电压经增幅器予以增幅、整流，再将信号传至 CPU。

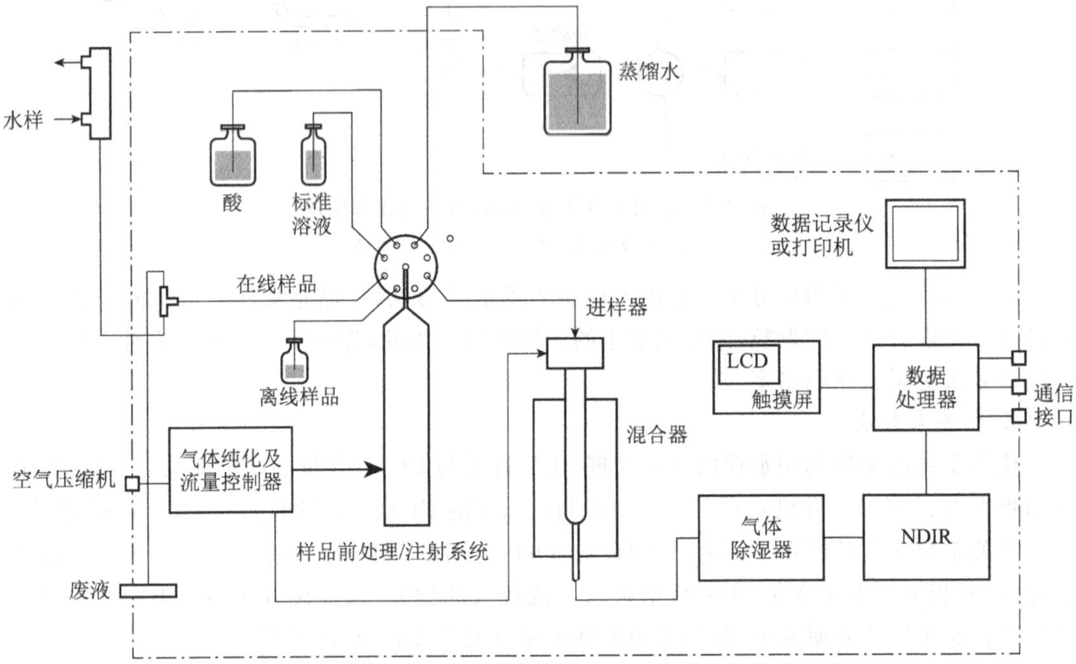

图 11.8　燃烧氧化-非分散红外线吸收法 TOC 自动分析仪的工作原理

（二）湿法

湿法主要基于紫外照射-非分散红外线吸收法，其原理为：在自动控制装置的控制下，将水样、催化剂（TiO_2 悬浮液）、氧化剂（过硫酸钾溶液）导入反应池，在紫外光的照射下，水样中的有机物氧化成 CO_2 和 H_2O，被载气带入冷却器除去水蒸气，送入非分散红外气体分析仪测定 CO_2，由数据处理单元换算成水样的 TOC。仪器无高温部件，易于维护，但灵敏度较燃烧氧化-非分散红外吸收法低，其工作原理如图 11.9 所示。

三、紫外吸收值（UVA）

由于溶解于水中的不饱和烃和芳香烃等有机物对 254 nm 附近的紫外光有强烈吸收，而无机物对其吸收甚微。实验证明，某些废（污）水或地表水对该波长附近紫外光的吸光度与

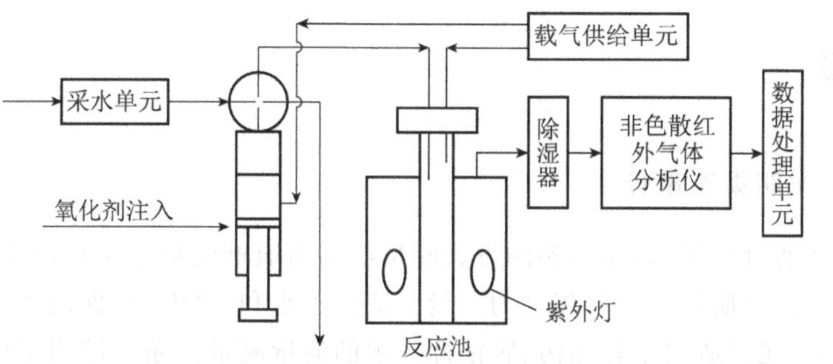

图 11.9　紫外照射-非分散红外吸收 TOC 自动分析仪工作原理

其 COD_{Cr} 有良好的相关性，故可用来反映有机物的含量。该方法操作简便，易于实现自动测定，目前在国外多用于监控排放废（污）水的水质，当紫外吸收值超过预定控制值时，就按超标处理。

图 11.10 是一种 UVA 自动分析仪的工作原理。由低压汞灯发出约 90% 的 254 nm 紫外光束，通过发送池后，聚焦并射到与光轴成 45° 的半透射半反射镜上，将其分成两束，一束经紫外光滤光片得到 254 nm 的紫外光（测量光束），射到光电转换器上，将光信号转换成电信号，它反映了水中有机物对 254 nm 紫外光的吸收和水中悬浮物对该波长紫外光吸收及散射而衰减的程度。另一束光呈 90° 反射，经可见光滤光片滤去紫外光（参比光束）射到另一光电转换器上，将光信号转换为电信号，它反映水中悬浮物对参比光束（可见光）吸收和散射后的衰减程度。假设悬浮物对紫外光的吸收和散射与对可见光的吸收和散射近似相等，则两束光的电信号经差分放大器作减法运算后，其输出信号即为水样中有机物对 254 nm 紫外光的吸光度，消除了悬浮物对测定的影响。仪器经校准后可直接显示、记录有机物浓度。

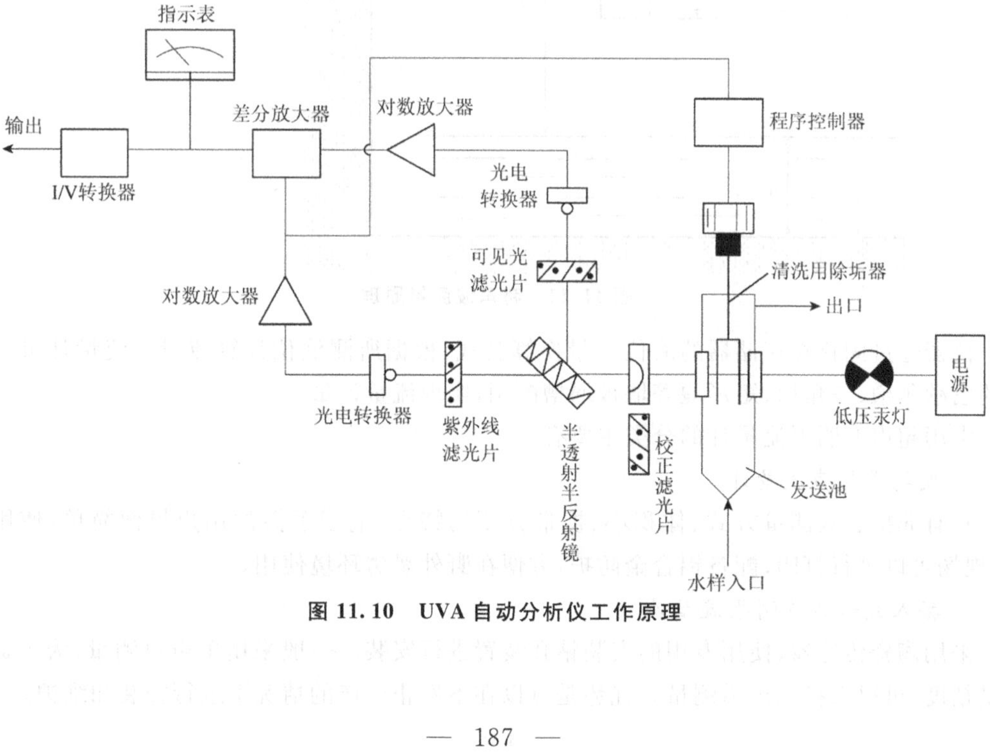

图 11.10　UVA 自动分析仪工作原理

四、流量

(一) 超声波明渠流量计

采用超声波通过空气,以非接触的方式测量明渠内堰槽前指定位置的水位高度,再根据标准规定的液位流量换算公式计算水的流量。适用于水利、水电、环保以及其他各种明渠条件下的流量测量,尤其适用于有黏污、腐蚀性污水的流量测量。超声波明渠流量计的液位计应与计量槽配合使用,超声波探头安装在计量槽的上方,计量槽把明渠内水流量的大小换算成液位的高低,流量计测量并记录计量槽内的水位,通过对应的水位流量关系计算出流量。

超声波测量原理如图 11.11 所示。超声波传感器自带校准棒,传感器发出的超声波遇到校正棒和水面反射分别返回,两个返回时间分别为 t_1 和 t_2,超声波发射面到校准棒的距离 H_1 是已知的,所以发射面到液面的距离 $H_2=H_1 \cdot t_2/t_1$,$h=L-H_2$,从而得到液位高度 h。由于采用了校正棒,所以测量计算与超声波传输速度无关,避免了湿度、风速对超声波速度的影响,保证了准确性。

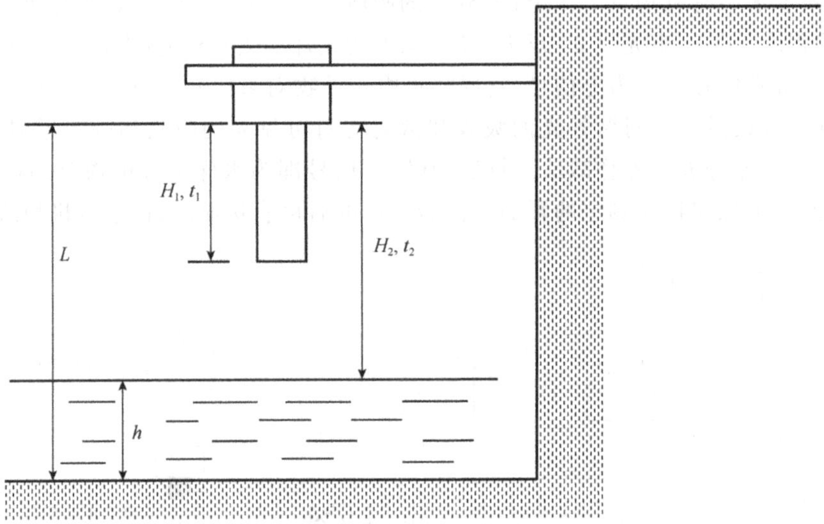

图 11.11　超声波测量原理

仪器通过固化在存储器的液位流量换算公式,根据所测液位计算流量。流量计可与标准的巴歇尔槽、三角堰、矩形堰等堰板堰槽配用,实现流量计量。

常用超声波明渠流量计的分类主要有:

1. 便携式超声流量计

具有非接触式测量方式、体积小、携带方便的特点;电子手簿的用户界面简单,使用方便;现场可以进行打印;配备铝合金防护,方便在野外恶劣环境使用。

2. 插入式超声波明渠流量计

采用陶瓷传感器,使用专用的安装钻孔装置进行安装。一般采用单声道测量,为了提高测量精度,可以选择三声道测量。优势是可以在不停止生产的情况下进行安装和维护。

3. 管段式超声波明渠流量计

安装时需要切开管路进行超声流量计的安装与调试，后期进行维护时不需要停产。传感器可以选择单声道和三声道两种模式进行测量。

（二）巴歇尔流量槽

用明渠测流量时，在明渠上安装量水堰槽。量水堰槽把明渠内流量的大小转成液位的高低。利用超声波传感器测量量水堰槽内的水位，再按相应量水堰槽的水位—流量关系反算出流量。

巴歇尔槽构造如图 11.12 所示。

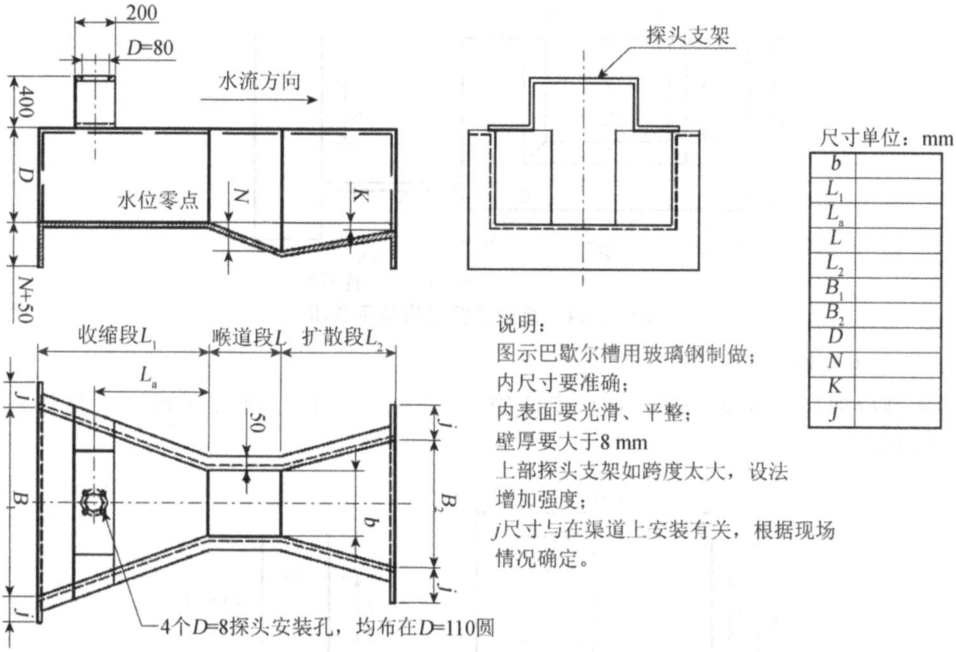

图 11.12　巴歇尔槽构造示意图

（三）薄壁堰

在明渠中安装标准量水堰槽，产生节流作用，使明渠内的流量与液位有固定的对应关系。可利用超声波传感器测量量水堰槽内的水位，然后根据流量公式计算出相应的流量。

薄壁堰构造主要有三角形薄壁堰、矩形薄壁堰和等宽薄壁堰。

1. 三角形薄壁堰

三角形薄壁堰应采用耐腐蚀、耐水流冲刷、不变形的材料精确加工而成；堰口附近应加工到相当于碾平的金属板的光滑表面。具体构造如图 11.13 所示。

2. 矩形薄壁堰

矩形薄壁堰的堰板与河底边墙应垂直，堰顶和缺口两侧应光滑平整，相当于轧制的薄金属板的表面，宜用耐锈蚀的金属制作。具体构造如图 11.14 所示。

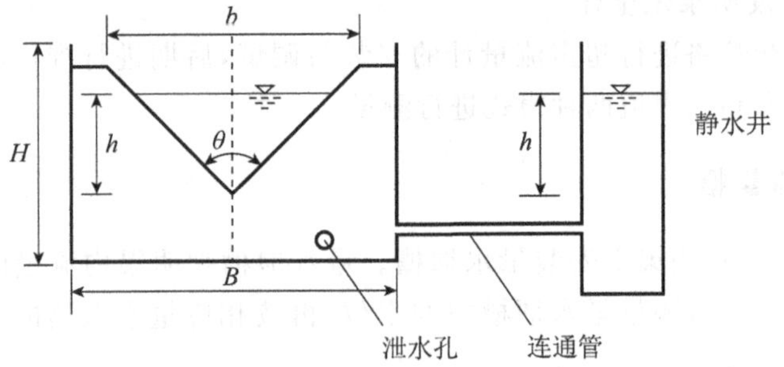

图 11.13　三角薄壁堰构造示意图

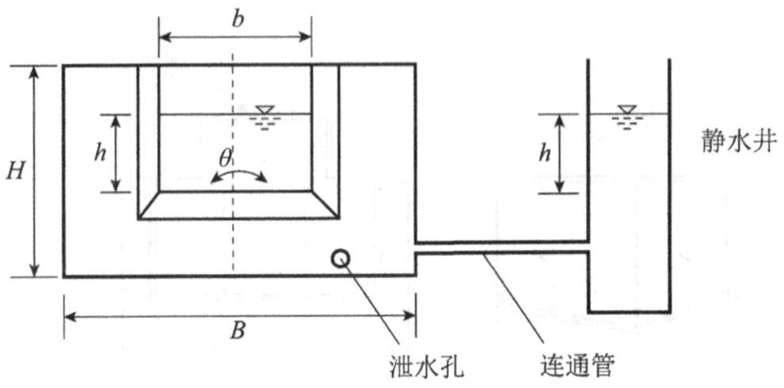

图 11.14　矩形薄壁堰构造示意图

3. 等宽薄壁堰

等宽薄壁堰应采用耐腐蚀、耐水流冲刷、不变形的材料精确加工而成。具体构造如图 11.15 所示。

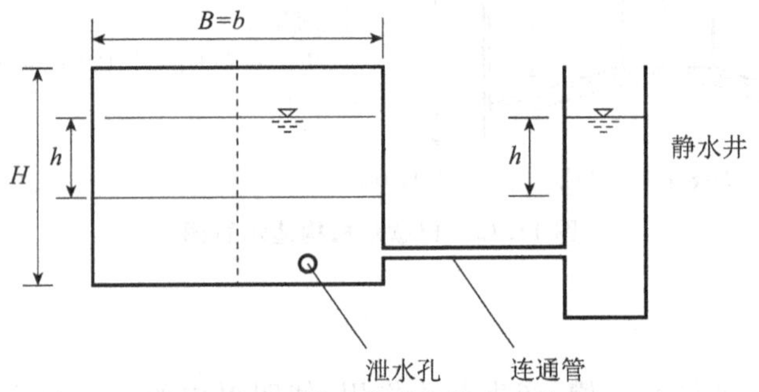

图 11.15　等宽薄壁堰构造示意图

第四节　水污染源在线监测系统运维

一、运行单位及人员要求

(一) 运行单位要求

运行单位应具备与监测任务相适应的技术人员、仪器设备和实验室环境，明确监测人员和管理人员的职责、权限和相互关系，有适当的措施和程序保证监测结果准确可靠。应备有所运行在线监测仪器的备用仪器，同时应配备相应仪器参比方法实际水样比对试验装置。

（二）运行人员要求

运行人员应具备相关专业知识，通过相应的培训教育和能力确认/考核等活动。

二、仪器运行参数管理及设置

（一）仪器运行参数设置要求

（1）在线监测仪器量程应根据现场实际水样排放浓度合理设置，量程上限应设置为现场执行的污染物排放标准限值的2～3倍。当实际水样排放浓度超出量程设置要求时应按HJ 91.1的要求进行人工监测。

（2）针对模拟量采集时，应保证数据采集传输仪的采集信号量程设置、转换污染物浓度量程设置与在线监测仪器设置的参数一致。

（二）仪器运行参数管理要求

（1）对在线监测仪器的操作、参数的设定修改，应设定相应操作权限。

（2）对在线监测仪器的操作、参数修改等动作，以及修改前后的具体参数都要通过纸质或电子的方式记录并保存，同时在仪器的运行日志里做相应的不可更改的记录，应至少保存1年。

（3）纸质或电子记录单中需注明对在线监测仪器参数的修改原因，并在启用时进行确认。

三、采样方式及数据上报要求

（一）采样方式

1. 瞬时采样

使用pH水质自动分析仪、温度计和流量计对瞬时水样进行监测。连续排放时，pH、温度和流量至少每10 min获得一个监测数据；间歇排放时，数据数量不小于污水累计排放小时数的6倍。

2. 混合采样

使用COD_{Cr}、TOC、NH_3-N、TP、TN水质自动分析仪对混合水样进行监测。

连续排放时，每日从零点计时，每1 h为一个时间段，水质自动采样系统在该时段进行时间等比例或流量等比例采样（如：每15 min采一次样，1 h内采集4次水样，保证该时间段内采集样品量满足使用），水质自动分析仪测试该时段的混合水样，其测定结果应计为该时段的水污染源连续排放平均浓度。

间歇排放时，每 1 h 为一个时间段，水质自动采样系统在该时段进行时间等比例或流量等比例采样（依据现场实际排放量设置，确保在排放时可采集到水样），采样结束后由水质自动分析仪测试该时段的混合水样，其测定结果应计为该时段的水污染源排放平均浓度。如果某个采样周期内所采集样品量无法满足仪器分析之用，则对该时段做无数据处理。

（二）数据上报

（1）应保证数据采集传输仪、在线监测仪器与监控中心平台时间一致。

（2）数据采集传输仪应在 COD_{Cr}、TOC、NH_3-N、TP、TN 水质自动分析仪测定完成后开始采集分析仪的输出信号，并在 10 min 内将数据上报平台，监测数据个数不小于污水累计排放小时数。

（3）COD_{Cr}、TOC、NH_3-N、TP、TN 水质自动分析仪存储的测定结果的时间标记应为该水质自动分析仪从混匀桶内开始采样的时间，数据采集传输仪上报数据时报文内的时间标记与水质自动分析仪测量结果存储的时间标记保持一致；水质自动分析仪和数据采集传输仪应能存储至少一年的数据。

（4）数据传输应符合 HJ 212—2017 的规定，上报过程中如出现数据传输不通的问题，数据采集传输仪应对未传输成功的数据做记录，下次传输时自动将未传输成功的数据进行补传。

四、检查维护要求

（一）日检查维护

每天应通过远程查看数据或现场察看的方式检查仪器运行状态、数据传输系统以及视频监控系统是否正常，并判断水污染源在线监测系统运行是否正常。如发现数据有持续异常等情况，应前往站点检查。

（二）周检查维护

（1）每 7d 对水污染源在线监测系统至少进行 1 次现场维护。

（2）检查自来水供应、泵取水情况，检查内部管路是否通畅，仪器自动清洗装置是否运行正常，检查各仪器的进样水管和排水管是否清洁，必要时进行清洗。定期对水泵和过滤网进行清洗。

（3）检查监测站房内电路系统、通信系统是否正常。

（4）对于用电极法测量的仪器，检查电极填充液是否正常，必要时对电极探头进行清洗。

（5）检查各水污染源在线监测仪器标准溶液和试剂是否在有效使用期内，保证按相关要求定期更换标准溶液和试剂。

（6）检查数据采集传输仪运行情况，并检查连接处有无损坏，对数据进行抽样检查，对比水污染源在线监测仪、数据采集传输仪及监控中心平台接收到的数据是否一致。

(7) 检查水质自动采样系统管路是否清洁，采样泵、采样桶和留样系统是否正常工作，留样保存温度是否正常。

(8) 若部分站点使用气体钢瓶，应检查载气气路系统是否密封，气压是否满足使用要求。

(三) 月检查维护

(1) 每月的现场维护应包括对水污染源在线监测仪器进行一次保养，对仪器分析系统进行维护；对数据存储或控制系统工作状态进行一次检查；检查监测仪器接地情况，检查监测站房防雷措施。

(2) 水污染源在线监测仪器：根据相应仪器操作维护说明，检查和保养易损耗件，必要时更换；检查及清洗取样单元、消解单元、检测单元、计量单元等。

(3) 水质自动采样系统：根据情况更换蠕动泵管、清洗混合采样瓶等。

(4) TOC 水质自动分析仪：检查 TOC-COD_{Cr} 转换系数是否适用，必要时进行修正。对 TOC 水质自动分析仪的泵、管、加热炉温度进行一次检查，检查试剂余量(必要时添加或更换)，检查卤素洗涤器、冷凝器水封容器、增湿器，必要时加蒸馏水。

(5) pH 水质自动分析仪：用酸液清洗一次电极，检查 pH 电极是否钝化，必要时进行校准或更换。

(6) 温度计：每月至少进行一次现场水温比对试验，必要时进行校准或更换。

(7) 超声波明渠流量计：检查流量计液位传感器高度是否发生变化，检查超声波探头与水面之间是否有干扰测量的物体，对堰体内影响流量计测定的干扰物进行清理。

(8) 管道电磁流量计：检查管道电磁流量计的检定证书是否在有效期内。

(四) 季度检查维护

(1) 水污染源在线监测仪器：根据相应仪器操作维护说明，检查及更换易损耗件，检查关键零部件可靠性，如计量单元准确性、反应室密封性等，必要时进行更换。

(2) 对于水污染源在线监测仪器所产生的废液应以专用容器予以回收，并按照 GB 18597—2001 的有关规定，交由有危险废物处理资质的单位处理，不得随意排放或回流入污水排放口。

(五) 检查维护记录

运行人员在对水污染源在线监测系统进行故障排查与检查维护时，应作好记录。

(六) 其他检查维护

(1) 保证监测站房的安全性，进出监测站房应进行登记，包括出入时间、人员、出入站房原因等，应设置视频监控系统。

(2) 保持监测站房的清洁，保持设备的清洁，保证监测站房内的温度、湿度满足仪器正常运行的需求。

(3) 保持各仪器管路通畅，出水正常，无漏液。

(4) 对电源控制器、空调、排风扇、供暖、消防设备等辅助设备要进行经常性检查。

(5) 其他维护按相关仪器说明书的要求进行仪器维护保养、易耗品的定期更换工作。

五、运行技术及质量控制要求

(一) 运行技术要求

(1) 对 COD_{Cr}、TOC、NH_3-N、TP、TN 水质自动分析仪按照 HJ 355—2019 的 8.2 要求定期进行自动标样核查和自动校准，自动标样核查结果应满足表 11.5 要求。

表 11.5 水污染源在线监测仪器运行技术指标

仪器类型	技术指标要求	试验指标限值	样品数量要求
COD_{Cr}、TOC 水质自动分析仪	采用浓度约为现场工作量程上限值一半的标准样品	±10%	1
	实际水样 COD_{Cr}<30 mg/L(用浓度为 20～25 mg/L 的标准样品替代实际水样进行测试)	±5 mg/L	比对试验总数应不少于 3 对。当比对试验数量为 3 对时应至少有 2 对满足要求；4 对时应至少有 3 对满足要求；5 对以上时至少需 4 对满足要求
	30 mg/L≤实际水样 COD_{Cr}<60 mg/L	±30%	
	60 mg/L≤实际水样 COD_{Cr}<100 mg/L	±20%	
	实际水样 COD_{Cr}≥100 mg/L	±15%	
NH_3-N 水质自动分析仪	采用浓度约为现场工作量程上限值一半的标准样品	±10%	1
	实际水样氨氮<2 mg/L(用浓度为 1.5 mg/L 的标准样品替代实际水样进行测试)	±0.3 mg/L	同化学需氧量比对试验数量要求
	实际水样氨氮≥2 mg/L	±15%	
TP 水质自动分析仪	采用浓度约为现场工作量程上限值一半的标准样品	±10%	1
	实际水样总磷<0.4 mg/L(用浓度为 0.2 mg/L 的标准样品替代实际水样进行测试)	±0.04 mg/L	同化学需氧量比对试验数量要求
	实际水样总磷≥0.4 mg/L	±15%	
TN 水质自动分析仪	采用浓度约为现场工作量程上限值一半的标准样品	±10%	1
	实际水样总氮<2 mg/L(用浓度为 1.5 mg/L 的标准样品替代实际水样进行测试)	±0.3 mg/L	同化学需氧量比对试验数量要求
	实际水样总氮≥2 mg/L	±15%	
pH 水质自动分析仪	实际水样比对	±0.5	1
温度计	现场水温比对	±0.5 ℃	1
超声波明渠流量计	液位比对误差	12 mm	6 组数据
	流量比对误差	±10%	10 min 累计流量

(2) 对 COD_{Cr}、TOC、NH_3-N、TP、TN、pH 水质自动分析仪、温度计及超声波明渠流量计按照 HJ 355—2019 的 8.2、8.3 及 8.4 要求定期进行实际水样比对试验，比对试验结果应满足表 11.5 的要求，实际水样国家环境监测分析方法标准见表 11.6。

表 11.6 实际水样国家环境监测分析方法标准

项目	分析方法	标准号
COD_{Cr}	水质 化学需氧量的测定 重铬酸盐法	HJ 828—2017
COD_{Cr}	高氯废水 化学需氧量的测定 氯气校正法	HJ/T 70—2001
NH_3-N	水质 氨氮的测定 纳氏试剂分光光度法	HJ 535—2009
NH_3-N	水质 氨氮的测定 水杨酸分光光度法	HJ 536—2009
TP	水质 总磷的测定 钼酸铵分光光度法	GB/T1 1893—1989
TN	水质 总氮的测定 碱性过硫酸钾消解紫外分光光度法	HJ 636—2017
pH	水质 pH 的测定 玻璃电极法	GB/T 6920—1986
水温	水质 水温的测定 温度计或颠倒温度计测定法	GB/T 13195—1991

(二) 有效数据率

以月为周期，计算每个周期内水污染源在线监测仪实际获得的有效数据的个数占应获得的有效数据的个数的百分比不得小于 90%，有效数据的判定参见 HJ 356—2019 的相关规定。

(三) 其他质量控制要求

(1) 应按照 HJ 91.1—2019、HJ 493—2009 等的相关要求对水样分析、自动监测实施质量控制。

(2) 对某一时段、某些异常水样，应不定期进行平行监测、加密监测和留样比对试验。

(3) 水污染源在线监测仪器所使用的标准溶液应正确保存且经有证标准样品验证合格后方可使用。

六、检修和故障处理要求

(1) 水污染源在线监测系统需维修的，应在维修前报相应环境保护管理部门备案；需停运、拆除、更换、重新运行的，应经相应环境保护管理部门批准同意。

(2) 因不可抗力和突发性原因致使水污染源在线监测系统停止运行或不能正常运行时，应当在 24 h 内报告相应环境保护管理部门并书面报告停运原因和设备情况。

(3) 运行单位发现故障或接到故障通知，应在规定的时间内赶到现场处理并排除故障，无法及时处理的应安装备用仪器。

(4) 水污染源在线监测仪器经过维修后，在正常使用和运行之前应确保其维修全部完成并通过校准和比对试验。若在线监测仪器进行了更换，在正常使用和运行之前，确保其性能指标满足水污染源在线监测仪器运行技术指标的要求。维修和更换的仪器，可由第三方或运行单位自行出具比对检测报告。

(5) 数据采集传输仪发生故障，应在相应环境保护管理部门规定的时间内修复或更换，并能保证已采集的数据不丢失。

(6) 运行单位应备有足够的备品备件及备用仪器，对其使用情况进行定期清点，并根据实际需要进行增购。

(7) 水污染源在线监测仪器因故障或维护等原因不能正常工作时，应及时向相应环境保护管理部门报告，必要时采取人工监测，监测周期间隔不大于 6 h，数据报送每天不少于 4 次，监测技术要求参照 HJ 91.1—2019 执行。

七、运行比对监测要求

(一) 运行工作管理

运行工作管理应从参数设置和管理、检查维护、自动标样核查、自动校准、比对试验、检修和故障处理、比对监测以及记录与档案等几个方面来进行，运行工作检查表参照 HJ 355—2019中附录 J。

(二) 比对监测要求

1. 比对监测试验装置

按照比对分析项目及 HJ 493—2009 的要求，做好比对试验所需采样器具的日常清洗、保管和整理工作。

2. 样品采集与保存

确保比对试验样品与水污染源在线监测仪器分析所测样品的一致性，样品的采集和保存严格执行 HJ 91.1—2019、HJ 353—2019 以及 HJ 493—2009 的有关规定。

3. 在线监测系统采样管理

比对监测时，应记录水污染源在线监测系统是否按照 HJ 353—2019 进行采样并在报告中说明有关情况。

比对监测应及时正确地做好原始记录，并及时正确地粘贴样品标签，以免混淆。

4. 仪器质量控制

比对监测时，应核查水污染源在线监测仪器参数设置情况，必要时进行标准溶液抽查，核查标准溶液是否符合相关规定要求，在记录和报告中说明有关情况；比对监测所使用的标准样品和实际水样应符合现场安装仪器的量程；比对监测期间，不允许对在线监测仪器进行任何调试。

5. 比对监测仪器性能要求

比对监测期间应对水污染源在线监测仪器进行比对试验，并符合水污染源在线监测仪器运行技术指标的要求。

八、运行档案与记录

(一) 技术档案和运行记录的基本要求

(1) 水污染源在线监测系统运行的技术档案包括仪器的说明书、HJ 353—2019 要求的系统安装记录和 HJ 354—2019 要求的验收记录、仪器的检测报告以及各类运行记录表格。

(2) 运行记录应清晰、完整，现场记录应在现场及时填写。可从记录中查阅和了解仪器设备的使用、维修和性能检验等全部历史资料，以对运行的各台仪器设备做出正确评价。与仪器相关的记录可放置在现场并妥善保存。

(二) 运行记录表格

运行记录表格参见 HJ 355—2019 中附录 A～附录 J，各运行单位可根据实际需求及管理需要调整或增加不同的表格。

(1) 水污染源在线监测系统基本情况参见附录 A。

(2) 巡检维护记录表参见附录 B。

(3) 水污染源在线监测仪器参数设置记录表参见附录 C。

(4) 标样核查及校准结果记录表参见附录 D。

(5) 检修记录表参见附录 E。

(6) 易耗品更换记录表参见附录 F。

(7) 标准样品更换记录表参见附录 G。

(8) 实际水样比对试验结果记录表参见附录 H。

(9) 水污染源在线监测系统运行比对监测报告参见附录 I。

(10) 运行工作检查表参见附录 J。

第五节 水污染源在线监测系统数据有效性

一、数据有效性判别流程

水污染源在线监测系统的运行状态分为正常采样监测时段和非正常采样监测时段。正常采样监测时段获取的监测数据，根据 HJ 356—2019 规定的数据有效性判别标准，进行有效性判别。非正常采样监测时段包括仪器停运时段、故障维修或维护时段、校准校验时段，在此期间，无论在线监测系统是否获得或输出监测数据，均为无效数据。

数据有效性判别流程如图 11.16 所示。

二、数据有效性判别指标

(一) 实际水样比对试验误差

1. COD_{Cr}、TOC、NH_3-N、TP、TN 水质自动分析仪

对每个站点安装的 COD_{Cr}、TOC、NH_3-N、TP、TN 水质自动分析仪进行自动监测方法与比对监测规定的国家环境监测分析方法标准的比对试验，两者测量结果组成一个测定数据对，至少获得 3 个测定数据对。比对过程中应尽可能保证比对样品均匀一致，实际水样比

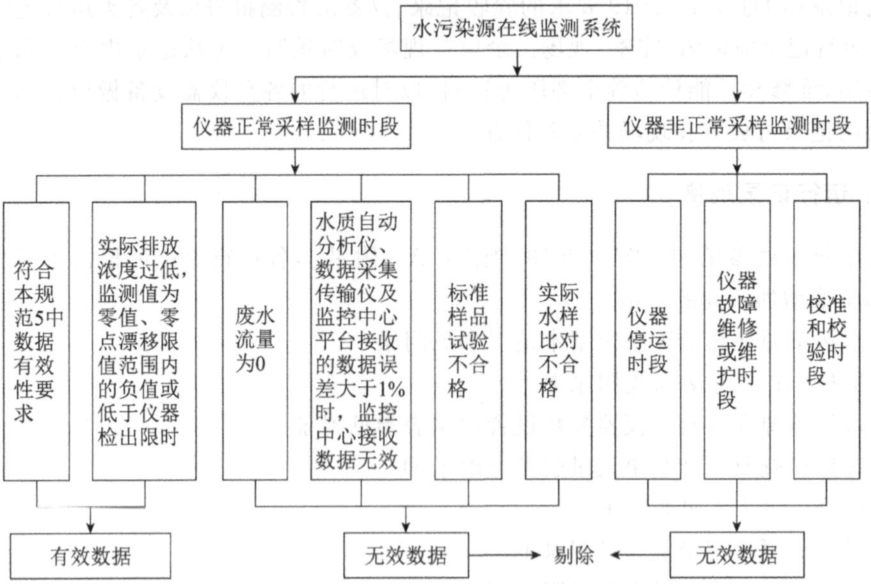

图 11.16　水污染源在线监测系统数据有效性判别流程图

对试验结果应满足 HJ 355—2019 中表 1 的要求。按照公式(11.1)、(11.2)分别计算实际水样比对试验的绝对误差、相对误差：

$$C=x_n-B_n \tag{11.1}$$

$$\Delta C=\frac{x_n-B_n}{B_n}\times 100\% \tag{11.2}$$

式中：C——实际水样比对试验绝对误差，mg/L；

ΔC——实际水样比对试验相对误差，%；

x_n——第 n 次自动监测测量值，mg/L；

B_n——第 n 次国家环境监测分析方法的测定值，mg/L；

n——比对次数。

2. pH 水质自动分析仪与温度计

对每个站点安装的 pH 水质自动分析仪、温度计进行自动监测方法与比对监测规定的国家环境监测分析方法标准的比对试验，两者测量结果组成一个测定数据对，比对过程中应尽可能保证比对样品均匀一致，实际水样比对试验结果应满足表 11.5 的要求。按照公式(11.3)计算实际水样比对试验的绝对误差：

$$C=x-B \tag{11.3}$$

式中：C——实际水样比对试验绝对误差，pH 无量纲或℃；

x——pH 水质自动分析仪(温度计)测量值，pH 无量纲或℃；

B——国家环境监测分析方法的测定值，pH 无量纲或℃。

(二) 标准样品试验误差

标准样品试验包括自动标样核查、标准溶液验证。

对每个站点安装的 COD_{Cr}、TOC、NH_3-N、TP、TN 水质自动分析仪，采用有证标准样品作为质控考核样品，用浓度约为现场工作量程上限值一半的标准样品进行自动标样核查试验，试验结果应满足表 11.5 的要求，否则应对仪器进行自动校准，仪器自动校准完成后应使用标准溶液进行验证（可使用自动标样核查代替该操作），验证结果应满足表 11.5 的要求。按照公式（11.4）计算标准样品试验相对误差：

$$\Delta A=\frac{x-B}{B} \tag{11.4}$$

式中：ΔA——标准样品试验相对误差，%；

x——标准样品测试值，mg/L；

B——标准样品标准值，mg/L。

（三）超声波明渠流量计比对试验误差

对每个站点安装的超声波明渠流量计进行自动监测方法与手工监测方法的比对试验，比对试验的方法按照 HJ 355—2019 的相关规定进行，比对试验结果应满足表 11.5 的要求。

三、数据有效性判别方法

（一）有效数据判别

（1）正常采样监测时段获取的监测数据，满足数据有效性判别标准，可判别为有效数据。

（2）监测值为零值、零点漂移限值范围内的负值或低于仪器检出限时，需要通过现场检查、实际水样比对试验、标准样品试验等质控手段来识别，对于因实际排放浓度过低而产生的上述数据，仍判断为有效数据。

（3）监测值如出现急剧升高、急剧下降或连续不变时，需要通过现场检查、实际水样比对试验、标准样品试验等质控手段来识别，再做判别和处理。

（4）水污染源在线监测系统的运维记录中应当记载运行过程中报警、故障维修、日常维护、校准等内容，运维记录可作为数据有效性判别的证据。

（5）水污染源在线监测系统应可调阅和查看详细的日志，日志记录可作为数据有效性判别的证据。

（二）无效数据判别

（1）当流量为零时，在线监测系统输出的监测值为无效数据。

（2）水质自动分析仪、数据采集传输仪以及监控中心平台接收到的数据误差大于 1% 时，监控中心平台接收到的数据为无效数据。

（3）发现标准样品试验不合格、实际水样比对试验不合格时，从此次不合格时刻至上次校准校验（自动校准、自动标样核查、实际水样比对试验中的任何一项）合格时刻期间的在线监测数据均判断为无效数据，从此次不合格时刻起至再次校准校验合格时刻期间的数据，作为非正常采样监测时段数据，判断为无效数据。

(4) 水质自动分析仪停运期间、因故障维修或维护期间、有计划(质量保证和质量控制)地维护保养期间、校准和校验等非正常采样监测时间段内输出的监测值为无效数据,但对该时段数据做标记,作为监测仪器检查和校准的依据予以保留。

(5) 判断为无效的数据应注明原因,并保留原始记录。

四、有效均值的计算

(一) 数据统计

正常采样监测时段获取的有效数据,应全部参与统计。监测值为零值、零点漂移限值范围内的负值或低于仪器检出限,并判断为有效数据时,应采用修正后的值参与统计。修正规则为:COD_{Cr} 修正值为 2 mg/L、NH_3-N 修正值为0.01 mg/L、TP 修正值为 0.005 mg/L、TN 修正值为 0.025 mg/L。

(二) 有效日均值

有效日均值是对应于以每日为一个监测周期内获得的某个污染物(COD_{Cr}、NH_3-N、TP、TN)的所有有效监测数据的平均值,参与统计的有效监测数据数量应不少于当日应获得数据数量的 75%。有效日均值是以流量为权的某个污染物的有效监测数据的加权平均值。

有效日均值的加权平均值计算公式如式(11.5)所示:

$$C_d = \frac{\sum_{i=1}^{n} C_i Q_i}{\sum_{i=1}^{n} Q_i} \tag{11.5}$$

式中:C_d——有效日均值,mg/L;

C_i——第 i 个有效监测数据,mg/L;

Q_i——C_i 对应时段的累积流量,m^3。

(三) 有效月均值

有效月均值是对应于以每月为一个监测周期内获得的某个污染物(COD_{Cr}、NH_3-N、TP、TN)的所有有效日均值的算术平均值,参与统计的有效日均值数量应不少于当月应获得数据数量的 75%。有效月均值的算术平均值计算公式如式(11.6)所示:

$$C_m = \frac{\sum_{i=1}^{n} C_{d_i}}{n} \tag{11.6}$$

式中:C_m——有效月均值,mg/L;

C_{d_i}——第 i 个有效日均值,mg/L;

n——当月参与统计的有效日均值的数量。

五、无效数据的处理

正常采样监测时段，当COD_{Cr}、NH_3-N、TP 和 TN 监测值判断为无效数据，且无法计算有效日均值时，其污染物日排放量可以用上次校准校验合格时刻前 30 个有效日排放量中的最大值进行替代，污染物浓度和流量不进行替代。

非正常采样监测时段，当COD_{Cr}、NH_3-N、TP 和 TN 监测值判断为无效数据，且无法计算有效日均值时，优先使用人工监测数据进行替代，每天获取的人工监测数据应不少于 4 次，替代数据包括污染物日均浓度、污染物日排放量。如无人工监测数据替代，其污染物日排放量可以用上次校准校验合格时刻前 30 个有效日排放量中的最大值进行替代，污染物浓度和流量不进行替代。流量为零时的无效数据不进行替代。

参考文献

[1] 付强. 环境空气质量自动监测系统基本原理及操作规程[M]. 北京：化学工业出版社，2016.

[2]《地表水自动监测系统实用技术手册》编写组. 地表水自动监测系统实用技术手册[M]. 北京：中国环境出版集团，2018.

[3] 张毅，王瑞强. 环境在线监测技术与运营管理实例[M]. 北京：中国环境科学出版社，2013.

[4] 生态环境部环境工程评估中心. 火电行业环境保护法律法规、技术规范与标准汇编[M]. 北京：中国环境出版集团，2019.

[5] 中国环境监测总站《地表水自动监测系统建设与运行技术要求》编写组. 地表水自动监测系统建设与运行技术要求[M]. 北京：中国环境科学出版社，2018.

[6] 王强，杨凯. 烟气排放连续监测系统(CEMS)监测技术及应用[M]. 北京：化学工业出版社，2015.

[7] 奚旦立. 环境监测[M]. 5 版. 北京：高等教育出版社，2019.

[8] 隋鲁智，吴庆东，郝文. 环境监测技术与实践应用研究[M]. 北京：北京工业大学出版社，2018.

[9] 王森，杨波. 环境监测在线分析技术[M]. 重庆：重庆大学出版社，2020.

[10] 环境保护部. 环境空气气态污染物(SO_2、NO_2、O_3、CO)连续自动监测系统安装验收技术规范：HJ 193—2013 [S]. 北京：中国环境科学出版社，2013：1-27.

[11] 生态环境部. 环境空气颗粒物(PM_{10}和$PM_{2.5}$)连续自动监测系统技术要求及检测方法：HJ 653—2021 [S]. 北京：中国环境科学出版社，2021：1-19.

[12] 环境保护部. 环境空气气态污染物(SO_2、NO_2、O_3、CO)连续自动监测系统技术要求及检测方法：HJ 654—2013 [S]. 北京：中国环境科学出版社，2013：1-32.

[13] 环境保护部. 环境空气颗粒物(PM_{10}和$PM_{2.5}$)连续自动监测系统安装和验收技术规范：HJ 655—2013 [S]. 北京：中国环境科学出版社，2013：1-25.

[14] 生态环境部. 环境空气颗粒物(PM_{10}和$PM_{2.5}$)连续自动监测系统运行和质控技术规范：HJ 817—2018 [S]. 北京：中国环境出版社，2018：1-15.

[15] 生态环境部. 环境空气气态污染物(SO_2、NO_2、O_3、CO)连续自动监测系统运行和质控技术规范：HJ 818—2018 [S]. 北京：中国环境出版社，2018：1-26.

[16] 环境保护部. 固定污染源烟气(SO_2、NO_x、颗粒物)排放连续监测系统技术要求及检测方法：HJ 76—2017 [S]. 北京：中国环境出版社，2017：1-61.

[17] 环境保护部. 固定污染源烟气（SO_2、NO_X、颗粒物）排放连续监测技术规范：HJ 75—2017 [S]. 北京：中国环境出版社，2017：1-65.
[18] 环境保护部. 地表水自动监测技术规范（试行）：HJ 915—2017 [S]. 北京：中国环境出版社，2017：1-38.
[19] 生态环境部. 水污染源在线监测系统（COD_{Cr}、NH_3-N 等）安装技术规范：HJ 353—2019 [S]. 北京：中国环境出版集团，2019：1-36.
[20] 生态环境部. 水污染源在线监测系统（COD_{Cr}、NH_3-N 等）验收技术规范：HJ 354—2019 [S]. 北京：中国环境出版集团，2019：1-32.
[21] 生态环境部. 水污染源在线监测系统（COD_{Cr}、NH_3-N 等）运行技术规范：HJ 355—2019 [S]. 北京：中国环境出版集团，2019：1-32.
[22] 生态环境部. 水污染源在线监测系统（COD_{Cr}、NH_3-N 等）数据有效性判别技术规范：HJ 356—2019 [S]. 北京：中国环境出版集团，2019：1-9.

